教育部人文社会科学研究青年项目 《中国审美形态的识别性问题研究》（12YJC751092）项目资助

中国审美形态的
识别性问题研究

徐大威

著

中国社会科学出版社

图书在版编目 (CIP) 数据

中国审美形态的识别性问题研究/徐大威著. —北京：
中国社会科学出版社，2017.8
ISBN 978 - 7 - 5203 - 0659 - 1

Ⅰ.①中… Ⅱ.①徐… Ⅲ.①审美—研究—
中国 Ⅳ.①B83 - 092

中国版本图书馆 CIP 数据核字（2017）第 135086 号

出 版 人	赵剑英
选题策划	刘 艳
责任编辑	刘 艳
责任校对	陈 晨
责任印制	戴 宽

出　　版	中国社会科学出版社
社　　址	北京鼓楼西大街甲 158 号
邮　　编	100720
网　　址	http://www.csspw.cn
发 行 部	010 - 84083685
门 市 部	010 - 84029450
经　　销	新华书店及其他书店

印　　刷	北京明恒达印务有限公司
装　　订	廊坊市广阳区广增装订厂
版　　次	2017 年 8 月第 1 版
印　　次	2017 年 8 月第 1 次印刷

开　　本	710×1000　1/16
印　　张	20.25
插　　页	2
字　　数	286 千字
定　　价	96.00 元

目　　录

上篇　总论

下篇　分论

上 篇

总 论

一 论审美形态的定义与性质

学术界对"审美形态"概念的界定与运用一向较为含混。"审美形态"常常被混同为其他概念,如"审美范畴""审美类型""美的形态""文化大风格",等等。"审美形态"的定义、性质及其研究意义到底是什么,其在美学研究当中处于何种地位,如此等等,需要我们给予其准确的界定。

"审美形态"的定义是指在审美实践活动中特定的人生样态、审美境界、审美情趣和审美风格等的感性凝聚及其逻辑分类。同时,审美形态也是民族审美文化的识别标志。本书认同这一定义及其相关的论证①。为了进一步深入理解审美形态的性质,本书在这里试对审美形态的"特定性"问题做一申说与阐发。

对于审美形态"特定性"问题的理解,实际上是从反面来追问审美形态"不是什么",这样做可以更加深入地理解审美形态的特质。我们认为,对于审美形态的研究,首先应区分几个易混概念,即审美形态与审美风格、审美形态与审美范畴、审美形态与审美类型。以往的研究,或是从客体对象出发言说"美的形态",从而忽视了主体心灵的自由创造;或是从文化决定论出发主张"大风格",从而忽略了审美形态自身的本体性;或是从知识学出发倡导"类型"说、"范

---

① 朱立元:《美学》(修订版),高等教育出版社 2006 年版,第 165 页。另参见王建疆《审美形态新论》,《甘肃社会科学》2007 年第 4 期。

畴"说，重视"逻辑分类"，而遮蔽了审美形态的"感性凝聚"，如此等等，都存有一定的局限。我们认为审美形态不能混同为"文化大风格""美的形态""美的类型/审美类型""审美范畴"等概念，在美学原理的意义上应有其自身的、非名此不可的质的规定性。

首先，审美形态的"特定性"，意味着它是"特"与"定"的统一、"偶然"与"必然"的统一。

我们知道，审美不同于认知。认知，是用"范畴"来把握现象的"必然"。但是，范畴却并不能把握现象的全部。那些不能在范畴把握之中的现象，被称之为"偶然"。审美，则是用"偶然"的、"特定"的"形态"来把握现象的"必然"。认知，需要根据概念、范畴，概念、范畴就是目的，一个概念、范畴的因果性就它的对象来说，就是合目的性；审美，则不根据认知概念、范畴，它只与人们主观的愉快或不愉快的情感相联系，在这种情感中，人们不能在对象中得到任何符合概念、范畴的东西，即知识。所以，虽然对象也是合目的性的，但却是一种"无目的的目的"，或"主观的合目的性"。这就是审美不同于认知的特质所在。

比如，我们看到雪花是呈六边形的，便会与"匀称""优美"的审美"形态"联系起来，这就是一种"无目的的合目的性"，而不是认知的合目的性。其实这只是"特定"的、"偶然"的，而与我们的知识无关，因为我们无法用知识解释雪花为什么要呈现出六边形。但是，从美学原理上说，雪花是六边形，它合乎一种无目的的目的性，具有一种规律，这里面就有一种"必然"。而我们也相信，所有的雪花一定都是六边形的，都是"匀称"的、"优美"的。因此，我们说，人具有一种能够在"特定"的、"偶然"的现象中发现并创造出一必然引起人们愉快情感之"形态"的审美能力。

在此意义上，"特定"的、能够呈现出作为现象之"必然"的"审美形态"，便堪称是审美活动的一个直接目的，也可以说，审美活动，即是一个发现并建构审美形态的过程。审美形态是审美活动的结晶，是美与美感的合一。康德（Immanuel Kant）美学思想的一个创造就在于，它为我们在知识范畴以下的广阔的经验世界中，开拓出了审美的领域。正因为审美不同于认知，所以我们只能言说"审美形态"，而不能言说"审美范畴"；我们只能在知识学的意义上言说"美学范畴"或"审美形态学范畴"，而不可简化为"审美范畴"。

同样的道理，也不可将审美形态混同为"类型"说。"美的类型"或"审美类型"，实际上是关于审美形态的"知识学"理论，而非"审美形态"本身。在这里，我们且举张法先生《美学导论》一书中的第四章"美的基本审美类型"为例。其书中这样说："审美类型，从理论上说，是美的逻辑展开。……类型和范畴是可以互换的。……美的客体有不同类型，美的客体与非美客体有不同类型，这就从理论上出现一个新的主题：审美的基本类型。美学应当怎样对审美对象进行分类呢？……本书以二元对立方式为基本方式，运用西方主流美学常用概念，把审美对象分为美、悲、喜三大类型……"①

如上，《美学导论》将审美类型等同于审美范畴，主张要对"美的客体"进行逻辑的分类，重视"美的逻辑展开"。其分类的标准与研究的起点，并非是从审美形态本身出发，而是从既有的"常用概念"出发。由此可见，"审美范畴"也好、"审美类型"也罢，都是以范畴或知识学作为先在的出发点，来对审美形态进行研究的。二者在本质上都是"范畴学"，而非"形态学"，都抽离了审美形态的"感性凝聚"，而只讲"逻辑分类"。然而，更为重要的是，它抽离了主体心灵的"自由"创造。

其次，审美形态的"特定性"还意味着，它是"自由"与"必然"的统一。

审美是用"特定"的、"偶然"的"形态"来把握现象之"必然"的，这种把握，同时也是主体的"自由"本质的显现。这种

①　张法：《美学导论》（第2版），中国人民大学出版社2004年版，第86—102页。

"自由"，具体来讲，就是一种主体的审美能力或审美潜能。正如我们在日常的审美活动中，常常用"优美""意境""崇高"等"特定"的"形态"来传达我们此时此刻的审美经验。这种审美经验，既是个体的、特定的、偶然的，也是一次性的而不可重复性的；但它同时却具有一种必然的、共通的、心心相印的、主观的普遍有效性（而不同于认知的客观的普遍有效性）。如果有人不赞同，说明他没有表现出其审美能力，是尚待开悟的。这正如中国古人所说的："六律具存而莫能听者，无师旷之耳也"①、"凡物之美者，盈天地间皆是也，然必待人之神明才慧而见"②、"鸟啼花落，皆与神通。人不能悟，付之飘风"。③ 西方人所讲的："欣赏音乐、需要有辨别音律的耳朵，对于不辨音律的耳朵来说，最美的音乐也毫无意义"④、"美是到处都有的。对于我们的眼睛，不是缺少美，而是缺少发现"。⑤ 如此等等。

审美感觉，与日常认知性感觉不同。日常认知性感觉总是"对于物、对于对象的感觉"；而审美感觉则是"对于感觉之感觉"。这就是说，不是感觉物的色彩，而是感觉的视力，不是感觉物的声音，而是感觉的听力，也就是说，只有感觉力、审美能力才是审美感觉的特质。不是"物规定我的感觉"、存在决定意识，而是"我的感觉规定、构造感觉物"，赋予物以"特定"的"形态"意蕴。审美，不是看作为物质的、内容的雪花，而是观照雪花"特定"的、"匀称"的、"优美"的"形态"；不是看作为植物的柳树，而是观照柳树向你招手之"留"的"形态"，正所谓"一丝柳，一寸柔情"，你会说

---

　　① （西汉）刘安等：《淮南子》，杨坚点校，岳麓书社 2015 年版，第 219 页。
　　② （清）叶燮：《己畦文集·集唐诗序》，载《丛书集成续编》第 152 册，中国台湾，新文丰出版公司 1989 年版，第 537 页。
　　③ （清）袁枚：《续诗品注》，郭绍虞辑注，人民文学出版社 1963 年版，第 171 页。
　　④ ［德］马克思：《1844 年经济学哲学手稿》，人民出版社 1979 年版，第 79 页。
　　⑤ ［法］罗丹口述：《罗丹艺术论》，［法］葛赛尔记，沈琪译，人民美术出版社 1987 年版，第 58 页。

"哦，这是有'意境'的！"审美"形态"正是这样一种主体心灵的自由构造。审美形态的建构与创造，是审美对象之必然与审美主体之自由的一体圆融、双向建构的过程。

因此，"审美形态"之定义，便在"特定的"三字之后，必然包孕有标示着主体心灵"自由"的"人生样态""审美境界""审美情趣""审美风格"乃至于"人的本质""人生境界"等大问题。由此也可见出，古人之不刻意区分"意境"与"境界"，是有一定道理的。意境是"境生象外"的，它既是文艺创造的本体形态，又是一种人生境界、心灵境界的本体形态。进一步讲，审美形态作为审美与人生实践的统一，便不能被表述为"美的形态"，因为并不存在一个能够离开主体心灵自由的、先在的、现成的、客观的"美的形态"。

最后，审美形态的"特定性"是"必然性"与"识别性"的统一。

所谓"必然性"与"识别性"的统一，一方面是指审美形态在根本上、本源上反映了人与世界、人与自然、人与美等的某种必然的存在性关联；另一方面是指人们对这种必然的"存在性关联"的感悟、澄明与显现，又是丰富而多样的，作为不同民族、不同文化、不同地域、不同时期等的主体的自由实践，往往会形成各自特定的审美形态的识别标志，打上各自特定的审美文化、审美精神与审美理想的烙印。

面对着同一与诗人亲和性存在的自然山水，李白诗云："山随平野尽，江入大荒流"，杜甫诗云："星垂平野阔，月涌大江流"，王维诗云："江流天地外，山色有无中。"在这里，"自然美"作为本体的显现是必然的、普遍的，但对其的美感经验则有着个体的识别性，从而创造出多样性的审美形态，或是"飘逸"（道）的、或是"沉郁"（儒）的、或是"空灵"（禅）的。同样面临险峻高山所带给人的空间性视觉冲击，在西方，便会生成作为空间性经验的"力学"的"崇高"，而在中国则常常会是"念天地之悠悠，独怆然而涕下"，而创造出化"天地"为"悠悠"、化空间性经验为时间性经验的"意境"。同样感悟人生的"悲剧",中西方在悲剧结局上的处理便明显不同,有"大团圆"和"一悲到底"的区别。但是,尽管有着种种不同,它们都须首先筑基于人与世界、人与自然、人与美等特定的、必然的存在性关联基础之上。这种存在关联的"必然性"是基础、是本体、是"体";而作为主体自由实践的"识别性",则是实现、是功能、是"用"。二者是体用一如,而又不能颠倒的。

关于审美形态的"识别性"问题,叶朗先生在《现代美学体系》与《美学原理》两书中提出了"文化大风格"说,并提炼出"沉郁""飘逸""空灵"这三个新的审美形态(其书中用的是"审美范畴"的概念)[①],在学界影响很大,予晚辈后学的启发尤著。其文化大风格思想可以概括为三个要点:一是不同的审美文化圈决定着其有不同的、独特的审美形态;二是从思辨的形而上学的角度出发来研究审美形态,只能是"范畴学",而非"形态学";三是要把"文化机体"作为审美形态的基础与美学研究的出发点。叶朗先生认为不同的审美形态是由不同的文化所"发育"的,所论虽新颖深刻,然而终不免有所预设。他将"文化"作为审美形态研究的出发点,虽然确实要比"从思辨的形而上学"的角度要前进一步,但仍未达到"物自身",即审美形态本身,因而仍非"形态学"。因此,以"文化大风格"说来解说审美形态,便存有以下几点不足。

其一,与文化决定论相比,人与世界、人与自然、人与美的存在性关联,对于审美形态的创造来说更为本源。审美活动何以可能,并不是说人具有审美能力及其审美感官而能与万物相遇,而是因为人首先和物在一起,然后才能去审美。人与万物的这种存在性关联是本源性的、必然性的。同样地,当我们置身于大自然之中,当我们欣赏诗歌、音乐、戏曲、绘画、舞蹈时,总是能够获得或"悦耳悦目"的、

---

① 叶朗:《美学原理》,北京大学出版社 2010 年版,第 320 页。

或"悦心悦意"的、或"悦志悦神"的审美经验。在我们经验美的同时，我们的审美意识、审美理想、审美文化甚或审美理论等都会参与进来，共同发生作用。但是在审美意识、审美理想、审美文化、审美理论等发生作用之先，人已置身于美之中，与美共同存在了。因此，对于审美形态的创造而言，人与万物的这种存在性关联是第一性的，审美文化的影响则是第二性的。而在事实上，审美文化又常常具有被创造性。审美创造不是一味地积淀与因循，而是要有所突破与创新。一个审美形态的识别性正是它不同于旧有的审美文化传统，反而它的创新，会形成新的审美文化传统、新的审美理论传统。作为民族美学识别标志的意境，其创造便是因缘于不同文化圈的相互交融与作用，是对"一种审美文化"的突破。"意境"论的建构，正是应了新形态、新文化之所需。相反，"机械复制时代的艺术作品"就不具有识别性，不能作为新时代、新文化的识别标志。

其二，用"文化大风格"说来建构审美形态学系统，会因缺少可比性的平台，而导致无从识别。审美形态学系统的建构，不能一味求异、求特，缺少了可比性的标准与平台，就无所谓"识别"。所谓"识别"，是指在一个特定系统中的"识别"，或是横向的、共时的系统识别，或是纵向的、历时的系统识别。只有建立在特定的系统平台之上，尤其是要建立在特定的、必然的存在性关联基础之上，才能识别出不同审美形态的特质来。审美形态学应有自己的学理的识别系统，以"文化大风格"作为标准，并不有利于建构互为识别的中西审美形态系统。尤其是当"文化大风格"作为一种对客观普遍性的追求与抽象，其往往会遮蔽同一文化内部审美形态的多样性。

其三，形态与风格不同。具体来讲有三点区别。第一点，形态与风格的一个最简单而直观的区别就在于，风格是需要主语、主词的，风格往往是"特定者"的风格，因而是依附性的；而形态则是体用一如的，它既是一个主词，又包孕有其自身的风格，因而是本体性的。风格不能脱离具体的、感性的形态而独立存在，否则它就是一个抽象的概念，从而导致无法识别。因此，如果将"沉郁"与"飘逸"风格，单独从感性形态、审美样式中抽象出来，而置换为一种抽象化、概念化的"文化的大风格"的话，实际上是将审美形态的本体性——这一"主语""主词"给遮蔽和遗忘了。第二点，审美形态的外延要比审美风格大。审美风格是审美形态的风格，但审美形态还包孕有更为广阔而深厚的人生样态、审美境界、审美趣味、人生境界等本质含蕴，而非审美风格所能涵括。以"空灵"为例，我们可以说它是意境形态所显现的外在的艺术特色、艺术手法、艺术结构、艺术风格等，但我们不能以"空灵"来取代"意境"的审美本质，意境形态所包含的更为深刻的自由的人生境界、必然的存在性关联等等，则是"空灵"风格所无法涵括与承载的。这正如王国维所说，"兴趣""神韵"，"犹不过道其面目"，不若鄙人拈出"境界"二字，"为探其本也"，讲的正是这个道理。第三点，审美形态与审美风格都具有识别性，但是比较而言，审美形态具有价值判断功能，审美风格则往往不能够承担价值判断的功能。审美风格间都是平行的，"豪放"与"婉约"，"和平静穆"与"明白热烈"并没有价值上的高下之分，所谓"境界有大小，不以是而分高下"。因而，"大风格"的概念是值得推敲的。审美形态则因与现实生活结合得非常紧密，而且往往能够影响到民族审美文化心理的建构，因而能源远而流长。反而如"风骨""纤秾"等概念，因与人生实践结合得不是十分紧密，在现实生活中已经很少用了，仅限于诗学、文论（史）中，因而在美学史上的识别性较为有限。

　　以上对于审美形态"特定性"问题的理解，实际上是从反面来追问审美形态"不是什么"，这样做可以更加深入地理解审美形态的特质。对于审美形态的研究，首先要区分几个易混概念，即审美形态与审美风格、审美形态与审美范畴、审美形态与审美类型。以往的研究，或是从客体对象出发言说"美的形态"，从而忽视了主体心灵的自由创造；或是从文化决定论出发主张"大风格"，从而忽略了审美形态自身的本体性；或是从知识学出发倡导"类型"说、"范畴"说，重视"逻辑分类"，而遮蔽了审美形态的"感性凝聚"，如此等等，都存有一定的局限。我们认为审美形态不能混同为"文化大风格""美的形态""美的类型/审美类型""审美范畴"等概念，在美学原理的意义上审美形态应有其自身的、非名此不可的质的规定性。

由上，我们可以规定出审美形态的性质：

（1）本源－本体性。审美形态在本源上反映了人与世界、人与自然、人与美等的实践－存在性关联，是必然与自由的合一，美与美感的合一。这种本源性规定了其进而具有本体性，审美形态的创造与人生实践、人生境界结合得非常紧密，审美形态不仅仅在一门艺术领域中存在，而且常常在现实人生中广泛而普遍存在，源远流长，如"道""神""气"等都是如此，中国古人对诗歌、绘画、舞蹈、戏曲、音乐、书法、散文、小说、园林等文艺门类审美经验的总结与探讨，也都曾借助于意境的概念来表达；

（2）自由性。审美形态是主体的自由创造，是主体人生境界、审美潜能、审美能力的生成，是人的本质力量的显现，因而具有主观的、必然的普遍有效性。"现实美""社会美""自然美"等就不是审美形态，因为这些概念都是先在设定的，认为有一种客观的、独立于人之外的美存在；

（3）识别性。审美形态的创造，往往因民族、地域、文化、时代、理想、个体等因素的参与，而具有识别性。然而，识别性并不意味着它只是独特的、不同的，而是说它是基于特定参照系的识别，是基于"和"之上的"不同"。如在"人与自然关系"这个参照平台上，就有着意境与崇高的区别，有着是用心灵来亲和、感悟自然，还是用理性来战胜、征服自然的区别。审美形态的特点与价值，需要在特定的系统识别中才能够实现。

根据审美形态的内涵与性质，我们进而可以得出审美形态研究的意义。

正如柏拉图（Plato）所说"美是美本身"，对于审美形态的研究，首先，能够使我们洞见到审美的本质，经由特殊而发现一般。但与柏拉图不同的是，我们认为，审美是多样的、丰富的、生成的，并不存在一个先在的、形而上的、唯一的"美的本质"，而只有多样审美形态的存在。对于审美形态的研究，能够向人们指出美在何处，美在哪里，是崇高，还是优美；是阴柔，还是阳刚……

其次，审美形态具有本体性，贯穿于审美与艺术创造的各个领域中。因此，对审美形态进行深入的理论研究，便能够以点带面，从而对研究各门艺术史都会产生重要的影响，为各门艺术提供坚实的理论基础，并且"能够消除研究每种艺术发展的孤立的、相互隔绝的状态"①。

最后，审美形态研究，作为一种"反思的判断力"，在价值功能上、在根本目的上，是指向人的自由创造、人生境界的审美生成等问题的。人何以要审美地理解世界、理解人生、理解自我，民族美学、审美文化的识别标志为何，人生境界如何实现，人的本质是什么，如此等等，都构成了审美形态研究的终极关怀的价值维度。宗白华先生就曾指出研究意境形态的意义正在于能够对民族文化进行自省："就中国艺术方面——这中国文化史上最中心最有世界贡献的一面——研究其意境的特构，以窥探中国心灵的幽情壮采，也是民族文化的自省工作。"②

根据审美形态研究的意义，我们可以进而规定出审美形态在美学研究中所应有的地位。

我们认为，审美形态，是美学研究的起点③。或者说，美学研究，

---

① ［苏］卡冈：《艺术形态学》，凌继光、金亚娜译，生活·读书·新知三联书店1986年版，第16页。
② 宗白华：《中国艺术意境之诞生》，载宗白华《美学与意境》，人民出版社2009年版，第189页。
③ 王建疆：《建立在审美形态学研究基础上的人生美学》，《学术月刊》2010年第4期。

应从审美形态出发。

历史地看，西方美学经历了几种不同的研究路向：古、近代，有以柏拉图为代表的对"美的本质"问题的研究，以康德为代表的对"美感的本质"问题的研究，以黑格尔（Georg Wilhelm Friedrich Hegel）为代表的对"艺术的本质"问题的研究。这三者，都可以概括为由"现象"到"本质"的研究思路。到了现代，美的本质问题、美学体系问题等，则被分析美学认为是一个无意义的假问题而被否定了。

中国现代美学的研究也经历了一个转变，将美学研究的对象确定为"审美活动"，来取代以往对于"美的本质"问题的研究，经历了由"美"到"审美"的转变。

当前世界美学的研究主题之一，便是"美学的多样性问题"。但是应强调的是，"美学的多样性"并非是指"主义""理论"的多样性，"学的多样性"，而应当首先是"审美形态"的多样性。美学研究的出发点应该首先建立在审美形态的多样性基础上①。

正如文学研究，需要基于具体的文学创作实践、基于广阔而多样的文学现象一样，美学研究也要从审美形态、从审美现象的事实出发。美学研究要从"现象"出发践行"面向事实本身"、拒绝任何人为的预设的学术精神。我们强调要学习马克思主义，因为马克思主义的精神是"从事实出发"，"实事求是"。但是我们不能仅仅因循、照搬马克思主义的文本文字。因循与照搬，恰恰是对马克思主义精神实质的否定。

黑格尔曾讲"哲学就是哲学史"，影响很大，乃至被认为是至理名言。那么，能否说"美学就是美学史"②呢？循此思路的人非常之

---

① 徐大威《审美理论建构的新拓展——"内审美"对李泽厚审美理论的超越与发展》，《甘肃社会科学》2011年第6期。

② 易中天认为"不但美学就是美学史，而且美学史就是美学。这是美学这门学科的特殊性质所决定的。……美学不单单是思想，而且是思想的思想。它们要研究的，是'问题的问题'、'标准的标准'"。参见易中天《大一课堂》，厦门大学出版社2007年版，第15页。

多。塔达基维奇（W. Tatarkiewicz）在其《西方美学概念史》里就主张"美学史同时也是美学概念史和美学术语史"，还在其专著《六个概念史》里，把美学史写成了美学范畴史、美学理论史。"塔达基维奇的两部著作的主要精神，都是强调要把范畴作为了解美学史的方法论钥匙来研究"，被称为是"现代美学论著的一个典型特征"①。国内也有人指出，"我认为，美学是人文学科，是哲学的分支，它本质上是非实证的，它需要哲学的思辨。当然，美学也需要史实的佐证，但史实并不能直接证明美学理论，就像不能直接证明哲学理论一样。历史并不是自明的，必须靠理论来阐释"。"美学不是实证科学，不应该依靠归纳的方法来实证理论，而必须在理论的引导下去阐释史实。"② 美学研究，究竟是从形态出发，去建构符合形态的理论，还是从既定的某种理论出发，去裁判形态，是值得我们深入反思的。中国美学，不是缺少理论——我们已经拿来了太多的理论与主义；而是缺少筑基于形态、事实基础之上的理论建构。

① ［苏］舍斯塔科夫：《美学范畴论——系统研究和历史研究尝试》，理然译，湖南文艺出版社 1990 年版，第 15 页。
② 杨春时：《关于〈美学〉的答辩》，《贵州社会科学》2007 年第 9 期。

二 论审美形态学及其研究方法

审美形态学（Aesthetic Morphology）是关于审美形态问题研究的一门美学的分支学科。审美形态学的研究对象是审美形态；其研究内容是对审美形态的系统发生、历史演变、审美本质、审美特征、思维方式、识别功能、现代特点等作出科学的系统性描述；其研究方法是基于本源－本体意义上的审美与人生实践相贯通的研究方法，基于历史发生意义上的历史与逻辑相统一的研究方法，基于审美本质及其特征意义上的描述与分析相结合的研究方法，基于识别功能意义上的系统识别与比较的研究方法，基于现实、指向未来的审美形态发展论的研究方法。

（一）审美形态学概述

审美形态学，首先具有"形态学"的一般性，进而有其作为"审美"的质的规定性。我们先来了解什么是形态学，然后再来看审美形态学作为一个美学分支学科的特点。

形态学的研究，最早是在生物学和语言学领域中展开的。作为一种方法论与理论取向，后来才逐渐为人文学科所引入。

"形态学"的概念，首先由德国大诗人兼博物学家歌德（Johann Wolfgang von Goethe）提出，他于1790年在《植物的变形》一文中使用"形态学"的概念探讨了植物的个别部分从一个形态向另一个形态转化的规律。形态学研究主要是对动植物的组织结构、细胞构成、发育模式、进化结构及功能状态等进行研究，从而形成了具有独特地位的生物形态学。形态学研究是生物分类的基础，是生物学的分支学科。

在语言学中，形态指词在语言结构中的构成及其功能变化，形态学研究语言的构成要素（词素）、建构规则及其形式变化的过程，对它们的研究形成了具有独特地位的语言形态学，是语言学的分支学科。

欧阳康先生在《哲学研究方法论》一书中对一般形态学所作出的如下界定：

> 形态学（Morphology）以研究事物的内部构成要素、组织结构、建构原则、功能状态及发展规律为己任，具有分析性、动态性、关系性、功能性特征。它既是某种既成的理论，如生物形态学、语言形态学等，也是一种思路和方法。[①]

这一界定，既指出了形态学的研究对象，又指明了形态学的研究方法与特点，具有高度的概括性与普适性，为我们进一步界定与理解审美形态学提供了坚实的基础。下面，我们来看审美形态学作为一个美学分支学科的特点。

20 世纪 40 年代，美国学者托马斯·门罗（Thomas Munro）和苏联学者莫伊谢·卡冈（Кагн. M），创建并发展了这一美学学科。他们重要的理论代表著作分别是《走向科学的美学》（1956）和《艺术形态学》（1972）。门罗曾于 1941 年发表过《艺术的形式：审美形态学概论》[②]。

---

① 欧阳康：《哲学研究方法论》，武汉大学出版社 1998 年版，第 46 页。
② ［美］门罗：《走向科学的美学》，石天曙、滕守尧译，中国文联出版公司 1984 年版，第 239 页。

卡冈在其《艺术形态学》一书中，曾简要介绍了审美形态学的发生与创建情况："美学思想史上曾经几次尝试把'形态学'这一术语引入艺术理论中。21世纪初期，K.季安杰尔称其一部著作为《长篇小说形态学》；B.普罗普把他的一部广为人知的学术著作称为《童话形态学》；在30年代出版的《文学百科全书》中可以见到'文学形态学'的概念；而把这个概念运用到整个艺术中的是美国当代最大的美学家T.芒罗（他的一篇论文的题目为《艺术形态学作为美学的一个领域》）；最后，笔者在《马克思列宁主义美学讲义》第二版中运用了'艺术形态学'的概念)。"①

美学研究引入形态学的理论与研究方法，有其思想背景上的针对性，尤其是针对运用审美范畴进行美学研究所产生的弊端而言的。

门罗在《走向科学的美学》中认为，运用美学范畴进行美学研究，是古代的错误。他说："对古典美学思想进行验证时所遇到的主要困难在于这些思想的极端概括性和由此而引起的模糊性。为了给'丑'、'崇高'、'和谐'等传统范畴制定上个永久性的定义和确定某种情况空间是属于这一范畴还是属于那一范畴，人们曾经付出了多少精力啊！通过玩弄这类概念和变换证实这种概念的少数简单实例，不止一位理论家创造了自己的体系……"② 他认为美学理论包括范畴研究，如果不直接接触艺术作品这种具体的审美现象，就只是"纸上谈兵"：

过去，由于我们急于从理论上去确立什么是艺术，结果忽视了对它的实地考察，我们急于决定是否喜欢艺术，结果未能认真地观察艺术。我们让无休止的理论的和抽象的争论分散了

① ［苏］卡冈：《艺术形态学》，凌继光、金亚娜译，生活·读书·新知三联书店1986年版，第15页。
② ［美］门罗：《走向科学的美学》，石天曙、滕守尧译，中国文联出版公司1984年版，第23页。

注意力，而不能观察艺术作品的本身。审美形态学使学者或批评家的注意力回到他面前的具体物体上来，并使他推倒拦在他和实际的绘画、诗歌或奏鸣曲之间的由联想的概念和争论构成的屏障，清晰透彻地观看或聆听作品的本来状态。随着每个观察者都试图客观地报告他所看到或听到的东西，艺术形态学便能自始至终都对艺术作品进行详细的分析和观察。通过对许多观赏者的发现进行比较，审美形态学正在逐步确立有关艺术形式及形式类别的经过验证的知识体系。有了这种体系，我们就能进一步研究每一种艺术是如何在人类经验中发挥作用的，即：它在各种生活条件下，都具有哪些实际的或可能的功能和效果。①

因此，他主张建立一门"审美形态学"，他认为，美学最主要的也是最应重视的内容包括审美形态学、审美心理学、审美价值学三个方面。他指出，审美形态学是美学的"一个分支"②。

在《走向科学的美学》中，门罗进一步规定了审美形态学的定义："我们所说的'形态学'一词，专指对艺术品的可以观察到的形式的研究"③ "在审美形态学中，我们倾向于把注意力集中在艺术产品上；……审美形态学是根据艺术作品的形式类型或构成方式来对我们所发现的东西进行分类……"④

总体上讲，无论是门罗还是卡冈，其审美形态学，都旨在关注审美形态在"客体"意义上的形式、分类、构成、结构等问题。这有些类似于俄国形式主义或英美新批评的文论研究思路，但它同时又受

---

① ［美］门罗：《走向科学的美学》，石天曙、滕守尧译，中国文联出版公司1984年版，第285页。
② 同上书，第273页。
③ 同上书，第274页。
④ 同上。

到了黑格尔逻辑与历史相统一的美学史观念，而侧重于关注形态的历史发生与演进；也可能受到黑格尔关于美学是艺术哲学观念的影响，其研究更多地偏重于艺术形态学，而不完全是审美形态学。因此，其研究便存在种种不足。

20世纪末，在中国，叶朗先生的《现代美学体系》（1988）和柯汉琳先生的《美的形态学》（1995，2008再版）这两部著作的出版，标志着审美形态学在中国的学科化。目前国内对审美形态学进行专门研究的代表性著述主要有以下几种（按出版时间排序）：

叶朗：《现代美学体系》，北京大学出版社1988年版。

李泽厚：《美学四讲》，生活·读书·新知三联书店1989年版。

张首映：《审美形态的立体观照》，人民文学出版社1989年版。

杨咏祁：《审美形态通论》，南京大学出版社1991年版。

柯汉琳：《美的形态学》，中山大学出版社1995年初版，2008年再版。

苏保华：《审美形态论纲》，复旦大学博士论文2000年。

郭昭弟：《审美形态学》，人民出版社2003年版。

王建疆：《修养·境界·审美——儒道释修养美学解读》，中国社会科学出版社2003年版（该书建构了"内审美"审美形态学理论）。

王建疆：《审美形态新论》，载朱立元《美学》（修订版），高等教育出版社2006年版，又载王建疆《审美学教程》，复旦大学出版社2007年版。

叶朗：《美学原理》，北京大学出版社2010年版。

王磊：《审美形态批评与中国美学》，安徽文艺出版社2014年版。

中国学界对于审美形态学的建构与思考，存有三种状况。

第一种状况，因循于西方。以目前一些美学教科书中对审美形态的编写为例，其章节多罗列西方的悲剧、喜剧、优美、崇高、和谐、荒诞、丑等，而对中国审美形态问题则存而不论，即便有也缺少可比性的标准，往往依据的是相似性的标准，使中国审美形态（如中和、壮美）成为西方审美形态（如和谐、崇高）的注脚。

第二种状况，取消了审美形态。有的美学教科书干脆取消了或"果断舍弃"① 了审美形态章节。

第三种状况，对于中国审美形态进行提炼与凸显。中国学者在美学教材的编写过程中，常常面临着如何提炼、凸显中国审美形态的问题。在解决这一问题的过程中，中国审美形态学研究体现出一个共同的趋向：追求"特色"。所选者，往往多为中国所独有，而为西方所未有的审美形态，如气韵、意境、空灵、沉郁、飘逸等。

以上三种状况，反映了中国美学界在建构审美形态学学科过程中不同的致思取向。但是在不同的背后，都隐含着对如何建构"中国审美形态"问题的思考与忧虑，这是一个绕不过去的问题。这一问题的症结所在，即是学界对于"中国审美形态"问题研究，或多或少地缺乏形态学基础，尤其是缺少一个在美学原理意义上的中西比较、参照与对话的理论平台。"识别"，意味着是"互为识别"，而非自我识别。中国审美形态学的建构与写作，尚缺少一个中西互为识别的审美形态学系统或体系。

因此，这就需要我们进行理论创新。理论创新，并非意味着要创造一个新的审美形态学理论，也并非要发明一个新的审美形态，而是说要建构一个具有可比性的理论平台，进而在此基础上建构出可以互为识别的审美形态学系统或体系。目前学界中，李泽厚先生和王建疆先生的审美形态学研究，已经体现出了这一特点与方向。

李泽厚先生在《美学四讲》中，提出要建构一个关于审美能力的形态学，并将审美形态划分为"悦耳悦目""悦心悦意""悦志悦神"② 三种类型。尽管李泽厚先生并未明确提出"系统识别"的问题，但是他已经显示出了比较美学的意识。比较而言，王建疆先生的

---

① 王一川：《美学教程》，复旦大学出版社 2004 年版。
② 李泽厚：《美学四讲》，生活·读书·新知三联书店 1989 年版，第 154 页。

"识别"意识则更为明确，他提出了"内审美"①与"感官型审美"的审美形态学区分，并指出："以内审美为基础的中国审美形态如气韵、神妙、空灵、意境等，便可与西方的审美形态如悲剧、喜剧、崇高等构成了互为识别的形态学系统。"这一重要的理论创获，被誉为是"立足于美学史的一个创造"②、"预示着未来美学的发展方向"③。

虽然以上二位先生所提出的这些新的审美形态概念，为中国古代所未有，但其在表述上更具高度的概括性，从而易于为世界美学所接受，能够得到更为普遍的认可，充分体现出理论建构的现代意识。更为重要的是，这些"新名词"，为言说民族审美形态的"识别性"，而确立了中西审美形态之互为识别的系统参照平台，为其奠定了审美形态学的研究基础。只有在这种审美形态学基础上建构美学，才是中国美学的发展之路。

以上简述了审美形态学的学科史。审美形态学的创建毕竟是很晚近的事，学界对于其理论的建构与思考仍在探索中。

尽管如此，本书仍然立足于审美形态的性质与特点，结合形态学的一般性，来尝试对审美形态学的内涵进行初步的界定。

审美形态学是关于审美形态问题研究的一门美学的分支学科。审美形态学的研究对象是审美形态；其研究内容是，对审美形态的系统发生、历史演变、审美本质、审美特征、识别功能、现代特点等作出

---

① "内审美"新概念及其理论，由王建疆先生于 2003 年首次提出，集中表述在其《修养·境界·审美——儒道释修养美学解读》一书中，中国社会科学出版社 2003 年版。2008 年《新华文摘》第 19 期全文转载了其《我们缺少一个什么样的审美》一文（《学术月刊》2008 年第 5 期）。2010 年其又在《学术月刊》第 4 期上，发表了《建立在审美形态学研究基础上的人生美学》一文。内审美具有审美理论与审美实践上的普遍意义，是审美理论研究的新拓展和新境界，预示着未来美学的发展方向，彰显了中国美学研究中理论建构的潜力。

② 朱立元：《修养·境界·审美——儒道释修养美学解读·序》，载王建疆《修养·境界·审美——儒道释修养美学解读》，中国社会科学出版社 2003 年版，第 2 页。

③ 王元骧：《我看 20 世纪中国美学及其发展趋势》，载《厦门大学学报》（哲学社会科学版）2007 年第 5 期。

科学的系统性描述。

审美形态学与一般形态学有着质的不同。门罗说：

审美形态学的目的和任务并不仅仅是为了给传统的艺术制定几个诸如诗史、抒情诗、赋格曲、奏鸣曲、教堂建筑这样的抽象的定义。它也不是按照这些标题来对特定的艺术作品进行分类。大量的时间已经浪费在某些毫无结果的争论之中，如：一部著作到底是小说还是传奇，是悲剧还是喜剧，等等。即使对艺术所进行的分类是清楚的和无可争辩的，这种分类仍远远不能洞察艺术作品的所有复杂本质。对形态学所进行的这种狭义的探究，是从一种狭义的、不适当的艺术形式概念出发的。艺术形式并非由显而易见和传统的外壳或骨架构成，具有这种外壳和骨架的数以千计的实例是那样的千篇一律，就像所有的十四行诗或奏鸣曲那样。艺术的形式包括每个个别实例的全部结构、它对材料的特殊选择和对这些材料进行排列的方法。当我们识别出两首诗都属于莎士比亚的十四行诗时，还只能算是我们在研究形式的道路上迈出了第一步，还有许多任务有待于我们完成。这些任务是：研究它们在运用这种传统构架时有何不同，每件作品有何独特性以及它与别的作品有何相似之处，等等。只有那些最爱卖弄学问的机械论学者，才会满足于仅仅把艺术作品贴上标签，并把它们归档。审美形态和动物、植物及分子形态学的区别在于它更注意单个的形式——每一件艺术作品。对那些比较古老的科学来说，单个的东西往往被认为是不重要的，而一般的类型和法则是最为重要的，对单个的树木、石头或海鸥的独特方面则很少注意。……人们总是十分强调个别艺术家和某些特别"伟大的"艺术作品的独特重要性。假如审美形态学在使人们对形式和风格产生一般的理解的同时，又能提高人们认识和理解某一特定作品之独特本质的技能，那它就会被看作是一门更加重要的学问。①

一般形态学，如生物形态学，或其他的自然科学的形态学，所追求的都是形态的普遍性，而审美形态学则追求审美形态在某种普遍必然性基础之上的识别性与特殊性。

初步明确了审美形态学的性质与特点，下面我们来看审美形态学的研究方法。

（二）审美形态学的研究方法

如前所述，美学研究要从审美形态出发，而不能有任何的先在设定。那么，对于审美形态的研究，对于"形态"本身的研究，应当从何出发，从何入手呢？我们的答案也是"从形态出发"。审美形态学的研究，也应当立足于审美形态自身的性质与特点，而不能从某种既定的"思想""理论"或"主义"出发。"形态""现象"是第一性的，是美学研究的起点；"学""理论""主义"则是第二性的，是美学研究的终点。审美形态学研究，更直接地表现为是一种美学研究的方法论，由此，我们可以进入并直观到审美形态自身的特质。

审美形态学的研究方法，须由审美形态的性质与特点所规定。概括为五个方面。

第一，基于本源－本体意义上的审美与人生实践相贯通的研究方法。任何审美形态的创造，审美关系的生成，在本源－本体的意义上，都是对特定人生实践、人与世界存在关系的反映，而不是在世界之外的形而上学的思辨。审美是无功利与人生最大功利（即人生境界、人的本质的审美生成）的统一。审美形态学研究应该建立在实

---

① ［美］门罗：《走向科学的美学》，石天曙、滕守尧译，中国文联出版公司 1984 年版，第 280—282 页。

践－存在论的哲学基础之上。

第二，基于历史发生意义上的历史与逻辑相统一的研究方法。审美形态学要对审美形态的历史生成与演变规律进行理论研究。但是，对于审美形态的历史生成与演变的研究，必须要能够符合审美形态自身的实际，要"尽可能紧密地把研究的逻辑方法和历史方法结合起来"①，"（基本的方法论原则）就是对艺术世界研究的起源－历史方法和系统—结构方法的结合。……用黑格尔的话来说——从正（起源方法）和反（结构方法）上升到合（对艺术世界的历史－理论分析）。"② 要在审美形态的生成与流变的历程中，去揭示、界定审美形态的本质及其特征。

第三，基于审美本质及其特征意义上的描述与分析相结合的研究方法。审美形态学最直接的研究目的即是对审美形态的本质及其审美特征问题的揭示。审美形态学在承认审美形态的存在与发展具有某些客观规律在发生作用的前提下，主要采用描述与分析相结合的研究方法，紧紧围绕审美形态的感性形态，来阐发审美形态的本质及其审美特征。正如卡冈所说："我们前驱者的经验表明，在每一种情况下，艺术的形态学研究都基于对'一般来说艺术是什么、它的本质和结构怎样'这个问题的一定理解。例如，由此形式主义美学的代表者赋予艺术作品构成的具体材料以决定性的意义，而直觉主义美学的代表者则否定对艺术创作成果分类的可能性本身。"③

第四，基于识别功能意义上的系统识别与比较研究方法。这是审美形态学研究的重要特点与基本特色所在。审美形态学研究，要建构一个具有可比性的理论平台，进而在此基础上建构出可以互为识别的审美形态学系统或体系。这个具有可比性的基础平台不能够随意设

---

① ［苏］卡冈：《艺术形态学》，凌继光、金亚娜译，生活·读书·新知三联书店1986年版，第16页。
② 同上书，第406页。
③ 同上书，第186页。

定，而要筑基于审美形态的本源－本体论的根基之上。这个互为识别的形态学系统，既要有横向上不同民族文化审美形态间的比较，也要兼顾纵向上同一民族文化审美形态内部间的比较。要在系统性的识别中，最终确立审美形态的地位、价值与意义。既要"从解剖学意义上分析研究对象的'机体结构'"①，又要"从功能学意义上研究分析对象'机体结构'的功能以及机体中部分与部分、部分与整体之间的机能性关系"②，要全面、立体地考察审美形态的审美特征。

第五，基于现实、指向未来的审美形态发展论的研究方法。审美形态学研究最后还要指明，作为民族美学识别标志的审美形态，其存在与发展的前景，其与现实人生实践的存在关系问题，其对建构、发展中国当代美学所具有的意义，其对弘扬中华审美精神、复兴传统审美文化所具有的现实意义，其在全球化背景下如何可持续发展等等的问题。

因此，只有至少包括上述多种方法的综合运用，才能避免以往审美形态研究的形式与内容、历史与现实、理论与实际相分离所带来的片面性。

总之，以审美形态的本源性存在及其历史发生为起点，以审美形态的审美本质及其特征为中心，以审美形态的系统识别为功能的审美形态学理论建构，当是审美形态学研究的应有之义。

---

① ［美］门罗：《走向科学的美学》，石天曙、滕守尧译，中国文联出版公司1984年版，第274页。

② 同上书，第274页。

三 国内外审美形态研究评析

1. 国外审美形态研究评析

国外对于审美形态的研究可谓历史悠久、名家辈出、成就巨大、影响深远。其标志性的审美形态有"悲剧""喜剧""优美""崇高""荒诞""美""丑"等几种，几乎成为学界区分审美形态的惯例。亚里士多德（Aristotle）、朗吉弩斯（Longinus）、伯克（Burke）、康德、谢林（Friedrich Wilhelm Joseph Schelling）、席勒（Egon Schiele）、黑格尔、尼采（Friedrich Wilhelm Nietzsche）等都有审美形态研究方面的专著或专论。其研究方法特点鲜明，或附属于哲学的研究之下，或附属于神学或宗教的研究之下，或从艺术样式中提炼，或从文化生活中提炼，或从直觉、潜意识中提炼，可谓层出不穷，蔚为大观。

20世纪40年代，美国学者托马斯·门罗（《走向科学的美学》）和苏联学者莫伊谢·卡冈（《艺术形态学》），创建并发展了审美形态学，使审美形态研究成为一门独立的美学学科。

如果说，历史上的研究呈现出局部性的特点，即以对某一具体的审美形态的研究为主；当代的研究则呈现出整体性的特点，即注重各审美形态间的系统性研究。有以下三个特点。

其一，将对审美形态的研究寓于审美范畴的研究当中。主要代表是波兰美学家塔达基维奇的《六个概念史》（1980）一书，影响较大。

另外，苏联美学界非常重视美学范畴的研究。已知专著有：鲍列

夫（Борев）的《美学范畴》（1959）和《美学基本范畴》（1960）、
斯列德尼依（Srednij）的《美学基本范畴》（1974）、克留科夫斯基
（Крюковский，Н. И.）的《美学基本范畴：系统化的尝试》（1974）、
吉斯（Guise）的《艺术和美学：传统范畴和现代问题》（1975）、萨
维洛娃（Savinova）的《美学范畴》 （1977），以及舍斯塔科夫
（Shestakov）的《美学范畴史》（1965）、《作为美学范畴的和谐》
（1973）、《美学范畴论——系统研究和历史研究尝试》（1983）等。

在上述著作中，尤以舍斯塔科夫的《美学范畴论——系统研究和
历史研究尝试》一书为代表。在该书中，作者力图"揭示这些（美、
崇高、悲剧性、喜剧性、丑、和谐、怪诞等）范畴的历史发展逻辑，
介绍美学范畴的各种系统在历史过程中是怎样建立和发展的"。该书
采用了历史与逻辑相统一的研究方法，建立了一个完整的审美范畴
体系。

希腊雅典大学 Evanghelosa. Moutsopoulos 教授著有《审美范畴体
系研究》（*Universidad Autónoma de Nuevo León*，1975.）一书，对西方
传统审美形态、审美范畴（美、丑、崇高、悲、喜等）作了专门的、
系统的研究。

其二，从大众文化生活中提炼出新的审美形态，对传统审美形态
进行了补充与发展。

伴随大众文化的兴起，当代西方出现了两个新的审美形态："媚
世"（kitsch）与"堪鄙"（camp），被认为是"对原有的美学类型体
系（以美丑为核心的体系和以美、悲、喜为核心的体系）产生了一
种新冲击"[①]。

另外，2012 年，美国斯坦福大学教授 Sianne Ngai 出版了 *Our Aes-
thetic Categories：Zany，Cute，Interesting*（Harvard University Press，

---

① 张法：《媚世（kitsch）和堪鄙（camp）——从美学范畴体系的角度看当代西方两
个美学新范畴》，《当代文坛》2011 年第 1 期。

2012 – 10 – 15）一书，从后现代文化中，提炼出了三个新形态："滑稽""新奇""趣味"。在书中，作者探索审美范畴如何表达矛盾的情感，并将它们和后现代注重学科运作、交替、消费的方式联系起来。

其三，非欧美地区民族审美形态的凸显。

如何在现代学术规范体制下凸显非欧美地区的民族审美形态是一个研究趋势。

日本美学家大西克礼（Onishi Yoshinori）著有《美学》（上下卷，1959、1960）一书，该书由美的体验论和美的范畴论构成。作者在其美学范畴论当中加入了"幽玄（yugen）""哀（aware）""寂（sabi）"等日本民族所独有的概念。他认为这些概念具有普遍性，不同文化背景的人们也能理解①。

伊斯兰②、印度③美学界，初步将本民族的审美形态范畴运用现代学术的角度予以系统化和理论化。

在国外汉学界，德国汉学家卜松山（Karl-Heinz Pohl）在其《中国的美学和文学理论》（2010）一书中④，论述了"气韵"等中国的审美形态；北美汉学家高友工著有《美典》一书（2008）；陈世骧对于"兴""姿"等审美形态的研究⑤；萧驰、叶维廉对于"道"与"意境"的研究；刘若愚对于"自然"审美形态的研究；法国汉学家程抱一对于"虚""实""气""神"等审美形态的研究，都很深入

---

① 佐佐木健一：《美学入门》，赵京华、王成译，四川出版集团四川人民出版社 2008 年版，第 7 页。
② 伊斯兰美学代表性著作如：里曼（Oliver Leaman）：《伊斯兰美学导论》（*Islamic Aesthetic：An Introduction*，2004）、阿波斯夫（Boris Behrens-Abouseif）：《阿拉伯文化的美》（*Beauty in Arabic Culture*，1998）、纳赛尔（Seyyed Hossein Nasr）的《伊斯兰的艺术与精神》（*Islamic Art and Spirituality*，1987）、瑞纳德（John Renard）的《进入伊斯兰的七道门》（*Seven Doors to Islam*，1966）。
③ 印度美学代表性著作如：帕德（K. C. Pandey）的《印度美学》（1959）、苏蒂（Pudma Sudhi）的《印度美学理论》（1988）等。
④ ［德］卜松山：《中国的美学和文学理论》，向开译，华东师范大学出版社 2010 年版。
⑤ 陈世骧：《陈世骧文存》，辽宁教育出版社 1998 年版。

而独到。

虽然国外尤其是西方对于审美形态的研究成就巨大，但仍然存有不足。如上所述，一是将审美形态的研究混同为审美范畴的研究，这样容易忽略审美形态的感性经验性、动态性和生成性；二是在现代学术整体性的背景下，如何凸显非欧美地区审美形态的民族性，仍然任重而道远，目前的研究还处于初级阶段；三是国外汉学家对于中国审美形态的研究虽然独到，但仍然零散，缺少整体性、系统性。

2. 国内审美形态研究评析

中国古代也有不少审美形态研究方面的专著，如《二十四诗品》《二十四书品》《三十六画品》等。王国维、朱光潜、宗白华、徐复观、钱锺书等先生也专论过某一特定的审美形态。20 世纪末，国内对审美形态学的研究有了很大的发展见"审美形态学概述"。

审美形态学研究参考文献：

［1］陈复旺主编：《中国美学范畴辞典》，中国人民大学出版社 1995 年版。

［2］葛路：《中国绘画美学范畴体系》，北京大学出版社 2009 年版。

［3］柯汉琳：《美的形态学》，中山大学出版社 1995 年初版、2008 年再版。

［4］李泽厚：《美学四讲》，载《美的历程》，安徽文艺出版社 1994 年版。

［5］林同华主编：《中华美学大辞典》，安徽教育出版社 2002 年版。

［6］刘义庆：《世说新语》，上海古籍出版社 2007 年版。

［7］刘勰：《文心雕龙》，人民文学出版社 1958 年版。

［8］司空图：《二十四诗品》，人民文学出版社 1963 年版。

［9］苏保华：《审美形态论纲》，复旦大学博士论文 2000 年版。

［10］王国维：《人间词话》，上海古籍出版社 1998 年版。

［11］王建疆：《修养·境界·审美——儒道释修养美学解读》，中国社会科学出版社 2003 年版。

［12］王建疆：《审美学教程》，复旦大学出版社 2007 年版。

［13］王磊：《审美形态批评与中国美学》，安徽文艺出版社 2014 年版。

［14］王振复主编：《中国美学范畴史》，山西教育出版社 2006 年版。

［15］严羽：《沧浪诗话》，人民文学出版社 1983 年版。

［16］杨咏祁：《审美形态通论》，南京大学出版社 1991 年版。

［17］叶朗：《现代美学体系》，北京大学出版社 1988 年版。

［18］叶朗：《美学原理》，北京大学出版社 2010 年版。

［19］张首映：《审美形态的立体观照》，人民文学出版社 1989 年版。

［20］宗白华：《美学与意境》，人民出版社 1987 年版。

［21］周来祥：《再论美是和谐》，广西师范大学出版社 1996 年版。

［22］朱立元主编：《西方美学范畴史》，山西教育出版社 2006 年版。

［23］朱立元：《美学》（修订版），高等教育出版社 2006 年版。

［24］［德］伯克：《崇高与美——伯克美学论文选》，李善庆译，上海三联出版社 1990 年版。

［25］［德］卜松山：《中国的美学和文学理论》，向开译，华东师范大学出版社 2010 年版。

［26］［德］康德：《判断力批判》，邓晓芒译，人民出版社 2017 年版。

［27］［德］罗森克兰茨：《丑的美学》，载［英］鲍桑葵《美学史》，张今译，商务印书馆 1985 年版。

［28］［德］尼采：《悲剧的诞生》，周国平译，广西师范大学出版社 2002 年版。

［29］［法］加缪：《西西弗的神话》，杜小真译，生活·读书·新知三联书店 1987 年版。

［30］［苏］卡冈：《艺术形态学》，凌继光、金亚娜译，生活·读书·新知三联书店 1986 年版。

［31］［美］门罗：《走向科学的美学》，石天曙、滕守尧译，中国文联出版公司 1984 年版。

四　论中国审美形态的划分原则

提炼、归纳中国审美形态，应确立如下两点原则。

第一，要确立与西方审美形态相互识别的系统参照平台。这个参照平台，不能够随意设定，也要从形态（的一般性）出发，须依据于前文所讲的审美形态创造的本源性特点（即人与世界、人与自然、人与社会、人与人、人与自我、人与美等的特定的、必然的存在性关联）。这（从形态出发）是审美形态学建构的理论基点，有了这个基点，才不会盲从、因循于西方，或者以我为主而不顾其他。在此基础上，再来明确不同民族审美的自由创造及其审美方式，是感官型审美，还是境界型内审美①、心灵审美；是"一个世界"，还是"两个世界"②；是主客二分，还是天人合一③。必然性是"体"，是"源"，是本源与本体；自由性是"用"，是"流"，是功能与实现。先有人与美的共在，其后才有审美的识别，而不是相反。这个参照平台，可称之为"广义审美形态"，即最宽泛意义上的审美形态。

第二，在确立中西审美形态系统参照平台的基础上，建构民族审美形态系统（或民族审美形态史），进而从中提炼、归纳、确立出具

---

① 王建疆：《修养·境界·审美——儒道释修养美学解读》，中国社会科学出版社2003年版。

② 李泽厚：《实用理性与乐感文化》，生活·读书·新知三联书店2004年版。

③ 朱立元、王振复：《天人合一——中华审美文化之魂》，上海文艺出版社1998年版。

有一般性的、统摄性的审美形态。所谓"一般审美形态"是指民族审美形态中最广泛、最普遍、最具统摄性的审美形态。这些审美形态都可以涵括、包容、统摄很多相近的或派生的"变体审美形态"。这就要求审美形态学的系统建构，不仅要凸显系统识别的主导性，还要兼顾系统搭建的层次性（见表1）。

这里涉及几个围绕审美形态学建构的四个新概念：

（1）"广义审美形态"，是最宽泛意义上的审美形态，是"一般审美形态"和"变体审美形态"生成与创造的始基与平台。"广义"，意味着它是在审美方式意义上，有待展开、具体化、具象化的审美形态。"感官型审美"和"境界型内审美"就是人类两种最基本的审美方式，在审美活动中，因主体的多样态自由创造，而具体化为"一般审美形态"和"变体审美形态"。

（2）从"广义审美形态"出发，具体化为几种可识别的"一般审美形态"，即西方的优美、崇高、悲剧、喜剧、荒诞、丑；中国的中和、神妙、气韵、意境。没有列入"一般审美形态"的其他审美形态，并非就是"个别的"、"次要的"、无足轻重的审美形态。"一般"，意味着在民族美学识别的意义上，它最具普遍性、代表性、统摄性、主导性，能够以点带面。

（3）"变体审美形态"①，它在起源上与"一般审美形态"有着历史的、逻辑的联系，往往与一般审美形态有着亲缘的、互渗的内在关联。它是"一般审美形态"的某种变体，是它们多样的变态。变体审美形态在审美形态系统中起着非常重要的作用。个别的、多样的与一般的审美形态之间的逻辑的和含义的联系，实际上是借助于它们才得以实现的。

（4）鉴于中国美学的特殊性，还应有一种"前（潜）审美形

---

① 此概念，受到舍斯塔科夫"美学范畴的变体"概念的启发。参见［苏］舍斯塔科夫《美学范畴论——系统研究和历史研究尝试》，湖南文艺出版社1990年版，第148页。

态"。"前"或"潜"，是指在一般（或变体）审美形态之前就有的，或是潜在的、尚待生成为一般（或变体）审美形态的。之所以称之为"前（潜）审美形态"，是因为，或是它们的外延往往包罗太广；或是其在内涵上将道德、认知与审美相杂糅，不易区分与界定。这些词，有的最开始是哲学范畴（如味、道），后来才演变为审美形态，演变为审美形态的时候，实际上已经具体化为一般审美形态或变体审美形态了（如味具体化为滋味、韵味；道具体化为阴、阳，形、神，虚、实，等等）。这些词，有的又过于抽象化、本质化、概念化（如美、境界、社会美、艺术美、现实美等），而有待生成为具体化、感性化（如优美、秀美、柔美、壮美、意境、崇高等）的审美形态。前（潜）审美形态的功能与意义在于，它在哲学思想上统摄着一般（或变体）审美形态的创造，构成了一般（或变体）审美形态的形上根据或人生境界底蕴。

这种前（潜）审美形态，有时也表现为是一种民族的审美精神、审美理想，或"文化大风格"。但是它不能等同于"广义审美形态"，广义审美形态具有本源性，"前（潜）审美形态"则是历史中积淀形成的，二者不可以颠倒。

表1

审美形态	审美形态系统
广义审美形态	感官型审美、境界型内审美；悦耳悦目、悦心悦意、悦志悦神……
一般审美形态	优美、崇高、悲剧、喜剧、荒诞、丑；中和、神妙、气韵、意境
变体审美形态	滑稽、和谐、恐怖、怪诞……；风神、壮美、典雅、风骨……
前（潜）审美形态	大、味、道、气、境界、美、自然美、现实美、社会美、艺术美……

表1中我们确立出了审美形态的系统分类，从中能够见出，所谓的系统的识别，应主要是提炼、归纳、确立出"一般审美形态"。提炼的关键在于区分、厘清"一般审美形态"与"变体审美形态"。因

而，具体还需如下三条标准。

一是典型性标准。如前所述，审美形态是"必然"与"自由"的统一。审美形态的提炼，要提炼那种最能代表民族审美能力（最自由）的审美形态。如最能够标识人与自然亲和关系的"意境"。典型性同时还意味着统摄性，要能够以点带面，用典型来统摄杂多。实际上，审美形态演变的一个规律就是，高级审美形态对其他审美形态的兼容与超越。

二是本体性标准。审美形态的提炼，要考察那些在审美活动中具有广泛性和普适性的审美形态，它"不仅在某一种类或某一体裁中使用，而且还在其他一般艺术形式中使用，不惟如此，还在现实生活中使用"①，显示着审美与人生实践结合的深度与广度，显示着人生境界的底蕴。

三是历史性标准。审美形态的提炼，要考察那些"源远流长"的，对于塑造民族审美文化心理结构起着重要价值的审美形态，这样的审美形态，往往是民族审美精神、审美理想的浓缩，"有些审美形态积淀在民族的审美文化中，产生了长久而持续的影响，已经在某种意义上构成了本民族审美文化的识别标志……而且在当今社会中仍有着强大的生命力。"②

一般而言，"变体审美形态"的特征是多样性（表现为量上的差异性或相近性）、功能性（表现为量上的互渗性、补充性）和个体性（表现为量上的不稳定性、难以穷尽性）。而"一般审美形态"，则具有民族审美上的质的典型性、本体性和历史性。这三条标准，能够将"一般审美形态"与"变体审美形态"区分开来，从而能够作为民族审美形态的标识。

以上内容皆为简要的概述，在后面正文中都会逐一具体化。

---

① 王建疆：《审美形态新论》，《甘肃社会科学》2007 年第 4 期。
② 同上。

五　论审美形态的识别性与中国审美形态的特质

　　什么是"识别性"？识别性也称识别标志（Identity，简称 ID），是指某种特殊事物的标记，常用文字、符号、数字、图案以及其他说明物（如服饰、路标、指纹、DNA）等表示。欲区分某一事物，必须把它放在一个特定的参照系中才能凸显，事物自身是无法识别自身的。比如说"鲁迅是伟大的现实主义作家"，这句话便是不够具体的，没能指出其具体的伟大之处。必须把鲁迅放到世界现实主义文学史这一坐标系中，去和莎士比亚、巴尔扎克、列夫·托尔斯泰、果戈理、陀思妥耶夫斯基、卡夫卡、吴敬梓、曹雪芹、茅盾、巴金、老舍、曹禺、莫言、余华、王安忆等现实主义作家及其经典作品去比较，才能见出其特质，才能评价其独创性及其文学史意义，才能见出其在哪些方面有所继承、有所突破、有所开创、有所发展、有所不及，如此等等。

　　所谓审美形态的识别性、识别标志是指某一特定的审美形态区分于其他审美形态的特质之所在，或者同一审美形态在不同民族、文化、地域的特质之所在。所谓"识别"是指在一个特定系统或坐标系中的"识别"，或是横向的、共时的系统识别，或是纵向的、历时的系统识别。只有建立在特定的系统平台之上，才能识别出不同审美形态的特质来。无论是西方的悲剧、喜剧、优美、崇高、荒诞、丑等，还是中国的道、气、神、灵、境、韵等，都有着明显的民族审美特色。如前所述，面对着与诗人亲和性存在的同一自然山水，李白诗云："山随平野尽，江入大荒流"，杜甫诗云："星垂平野阔，月涌大江流"，王维诗云："江流天地外，山色有无中。"在这里，"自然美"作为本体的显现是必然的、普遍的，但对其的美感经验则有着个体的识别性，从而创造出多样性的审美形态，或是"飘逸"（道）的、或是"沉郁"（儒）的、或是"空灵"（禅）的。同样面临险峻高山所带给人的空间性视觉冲击，在西方，便会生成作为空间性经验的"力学"的"崇高"，而在中国则常常会是"念天地之悠悠，独怆然而涕下"，而创造出化"天地"为"悠悠"、化空间性经验为时间性经验的"意境"。同样感悟人生的"悲剧"，中西方在悲剧结局上的处理便明显不同，有"大团圆"和"一悲到底"的区别。

因此，对中国审美形态识别性的研究方法便可以有两种：一是比较的方法，即在中西审美形态的比较中，揭示各自的审美特质；二是历史与逻辑统一的方法，即把中国审美形态放在其历史的生成、流变过程中进行考察，研究它在历史中的生成、发展规律及其审美特质。

同样，对审美形态识别性问题的研究便需要"在同中求异"，即首先要确定不同审美形态之间可比性的基础。我们知道，给概念下定义最常用的方法是"概念＝属＋种差"。如亚里士多德在《诗学》中便精彩地演绎了这种比较的方法，为"悲剧"做出了经典的定义。所谓"属"，是指这个概念最邻近的属概念；所谓"种差"，是指这个概念不同于同一个"共属"概念之下的其他种概念的"特有"属性。"种差"是使"种"呈现出差别的事物。如我们为文学下一个定义：文学是一种艺术形式。这个说法固然没错，但文学的这个概念还是一个属概念，不能区别于其他类型（如音乐、美术、舞蹈、书法、雕塑、建筑等）的艺术。种概念则产生于对各种艺术形式之间本质差别的比较。由此，我们便可进一步规定、限定文学的定义：文学是一种语言的艺术。

作为探讨中西不同审美形态之间可比性研究的识别标志或"种

差"可以包括审美方式、世界观、自由意志、思维方式等四个方面。正是这四个方面显示了中国审美形态的特质。下面我们逐一来进行简括，并在本书的下篇中进行具体论述。

（1）审美方式上的识别。中西审美形态在审美方式上的区别，可以概括为是感官型审美与精神境界型内审美的区别①。西方审美形态比如优美和丑陋，衡量的重要标准便是感官性。优美的特点是和谐，丑陋的特点是不和谐。比较而言，中国审美形态则更注重对外在感官型审美的超越。孔孟讲"美"与"善"的统一、"大而有光辉"，老庄讲"大象无形""大音希声""大美不言""心斋""坐忘"，这些都强调审美要在观道、体道和修道中产生，要超越外在有限的感官和物质形象。道、气、神、境、灵、韵等审美形态所追求的理想境界也常常是象外之象、境外之境、韵外之致、味外之旨、言有尽而意无穷，而非是感官性。

（2）世界观上的识别。李泽厚先生曾提出了作为中西方文化本质特点的"一个世界"与"两个世界"的区别②。他认为，中国文化是只有"一个世界"的文化，即只有尘世、现世的文化，没有彼岸世界、神世界的文化，因此，中国没有形成西方那种"天主"的世界观，只有模糊的"恍兮惚兮""惚兮恍兮"的"天道"世界观。由此而来的则是，中国审美形态的建构非常强调审美与现实社会人生的合一。中国的审美形态如道、中和、气韵、神妙、意境、空灵等，强调于日常中见道，上下与天地同流，都具有与将对社会人生、宇宙自然的审美和人生境界的审美相广泛联系的特点。

（3）自由意志上的识别。自由意志有别于生命意志，其本质是"自由"，它指人类总是努力追求精神上的纯、真、善、美、爱情、

---

① "内审美"新概念及其理论，由王建疆先生于 2003 年首次提出，集中表述在其《修养·境界·审美——儒道释修养美学解读》一书中，中国社会科学出版社 2003 年版。
② 刘再复：《李泽厚美学概论》，生活·读书·新知三联书店 2009 年版，第 2 页。

自由等，是人性有别于动物性的特质之所在。西方的悲剧、喜剧、崇高、荒诞、丑等审美形态多由人的情感、欲望的冲突所致。而中国的审美形态则很少来自于情感冲突，常常表现为人与自然、人与社会、人与自我的和谐。最有代表性的是"中和"和"权教"的审美形态。中和是一种源自儒家的由遵循先天自然（"中"），进而达到对情感的节制（"和"），使之符合中庸之道的中国审美形态。中和审美形态具有情感平和、节制欲望冲突的审美特点。

（4）思维方式上的识别。流行的审美形态理论往往只注意审美形态的形式与外表，不注重支配审美形态构成的思维方式。实际上，正是思维方式的不同，构成了审美形态的不同。思维方式上的识别是一种无法模仿的指纹识别。西方的审美形态的思维方式是理性直观和感性直观，中国的审美形态的思维方式是感悟，是一种灵性直观，即一种赋予对象主体性的思维方式。这正如人们常说西方的审美思维方式是主客二分的，而中国的审美思维方式是天人合一。最有代表性的审美形态是意境，在意境审美形态中人与自然、情与景生成为主体间性的戏剧化审美活动。

总之，中国审美形态在与西方审美形态的比较中，表现出审美方式（美）、世界观（真）、自由意志（善）、思维方式（知）等四个方面的明显区别，显示出独特的识别性。其中前三个方面前人已经论述很多了，本书将重点论述中国审美形态在思维方式上的识别标志问题。

六 灵性直观

——论中国审美形态的思维方式识别标志

一般审美形态学研究，往往侧重于对审美形态外在的形式特征、结构特征、构成要素等的分析，其是一种"外部研究"，而在一定意义上忽略了对于作为审美形态的内在根据的"思维方式"问题的探讨。我们知道，审美形态学是关于审美形态问题研究的一门美学的分支学科，它强调对审美形态的构成特征、结构形态、内部世界和形态的历史生成作科学的描述。审美形态学的这种重视"形态"的学科性质，就在一定程度上决定了其"外部研究"的学科特点。如门罗在其《走向科学的美学》一书中就讲："我们所说的'形态学'一词，专指对艺术品的可以观察到的形式的研究"①，"在审美形态学中，我们倾向于把注意力集中在艺术产品上；……审美形态学是根据艺术作品的形式类型或构成方式来对我们所发现的东西进行分类……"②

那么，审美形态学的这种"外部研究"是否充分呢？它是否能够深刻、全面地揭示出审美形态的本质与规律呢？——这种一般的审美形态学研究，尚缺少内在的思维方式上的基础与根据。这也就是说，在本源上讲，审美形态的本质及其特征"为何如此""如何可能"等

---

① ［美］门罗：《走向科学的美学》，石天曙、滕守尧译，中国文联出版公司1984年版，第274页。

② 同上。

根本性问题，通过一般的"外部研究"并不能够完全说清、说透。我们不能把与"主体"创造密切相关的"思维方式"等问题，排除在"形式""结构"之外。在审美活动中，作为主体创造的"思维方式"，较之于作为审美活动结果的审美形态的"形式""结构"等问题，是更为本源的，乃至具有决定性的作用与地位。思维方式对于审美形态的这种决定性，较为典型地体现在对审美形态的"识别性"问题上。

思维方式问题，制约和影响着审美形态的外在表现和内在结构及其特征，是审美形态存在的内在根据。思维方式对于审美形态学，尤其是对于"中国审美形态"的研究具有基础性的意义。流行的审美形态理论只注意审美形态的形式与外表，不注重支配审美形态构成的思维方式。实际上，正是思维方式的不同，构成了审美形态的不同。思维方式上的识别是一种无法模仿的"指纹识别"。因此，本书立足于中国美学史发展的实际，尝试在思维方式的意义上，提炼出"灵性""灵性直观"的概念，从而为区别于筑基在"感性直观""理性直观"意义上的西方审美形态的中国审美形态奠定思维方式上的审美形态学理论基础。

我们认为，人类在人生实践活动方式上的差异，导致了中、西思维方式上的不同特点。西方悲剧与喜剧、优美与崇高、美与丑等体现二元对立性质的审美形态，与其重视抽象思维（感性、理性）方式的特点密不可分；比较而言，中国审美形态则具有综合性、互渗性，重视审美与人生的相互贯通，重视意蕴，重视对感官的超越等特点，与其重视灵性思维方式的特点紧密相连。中国审美形态的这些特点，与西方的天人二分、主客对立思想，人与自然相对立的思维方式不同，导致了人与自然的和谐，进而具体而微地形成了中和、神妙、气韵、意境等审美形态。

一般而言，西方美学基于人类实践有"感性"与"理性"这两种最基本的认识能力，而将人的审美直观能力概括为"感性直观"

和"理性直观"。此种概括，体现出其对于人类审美活动本质与规律的某种普遍性认识。与此相应，本书则立足于中国美学史的发展实际，提炼出"灵性直观"的概念，作为对中国美学在"审美直观"问题上的一个理论概括，——因为"灵性直观"较为典型性地反映出了中华民族审美在思维方式上的基本特征。"灵性直观"的内涵，是指与感性直观、理性直观相对的一种赋予对象主体性的思维方式。

总之，本书提出以"思维方式"问题，作为对审美形态识别性问题研究的基础，既在于"思维方式"对于审美形态的创造具有本源性意义，也在于"思维方式"问题是不同审美文化之审美形态的识别性的基础与根据。因此，本书提出以"思维方式"问题作为审美形态研究的基础，便有着纵向的、横向的，有着一定的、理应如此的学理性根据。进而认为，审美形态学的研究，应该补进对于"思维方式"问题的研究，同时确定其研究的基础性地位。

（一）广义的灵性

一般认为，西方美学基于人类实践有"感性"与"理性"这两种最基本的认识能力，而将人的审美直觉（直观）能力概括为"感性直观"和"理性直观"①。此种概括，体现出其对于人类审美活动本质与规律的某种普遍性认识。与此相应，在此，本书提炼出"灵性"的概念，作为对中国美学在"审美直觉"问题上的一个理论概括，——因为"灵性直观"，最具代表性地反映出了中华民族审美的基本特征；同时，"灵性"也是人类实践的最基本、最一般的认识能力、认识方式之一，它理应与"感性""理性"相对举并提，从而具

---

① 此种分类为学界所公认。可参见冯契主编《哲学大辞典》，上海辞书出版社1992年版，第1091页。另外，康德在《纯粹理性批判》中亦讲"概念没有直观则空，直观没有概念则盲"，主张感性直观和理性直观的统一。

有在认识论、审美心理学上的普遍必然性。

"灵性"一词，在中国古代哲学、美学思想中，被作为专题来探讨者并不多。它往往与其词义相近、相关的如"性灵""自性""佛性""觉性""慧根""般若智""心源""童心""真我""本色""灵犀""慧灵""灵明""本心""良知""法性""如来藏识""灵根"等这一类概念共同使用，散见于各类文献典籍中；而在现实生活中，古往今来，"灵性"的概念运用却较为广泛，其含义与智慧相关。由此两方面可见，"灵性"是一个具有一定普遍意义的、内涵稳固的概念，并非无根之杜撰。"灵性"作为中国美学的主体性概念的提出，是依据一定的标准与原则而被提炼、概括出来的：它既是一个立足于中国美学史之发展实际的概括，从而能够在一定程度上代表、涵括民族审美的特质，其在内涵与外延上也能够统摄如上所讲的"性灵""自性"等概念；同时它又确实是为中西方、为人类实践所共有的最基本的认识能力，因此它能够作为民族审美的标识而与西方美学相互比较。西方也有"灵性"（spirituality）① 一词，康德所讲的"共通感"（common sense）与"灵性"也有内在的关联，但"灵性"在西方，更多地被认为是"上帝赋予的"，因而有着民族审美文化上的识别性；在中国，"灵性"则更多地被强调审美与人生实践（境界、价值、意义、意蕴等）的相互贯通，而这正是中国美学之特质。总之，"灵性"的概念，既是普遍的，又是识别的，既源远流长，又易为当代世人所接受。反而是上面提到的"性灵""自性""般若智"等概念，以其与现实人生距离较远而流行不广，使用范围较为有限。

1. 灵性提出的根据

那么，"灵性"的概念到底指什么呢？本书不拟将"灵性"的概

---

① Spirituality, n [U] state or quality of being concerned with spiritual matters; devotion to spiritual things 精神性；灵性；信仰。参见 *Oxford Advanced Learner's English-Chinese Dictionary*，商务印书馆 1997 年版，第 1466 页。

念泛化、复杂化，在此谨遵照一个较为权威的界定，即《辞源》上对"灵性"的界定："谓天赋的聪明才智。唐韩愈昌黎集外集——芍药歌：'娇痴婢子无灵性，竞挽春衫来比并'"①。

"天赋的聪明才智"——这也正是我们现实生活中所理解和使用的"灵性"的含义。读过《红楼梦》的人都知道，女娲炼石补天后被娲皇氏遗弃在青埂峰的一块"顽石"——"谁知此石自经锻炼之后，灵性已通，自来自去，可大可小"，后来被一僧一道幻化为一块鲜明莹洁的美玉，带到凡尘。这块美玉就与贾宝玉一起出世，并挂在贾宝玉的脖子上，名为"通灵宝玉"。诚可谓顽石虽"材拙"，"通灵"即质变。这是小说里面所虚构的。而在现实生活中，目前教育学界有对"灵性教育"②、如何激发儿童的"灵性"等问题的研究与倡导，即是在探讨如何培养、发展儿童所具有的"天赋"的"聪明才

---

① 《辞源》（合订本），商务印书馆1998年版，第3346页。

② ［加］克里夫·贝克：《优化学校教育——一种价值的观点》，戚万学等译，华东师范大学出版社2003年版，第174页。克里夫·贝克（Clive Beck，1939—）是加拿大著名的价值教育和道德教育理论家，他在该书中认为"有灵性的人，在某种程度上一般具有下列特征"：1. 悟性。在各种宗教中，人们常用"清醒的"、"有见识的"、开"圣光"之人等词描写有灵性追求的人。这并不意味着过分强调智力因素，因为即使是最卑微和没受教育的人在这个意义上或许也是"清醒的"。2. 见多识广。3. 整体论的观点。4. 整合。有精神追求的人在肉体、心灵和精神上是整合的；并且在他们生活的各个方面和各种责任中都是整合的，包括生活的社会方面和社会责任。5. 好奇。6. 感激。7. 希望。8. 勇敢。9. 精力。有精神的人为了完成他们生活中的许多任务必须有充沛的精力。幸运的是，他们的智慧为他们提供了动机基础；他们整合的生活使他们的肉体、心灵和精神协同作用，这实际上使他们的精力非常充沛。10. 超然。在东方的思想中已经很好地阐释了超然的重要性。"随波逐流"的方法并不意味着缺少关心，而是意味着为了达到精神上的目标跟上生活潮流的熟练工作方式。它有时被称作"积极的无为"。11. 接受。即使在通俗的、非宗教的说法里，人们也常常被鼓励"心情舒畅地"和"欣然地"接受不可避免的事物。当然，这只是涉及不可避免的事物的时候的一种品质，并不是人们可以或应该尝试改变发生的事情的时候的品质。12. 爱。对许多人来说，爱是有灵性的人的最重要的特征。从《福者之歌》到犹太教和基督教共有的《旧约·圣经》都强调了爱在精神生活中的中心地位。13. 温和。这个特征综合了其他几个素质：认知、超然、接受、爱。它包含了对他人、对自己的需求以及对整个宇宙的细腻的、体贴的和关怀的方法。它与残忍的、剥削的、粗心的生活方法是相反的。它并不意味着软弱或犹豫，而是自愿"随波逐流"，它怀着仁慈和对什么是可能的和需要的适当认识稳步前进。

智"问题。

"灵性"一词，在中国古代哲学、美学思想中，被作为专题来探讨者并不多。汤显祖有一些关于"灵性"的表述，如其曾提出"独有灵性者自为龙耳"① 的美学命题，但似乎学界未予重视。清代李佳在其《左庵词话》中的"自度腔"条也提到过"灵性"概念："古词人制腔造谱，各调都自由创，固非洞晓音律不能。今人倘自制一调，世罔不笑其妄者。虽解音理，亦不过依样画葫芦耳。故近日倚声一事，仅以陶瀹灵性，寄兴牢骚。风雅场中，尚遑云协于歌喉，播诸弦管，自度腔所由罕也。"②

基于"灵性"的这种最一般、最惯常的含义，我们再来对"灵性"的概念进行哲学与美学上的深入阐说，从而明了其真正的意义与价值。

2. 灵性的哲学含义

一般地，人类实践应具当有如下三种最基本的认识能力，即"感性""理性"和"灵性"。

所谓"感性"（sensibility），是指人类运用视、听、触、尝、嗅等感官，来接受外在对象的刺激的一种认识能力，即"接受力"，其特点是直接性。

所谓"理性"（reason），是指人类运用抽象思维（概念、判断、推理等）对外在对象本质的、整体的和内部联系进行概括和反映的一种认识能力，是感性认识的深化。其特点是概括性和间接性。

所谓"灵性"（spirituality），本书将其哲学含义界定为人类对于对象存在"意蕴"的觉解与领悟的一种认识能力，尤其是能够赋予

---

① （明）汤显祖：《张元长嘘云轩文字序》，载《汤显祖全集》（二），徐朔方笺校，北京古籍出版社1999年版，第1139页。
② （清）李佳：《左庵词话》，载唐圭璋主编《词话丛编》（第四册），中华书局2005年版，第3171页。

对象以主体性的一种认识能力。其特点是超越性、创造性和境界性。

何谓灵性认识的"超越性""创造性""境界性"?

首先,所谓灵性认识的"超越性",是指其对于感性认识和理性认识的"对象化思维方式"的形而上超越和提升。

感性、理性认识是一种对象认知,它们旨在确定出一种主客相符的真理。在感性、理性认识活动中,对物来说,人是观者,物是人的对象,物为人所主宰,其存在的意义不在其自身,因而是一种非真实、无"自性"的存在;对人来说,他也处于非真实的状态,他存在于世界的对面,居高临下地俯视外在客体对象,每每从先在的预设出发,对对象进行过度诠释、肢解。

而"灵性"认识,则是对于人生存在及其根源的本体认知、存在认知与意蕴认知。灵性认知超越了理性、逻辑等对于对象存在的分解、离析,是对于人生存在的本体、整全呈现,因而它是一个"无分别"的认识;同时灵性认识也超越了感性感官对于客体对象的被动反映,通过心灵的觉解与领悟,而开显出对象存在的意蕴世界,因而它是一个消弭了主客界限的"无对待"的认识。在这里,"灵性"不是一个"实体"概念,而是一个"存在-功能"概念。"性"是本体、是存在,"灵"是功能、是实现。何谓"存在"? 存在即是对在者的去蔽与反思,是对在场背后的不在场的发现,是澄明的涌现,是对存在真谛的揭示和对存在的意蕴的发现。

然而,"灵性"虽是澄明的存在,但其在人类的日常生活中,却又更多的是作为一种遮掩性的存在而存在的。慧能就说:"自性常清静,日月常明,只为云覆盖,上明下暗,不能了见日月星辰,忽遇惠风吹散卷尽云雾,万象森罗,一时皆现。"① 这就是说"灵性"或"自性"的存在虽是必然的("常清净"),但它又不是现成的、先验的,而是潜在的,待生成的,待突破日常功利目的、物质欲望的

---

① (唐)慧能:《坛经校释》,郭鹏校释,中华书局1983年版,第39页。

束缚。

　　灵性是人之心灵的智慧形态。在佛教中，"灵性"（"自性"）也常常被称为"般若智"，"当起般若智"是禅宗的习语，般若即是智慧的意思。

　　在哲学上，"聪明"与"智慧"的含义不同。明代高僧紫柏真可曾讲："夫智慧之与聪明，大相悬绝。聪明则由前尘而发，智慧则由本心而生。故聪明有生灭，而智慧无依倚也，所以不生灭耳。"[①] 正所谓"堕肢体，黜聪明，离形去知"，方能"同于大道"。只有悬置日常的"聪明""机心""居心"等，灵性和智慧方能澄明无碍地显现，进而得到真实的观照。由此可见，哲学上的"灵性"概念，比之前述灵性的"本义"更为深刻。

　　正是因为对于"智慧"的看重，所以古人特别强调对于"本心""灵性"的恢复。在中国心灵美学看来，"灵性"是人的本来面目，是人的"自性"，但"灵性"又是深藏于心的。庄子在《庚桑楚》中说："宇泰定者，发乎天光。发乎天光者，人见其人，物见其物。"他认为悟道就是"恢复"智慧的本明，人的内心世界本来充满了灵性的光明，但世俗生活却将这本明的灵光隐去了，悟道就是从无明走向"灵性"的光明之路，悟道就是"朝彻"，就是"遂于大明之上"，通过心斋与坐忘，而使"灵性"显现光明，所谓"虚室生白，吉祥止止"。

　　因此，与感性认识、理性认识侧重于对于知识对象的把握相比，灵性认识则是一种形而上的超越，是对存在意蕴与价值的肯定，对人生境界的彰显。一般直觉是属于认识论范畴的，而灵性则不仅是认识论的，而且包含有本体论和心性论的内涵。灵性既不是立足于感性基础上的对对象表象的被动接受，也不是立足于理性基础之上的瞬间对

---

　　① 《续藏经》（第41册）中国撰述，大小乘释经部，台北：新文丰出版公司1993年版，第815页。

对象本质的把握，而是对心灵深层的智慧力量的发现，对人的存在本体的发现，对人的本质的发现，对自我的发现。

其次，所谓灵性认识的"创造性"，是指灵性认识，把存在、本体、意蕴等赋予世界，使"物"摆脱了仅作为物质生产资料或抽象概念而存在的状况。灵性的创造不受外在对象表象的限制，超越表象的同时又不离表象，再造一种"镜中之月，水中之花，相中之色"的心灵境界。中国美学所讲的"山苍树秀，水活石润，于天地之外，别构一种灵奇""一草一树，一丘一壑，皆灵想之独辟，总非人间所有"，正是在于灵性智慧的创造，而在认知性的物理世界之外创造出一个诗意盎然的心灵境界。

我们知道，王阳明特别强调"致良知"，所谓"良知"，即是天地万物的"灵明"，或称"明觉""精灵"，当与"灵性"同义。王阳明说："心者身之主也，而心之虚灵明觉，即所谓本然之良知也"，"良知即是天植灵根，自生生不息"，"良知是造化的精灵。这些精灵，生天生地，成鬼成帝，皆从此出。真是与物无对"，他认为心灵是人的本质，而"良知"则是心灵的功能，是心灵智慧的光，"良知"具有创造功能，功同造化，能够再生天地。张璪的"外师造化，中得心源"也是谓此，宇宙造化、天地自然皆自心源流出，心灵是造化之"源"，宇宙大千则是灵性创造之"流"。《传习录》中曾记载王阳明道："先生游南镇，一友指岩中花树问曰：'天下无心外之物，如此花树，在深山中自开自落，于我心亦何相关？'先生曰：'你未看此花时，此花与汝心同归于寂。你来看此花时，则此花颜色一时明白起来。便知此花不在你的心外。'""心外无物"并不意味着否定物的存在，而是重点讲物在灵性智慧的创造中所呈现出其明白光彩的"自性"。

最后，所谓灵性认识的"境界性"，是说感性认识和理性认识在根本上是关于人类最基本的"生存""生命""欲望"等"如何活"一类问题的认识能力。而"灵性认识"，则是关于人生境界、意义、价值、理想等"如何超越、提升生存与生命"一类问题的认识能力。上面讲到灵性认识的"创造性"问题，可以说其最大的创造之处，就在于创造了主体的人生境界。灵性认识是对于存在意蕴的觉解与直观的一种认识能力。凭借它，我们才能从形下的生存转入形上的人生境界，才能深刻洞悉、反思人生的意义与价值。

一般而言，人类的实践活动，表现为两个层面，即物质性实践活动与精神性实践活动。物质性实践活动，是指人为了满足、维系最基本的生存、生命、物质欲望的实践活动，如制造和使用工具，衣食住行，改造、利用自然界的生态资源等实践活动；精神性实践活动，则是指人对于人生意义、人生境界、人生价值、人生理想等的追求与实践活动，如古人所讲的"宁可食无肉，不可居无竹"便是谓此。正是在物质性实践活动中，人类历史地形成了感性、理性的认识能力；而在精神性实践活动中，人类历史地形成了灵性认识能力。人类为了求生存，为了满足自己的感性欲求，首先要调动和发挥感性认识的能力，即运用自己的五官、身体去接受自然界的刺激，去与自然界打交道，由此获得生存、生命所必需的物质生产资料。理性则在感性欲望的推动下进一步发展，使人类的心智能力、求知欲望等得到充分的发展，因此有了科学与技术等实践活动。感性与理性，都是人生所不可或缺的最基本的生存能力。然而在人类物质生活提高的同时，人类的精神世界却常常十分困乏，这就需要人类用心灵来对人生存在进行反思、内省等实践活动，从而历史地形成了灵性的认识能力。审美、艺术、哲学、宗教、信仰、道德等都是为人类所特有的精神性实践活动。

19 世纪末以来，人们对于现代性展开了反思，尤其是对于理性的无限发展问题的反思，引发了诸多非理性主义思潮的形成。这其中，弗洛伊德（Sigmund Freud）的无意识心理学理论影响十分深远，该学说认为"人的理性是由非理性的意志所支配的"，"人的本质是生命意志和本能冲动"。弗洛伊德的巨大贡献在于他据"理性"而发现了人的"非理性"特点。但是，他并没有更多地关注人的"灵性"问题。事实上，无论人类追求生存、追求物质生活享受的活动有多么重要，都不能取代人生对于境界、价值等的追求。人之所以为人的本质正在于有心灵、有"灵性"，只有人才能有人生境界。

西方也有"灵性"（spirituality）一词，也具有智慧超越性、创造性的一般性质，但人的"灵性"更多的是为上帝的"灵"所赋予的，被更多地用来谈论灵魂与信仰，因而有着民族审美文化上的识别性。在西方，"一个人不信教却可以是有灵性的看法或许令人吃惊。"① "《圣经》中的'精神'（spirituality）不是内在于世界或人的本性中的一种原则。相反'精神'被视为上帝的恩典与授予。……上帝的'灵'赋予人以创造力、洞察力和智慧。……作为一种'精神性的造物主'，上帝的灵就是上帝创造生命的能力，是创造、维持和引导万物的能力，在位格意义上它是内在的，然而同时又是超越的。"② 古罗马普罗提诺主张神或太一是美的根源，认为世界的产生和发展就是太一流溢出心智，心智流溢出灵魂，灵魂与物相结合而形成现象界的过程。与此相应，美有等级之分，按照从高到低的次序分别呈现为神的美、心灵的美、事物的美。康德在《纯粹理性批判》中划分了两种直观，一种是感性直观（sensible intuition）；一种是非感性直观（non-sensible intuition），这种非感性的直观又称"智性直观"（intellectural intuition）。康德以为人类具有的直觉能力是感性直观，而智的直观只有上帝才会有。③

可见，西方人虽然亦从形而上的角度来理解"灵性"，但其把"灵性"认为是上帝的创造与流溢，因此，其在人心灵主体性的问题

---

① ［加］克里夫·贝克：《优化学校教育——一种价值的观点》，戚万学等译，华东师范大学出版社 2003 年版，第 174 页。

② 许志伟：《基督教神学思想导论》，中国社会科学出版社 2001 年版，第 249 页。

③ 转引自牟宗三《智的直觉与中国哲学》，台北"商务印书馆"1980 年版，第 184 页。

上，就没有中国哲学、美学关注得全面与深刻，尤其是对于"灵性"的境界性问题的探讨，就更是如此。相比西方的宗教文化背景之重视"他力"（上帝），中国的审美文化则更具有"自力"性。我们知道，禅宗是佛教的中国化，而所谓的"中国化"实际上就是"心灵化"。禅宗与佛教的其他宗派的最大不同之处就在于，其否定外在的一切偶像，认为并无所谓"佛"，亦无所谓"西方世界"，"佛性"（"自性""灵性"）就在自家心里，只要能够"反观推穷心""明心见性"，刹那间即可得到解脱，获得涅槃。

　　总之，西方哲学、美学囿于感性与理性，仅针对理性而提出"非理性"的概念，而把形而上的"灵性"问题推给宗教，不敢越雷池半步，其对人的本质的理解是不全面的。比较而言，中国哲学、美学的创新则正在于，它认为人类的实践活动不仅具有感性、理性、非理性等认识能力，而且更具有一种"超理性"的，即"灵性"的认识能力。为中国美学所强调的"灵性"认识，以其重视人生境界的提升、人生意义的实现、人生价值的获得，同时也具有某种实现宗教关怀上的现实性，因而更具现代意义。所以，"灵性"概念及其理论的提出，当是中国美学对世界的一个贡献。但是，对此需要我们放在中西比较美学的参照系统中来展开，自我是无所谓识别的。这或许也是古往今来，人们对于"灵性"概念，并未予以专题研究的原因所在。

（二）灵性直观与感性直观、理性直观、 悟性等概念的区别

　　我们认为，"灵性直观"的内涵是指人类对于对象存在"意蕴"的觉解与领悟的一种认识能力，尤其是能够赋予对象以主体性的一种认识能力。那么，"灵性直观"与"感性直观""理性直观"的区别何在？

1. "灵性直观"与"感性直观""理性直观"的区别

在审美心理学上，所谓"感性直观"，是指审美对象外在（如优美、丑陋等）形态以及感性形式直接刺激人的视、听等感官，被大脑接纳后形成的反射、直观、直感。它尚未经过理智的分析、归纳、判断，只是个别地或综合地摹写事物的形状、色彩、音响等外在的审美特性，一般只产生感性认识和机体情感或初级美感，有时还只是一种生理的快适。这种感性直觉既有形象的直接性、具体性、生动性和丰富性，又有表面性、片面性、短暂性和模糊性[①]。感性直观依赖于经验，它只能把握事物的现象，而不能把握事物的本质。

比较而言，灵性直观包含有感性、感知，又超越感性、感知。在灵性直观的过程中，个体心灵与宇宙万物保持着感性的直接联系，自然景物仿佛从主体的心灵中透出，而如"空中之音，相中之色，水中之影，镜中之象"。诗人非但不切断同外部自然的存在性关联，相反往往通过对生生不息的自然世界（色）的感性联系，来妙悟那永恒的心灵－宇宙本体，正如禅师所讲"本心不属见、闻、觉、知，亦不离见、闻、觉、知"[②]。它包含有感性，但旋即超越于感性，瞬间已跃向心灵与宇宙合一的精神本体。在审美方式上，感性直观是一种感官型审美方式，而灵性直观则是一种心灵境界型的内审美。

所谓"理性直观"，是在以往审美经验、理智活动、情感活动等心理积淀的基础上，在对特定事物或类似事物的审美形态已经有所认识的前提下，对审美对象的美丑迅捷作出整体性审美反应的直观。它虽然未经有意识的理智分析，表现为直觉的形式、外貌，但已在动力定型、思维定式的作用下突破了时空的限制，包含了理智的情感的乃至社会功利的内容，并且和第二信号系统联系起来，是一种积淀、融

---

① 冯契主编：《哲学大辞典》，上海辞书出版社1992年版，第1091页。
② （宋）释道元：《景德传灯录》，成都古籍书店2000年版，第157页。

和了理智和情感的理性化、情境化的直观①。

比较而言，"灵性直观"包含有理性、理解，但又并不等同于理性、理解，而是对于对象存在"意蕴"的"灵性"呈现，这种"意蕴"，是人的"心灵"与对象的"趣灵"的内在契合，正如胡应麟在《诗薮》中说："禅则一悟之后，万法皆空，棒喝怒呵，无非至理；诗则一悟之后，万象冥会，呻吟咳唾，动触天真。"②

学界在论及审美活动的一般规律时，常常会举出"感性与理性的统一""情感与认识的统一""主观与客观的统一""无功利与功利的统一""内容与形式的统一"。如有的学者就认为"所有艺术形象都是感性和理性的统一"③，"好的艺术形象，它同时是现象又是本质，它同时是偶然又是必然，总之，是感性与理性的辩证统一。"④ 有的学者认为，"在美感中，感性认识的作用固然不可忽视，但美的认识主要是理性认识，它不可能是、实际上也不是仅仅停留在感性认识阶段的。因为美感原是对于客观美的能动的反映，而客观存在的美本身就是以个别感性的形式表现着普遍的理性内容的，是现象和本质、个别和一般高度统一的具体形象。按照马克思的'美的规律'的论点，任何美的事物之所以美，根本就在于它符合美的规律。而美的规律不仅表现为事物的感性个别现象，而尤其充分体现着事物的本质和普遍规律，体现着真和善的理性内容。所以，美的认识要正确地反映美，要通过个别感性形式去把握普遍的理性内容，在现象与本质、个别与一般、真与善的统一中去认识事物的美的规律，如果不以理性认识为主，使感性和理性达到辩证统一，那是不能做到的。"⑤

这些流行的观点可能受到黑格尔的"美是理念的感性显现"的观

---

① （宋）释道元：《景德传灯录》，成都古籍书店 2000 年版，第 157 页。
② （明）胡应麟：《诗薮》（内编卷二），上海古籍出版社 1979 年版，第 98 页。
③ 杜书瀛：《艺术哲学读本》，中国社会科学出版社 2008 年版，第 252 页。
④ 同上书，第 41 页。
⑤ 彭立勋：《美感心理研究》，湖南人民出版社 1985 年版，第 32 页。

点影响，而忽略了对象的存在"意蕴"。所论具有西方性，而非中国性。比较而言，"灵性直观"则是非逻辑的，但同时又能达到对对象内在意蕴的深刻把握。

在我们看来，"灵性直观"作为审美直观活动，也力求把握世界"质"的特点。但与"理性直观"不同的是，"灵性直观"是一种"超理性"，即它不涉概念，强调要摆脱知识的束缚，以灵性的智慧来创造、照亮世界，以期洞穿世界的"质"的特性。"灵性直观"不是对对象的被动反映，而是主体心灵的自由创造，它的特点是能够创造一种有意义、有意蕴的境界。境界从来是心灵境界，没有所谓客观境界。它虽然是主观的，却具有客观意义，因此它又不是纯粹"主观"的。"灵性直观"的创造不受外在对象表象的限制，超越表象的同时又不离表象，再造一种"镜中之月，水中之花，相中之色"的心灵境界。所谓"于天地之外，别构一种灵奇"，正是在于主体心灵的自由创造，而在认知性的物理世界之外创造出一个诗意盎然的心灵境界。

这正如李泽厚先生所讲的："由于'妙悟'的参入，……非概念的理解－直觉的智慧因素压倒了想象、感知而与情感、意向紧相融合，构成它们的引导。"[1] 他所讲的"非概念—直觉的智慧因素"，就是本书这里所说的"灵性直观"。"灵性直观"是对于感性直观、理性直观的提升与扬弃，其所获得的形象是一种本体的感性、存在的感性，而非对象的感性；其所获得的觉解与领悟，是一种"新理性"或"超理性"，而非概念的理性，是一种心灵境界。

中国诗歌意境的创造正是"灵性直观"的结果，它能超越周围事物之所"是"，发现其所"不是"。杜甫的《发潭州》："岸花飞送客，樯燕语留人。"这"送""语""留"，便是诗人的创造。如按"理性直观"的主客相符的创作，则会说，如梁何逊的《赠诸旧游》：

---

[1] 李泽厚：《华夏美学》，中外文化出版公司1998年版，第173页。

"岸花临水发，江燕绕墙飞"，把花、燕子作为渲染气氛的背景。这是为理性直观所发现的"是"，而"灵性直观"则发现了其所"不是"，即"飞送""语留"的意境。这意境既不能说是客观的东西，也不能说是主观的东西，但它又是确实的、真实（real、reality）的东西，但只有"灵性直观"才发现它，创造它。

　　总之，"感性直观""理性直观"存在的主要问题在于其是一种认识论上的主客统一、符合其对审美形态的创造标准在于"真"（right or wrong）。而"灵性直观"对于审美形态的创造标准在于"真实"（real、reality）。它不是"理念的感性显现"，而是"意蕴的灵性显现"，具体来讲，是诗歌意境空灵结构中的言有尽而意无穷之"意蕴"的"灵性"显现。

2. "灵性直观"与"悟性"的区别

　　如果说"感性直观""理性直观"是源自西方美学的审美直观理论，因而具有一定的"异质性"的话，那么，"灵性直观"的概念与为中国传统美学所看重的"悟性""妙悟"等思维方式是相一致，还是存有区别？如有区别，体现为何？

　　蒲震元先生认为，"悟"是一种直觉，它具有多种形态，包含了西学的"感性直观"和"理性直观"，也包含了抽象思维、形象思维、灵感的若干特点在其中。中国传统哲学和心理学中的"悟"是一种思维方式①。这种提法，在一定意义上，为中西审美直观理论的比较，提供了可比性的前提。本书认同这一提法。按照这一提法，"灵性直观"也应该是一种"悟"，问题在于"灵性直观"是一种怎样的"悟"？

　　按我们的一般理解，所谓"悟""悟性"，就是一种"心领神会""茅塞顿开"的感应和领会的能力。"悟"，在字源学上，本义是指

---

① 蒲震元：《中国艺术意境论》，北京大学出版社1995年版，第200页。

"觉醒"的意思。如《说文解字》："悟，觉也，从心，吾声"；《玉篇》："悟，觉悟也。"西方哲学，如康德哲学又把它称作是"知性"。佛家则谓之为"觉悟""大彻大悟"等。"悟"，就是通透、明白、"开窍"的意思，我们常把这种"觉悟"的经验形容为如"恍然大悟""猛然醒悟""豁然开朗""如梦方醒""茅塞顿开""拨云见日"等成语。"悟""悟性"的这种通透、明白有两个特点，一是没有逻辑推导的过程，悟性能够直接认识因果关系；二是突然，悟性是突然的领悟，不是抽象中漫长逻辑推理的产物，不借助理性而直接把握事物的自身及其本质，于瞬间中见永恒。

在一般的"悟""悟性"之上，还有所谓"妙悟"。严羽说："大抵禅道惟在妙悟，诗道亦在妙悟。且孟襄阳学力下韩退之远甚，而其诗独出退之之上者，一味妙悟故也。惟悟乃为当行，乃为本色。"严羽认为"妙悟"是诗歌之"道""本色"。与"妙悟"相对的是"学力"，或指学问，或指研究学问的功力，属于认知的理性思考的范畴。但是，鉴于认识活动、审美活动、诗歌创造及其形态的丰富性、多样性，"妙悟"还应有所细分。

"妙悟"似应包括"聪明"（智巧）和"灵性"（智慧）两种含义及其类型。"聪明"与"智慧"的含义不同。比较而言，"聪明"之悟，侧重于一种非理性的理解、领悟能力；而"灵性"之悟，则是一种情感性的智慧。《庄子·应帝王》，即区分了这两种"悟"：

> 南海之帝为儵，北海之帝为忽，中央之帝为浑沌。儵与忽时相与遇于浑沌之地，浑沌待甚善。儵与忽谋报浑沌之德，曰："人皆有七窍，以视听食息。此独无有，尝试凿之。"日凿一窍，七日而浑沌死。

有"浑沌"之悟，有"儵忽"之悟。"浑沌"，象征着一种"意蕴"世界。在这种"意蕴"世界中，一切都是充满生机的，万物浑然一体、相辅相成，总是处在一种生机勃勃的涌动之中。万事万物总处在一种缘发状态和当下生成之中，处在永不停歇的一气运化之中。海德格尔（Martin Heidegger）称这种运化为"天地神人之四方游戏"，并且将这种境界称为"大道"。相反，"儵与忽"，则象征着一种"智巧"、"开窍"的世界，这种世界意味着丰富的、多样的"意蕴"世界的分离与枯萎。

妙悟的这两种含义，即"聪明"与"灵性"，其区别主要在于，前者是意义妙悟、意义直观，后者则是意蕴妙悟、意蕴直观。二者均是"直指内心"，能够一瞬间抓住对象的本质，然而，较之于只重视结果的"聪明"之悟而言，"灵性"之悟，多了含蓄、蕴藉，因而更富有诗情画意。一般的"聪明"之悟重在悟后之知；而"灵性"之悟，灵性直观，则是对于对象存在"意蕴"的审美直观过程，更是审美直观过程中的"灵性"显现。

意义与意蕴不同。"意义是明了的，意蕴是隐含的；意义以认知为主，意蕴以形象感知和审美为主；意义更多的是在领会和理解的范围之内，而意蕴则属于感悟和体验的范围。二者相连构成显隐关系。意蕴是指有意义之韵味或有韵味之意义，表现为形象、含蓄、蕴藉、深厚等特征。"①"意义"，更多地与理解相关，具有单一性、明晰性、固定性。追求一种"皮毛落尽"而"独存精神"的境界；而"意蕴"，则具有丰富性与多样性，在景物描写上更是"貌其本荣，如所存而显之"。一首诗的"意义"往往可能直白，但是"意蕴"却很丰厚。如"桃之夭夭，灼灼其华。之子于归，宜其家室"，诗歌的意义很明白、直露，意在对要出嫁的姑娘表示祝福。然而作为景物描写句、景物起兴句的"桃之夭夭，灼灼其华"，却使诗歌情感意蕴的表达委婉、含蓄。"灵性之悟"，是一种情感性的妙悟，常常造成了情

---

① 王建疆：《澹然无极——老庄人生境界的审美生成》，人民出版社2006年版，第43页。

景交融的主体间性；而一般的妙悟、"聪明之悟"则是将理解的焦点放在了对象身上，来"悟理""悟道"，常常不离感官性。在诗歌意境的创造中，"灵性之悟""灵性直观"更具有创造性，多有神来之笔，从而生成为一种"天地神人共舞"的审美造境；比较而言，一般性的妙悟，主体心灵的创造性则要相对的弱一点，更追求客观性。

"灵性直观"与一般"妙悟"的区别，最为典型地体现在唐、宋诗之别上。在此，我们对比以下三组诗来分析。

第一组：

李白《劳劳亭》：

　　天下伤心处，劳劳送客亭。春风知别苦，不遣柳条青。

苏轼《东栏梨花》：

　　梨花淡白柳深青，柳絮飞时花满城。惆怅东栏一株雪，人生看得几清明。

这两首诗，都是"景物主体化"。李白诗，委婉含蓄，透过"春风"的灵性意象，来表达人间的离别之苦。"春风"仿佛故意不吹到柳条，故意不让它发青，因为深知人间离别之苦，不忍看到折柳送别的场面。状难写之心、难写之景如在目前，以表情为中心，而又能深婉含蓄；比较而言，苏轼诗，其前两句描写了景物的本体特性，但表意的重心却在于后两句，诗人因梨花盛开而感叹春光易逝、人生如寄。景物貌似主体化，实则成为诗人表意的工具化的存在。李白诗是"意蕴"的生成；苏轼诗是"意义"的生成。

第二组：

王湾《次北固山下》：

客路青山外，行舟绿水前。潮平两岸阔，风正一帆悬。
海日生残夜，江春入旧年。乡书何处达？归雁洛阳边。

王安石《书湖阴先生壁》：

茅檐长扫静无苔，花木成畦手自栽。一水护田将绿绕，两山
排闼送青来。

王湾诗，海日"生"残夜，江春"入"旧年，景物主体化了，
诗人无意说理，却在描写景物之中，蕴含着一种自然的理趣，"海
日"生于残夜，将驱尽黑暗，"江春"闯入旧年，将赶走严冬。用时
序的交替，匆匆不可等待来象征身在"客路"的诗人的思乡之情。
状难写之心如在目前；比较而言，王安石的诗，水绕绿田、山送青色
则饱含着诗人的主观的智巧。这首诗中的境并非自然地呈露着，而是
沾染着诗人的观感、趣味与生命，已经在人文视野的审视下获得了某
种转化与提升。后二句拟人手法展示出新奇的自然景色。"护田"
"排闼"语出《汉书》，但王安石却将校尉"卫护营田"与樊哙"排
闼直入"的人的动态化为"一水""两山"的意识与行为，景物因而
主体化了，但实则是工具化的存在，是诗人智巧的象征。

第三组：

王维《书事》：

轻阴阁小雨，深院昼慵开。坐看苍苔色，欲上人衣来。

叶绍翁《游园不值》：

应怜屐齿印苍苔，小扣柴扉久不开。春色满园关不住，一枝
红杏出墙来。

在王维诗中，那"苍苔"好像要从地上蹦跳起来，亲昵地依偎到诗人的衣襟、胸怀上来，化无情之景为有情之灵，"欲上人衣来"这一神来之笔，巧妙地表达心灵世界的独特感受；比较而言，在叶绍翁诗中，诗人因不得进门的遗憾，而转换为被一枝出墙的红杏引起怦然心动的愉悦，进而又引发了对满园春色、百花盛开的推测与联想，得出美好的东西总是关锁不住的结论。景物成为引发诗人哲思的诱因。

这三组诗，都运用了"景物主体化"的创作手法。但诗歌的审美形态较为不同，呈现为一如钱锺书先生所讲的"唐诗多以丰神情韵见长，宋诗多以筋骨思理见胜"的区别①、"唐音"与"宋调"的区别。其之所以如此地区分，皆由"悟"的性质所决定，即其是"灵性之悟""灵性直观"，还是一般的"聪明之悟"，由此来决定其特点。我们认为，"宋诗多体现智，而唐诗多展现灵。智在技巧之中，灵在天地之间。"② 宋诗较之于唐诗，其意境营造的想象空间和阐释空间都较为狭小，故其在审美效应等方面不如唐诗的含蓄蕴藉。诗歌意境的魅力就在于由景物主体与审美主体间的交流与互动所引发的无尽的想象空间、阐释空间。

总之，"灵性直观"是"妙悟"中的一种侧重于对对象存在"意蕴"进行审美直观的"悟"的类型。

3. "灵性直观"与"非理性主义""神秘主义""诗性智慧"等其他相关易混概念辨析

除了上面谈到的"灵性直观"与"感性直观""理性直观""妙悟"的区别之外，"灵性"作为美学概念的提出，也许易被混同为诸

---

① 钱锺书：《谈艺录》，中华书局1984年版，第2页。
② 王建疆等著：《自然的空灵——中国诗歌意境的生成和流变》，光明日报出版社2009年版，第183页。

如"非理性主义""神秘主义""诗性智慧"等其他相似的概念。下面试作一初步的辨析。

第一,"灵性直观"不同于西方的"非理性主义",它是对理性的超越,或可称之为"超理性"。

我们知道,弗洛伊德的创新之处在于,他据"理性"而发现了人的"非理性"和"无意识"。他认为"人的理性是由非理性的意志所支配的""人的本质是生命意志和本能冲动"。

弗洛伊德在其《歇斯底里研究》(1895)一书中,提出了著名的"冰山理论"。他认为人的心理分为超我、自我、本我三部分,超我往往是由道德判断、价值观等组成,本我是人的各种欲望,自我介于超我和本我之间,协调本我和超我,既不能违反社会道德约束又不能太压抑。他认为人的人格就像海面上的冰山一样,露出来的仅仅只是一部分,即有意识的层面。剩下的绝大部分是处于无意识的,而这绝大部分在某种程度上决定着人的发展和行为,包括战争、法西斯,人跟人之间的恶劣的争斗,如此等等。海明威(Ernest Miller Hemingway)在他的《午后之死》(1932)中,也提出了"冰山理论",他把文学创作比作漂浮在大洋上的冰山:"冰山运动之雄伟壮观,是因为它只有八分之一在水面上。"

弗洛伊德的贡献是巨大的,使人进一步认识到自身的某些本质特征。打破了长期以来"人是理性的动物"的神话。然而,其研究思路与观点,有其深刻的历史文化背景的烙印。即他重视从人的生存、生命的角度来研究人本身。

而在我们看来,弗洛伊德,仍然没能完全发现人之为人的本质所在。因为,人不仅有感性、理性、非理性等认识能力,而且更有对感性、理性、非理性进行超越与提升的,对于人生境界、存在意蕴进行觉解与领悟的"灵性直观"。前者是基于对人的生存、生命、物质欲望满足等的形而下的认识能力;后者则是对于人的人生境界、意蕴、价值等的形而上的认识能力。基于前者,人类还不能完全在质的意义上区别于动物；在于后者，我们发现了为人类所独有的人之所以为人的本质。

我们可以来比较一下王国维的"境界说"与弗洛伊德的"性欲升华说"。

弗洛伊德认为艺术是"性欲的转换形式"，他说：

> 我把想象的领域看成是为了提供一种替代物来代替现实生活中已被放弃的本能满足、唯乐原则向唯实原则痛苦地转变期间所产生的一块"保留地"。……艺术家的创造物——艺术作品——恰如梦一般，是无意识愿望在想象中的满足；艺术作品像梦一样，具有调和的性质，因为它们也不得不避免与压抑的力量发生任何公开的冲突。……精神分析学所能做的工作，就是找出艺术家的生活印记及意外的经历与其作品间的内在联系，并根据这种联系来解释他的精神素质，以及活动于其中的本能冲动——也就是说，他和所有的人身上都存在的那部分东西。①

而在王国维的"境界说"看来，"词以境界为最上，有境界则自有名句，自成高格"，有诗词境界的好的作品，往往是由诗人形而上的人生境界到诗词作品审美境界的"不隔"转换，而非是形而下的"性欲"升华。因此，学界有许多观点将王国维境界说的本质与叔本华（Arthur Schopenhauer）的非理性主义学说等同起来，就值得再探讨。事实上，王国维对叔本华等西方非理性主义思想进行了"中国化"的扬弃。

"灵性直观"不是冰山，而毋宁说，它是一座"火山"。我们知道，火山有活火山、死火山、休眠火山之分。人生在世，如果不能够

---

① ［奥］弗洛伊德：《弗洛伊德自传》，顾闻译，上海人民出版社1987年版，第94—95页。

对于人生的存在、意义、境界、价值等进行觉解与反思，其心灵便是一座"死火山"；对于人生的意义尚未悟透时，其心灵可说是一座"休眠火山"；若能对于宇宙人生有着深刻的形而上的洞悉，其心灵便如同是"活火山"的灵性喷发，便是人生的创造，便是人的本质的实现与证成。然而，说灵性是一座火山，也仅仅是一个比喻，我们说灵性是在人生实践中历史形成的，它只是潜在的，有待开启的，而非先验的；它是生成的，而非现成的；它是作为精神的"境界"，而非作为物质的"实体"。

第二，"灵性直观"不同于西方的"神秘主义"，它是澄明的、可以言说的。

西方的非理性主义常常与神秘主义相缠夹。柏格森（Henri Bergson）认为哲学来自于直觉，直觉是和逻辑完全不同的思维形式，他说："所谓直觉，就是一种理智的交融，这种交融使人们将自己置于对象之内，以便与其中独特的、从而是无法表达的东西相符合。"①

"灵感"理论在西方也具有神秘主义的性质。柏拉图认为艺术创作往往来自于灵感，但他认为灵感是神赐的，是一种神秘的力量，"有一种神力在驱遣""有神力凭附""有诗神的迷狂"。

"神秘主义"是一种不可言说、不可传达的神秘体验，而"灵性直观"虽然超出了逻辑、概念语言的范围，表现为一种直觉体悟，但它是可以言说、可理解、可传达的。灵性直观的目的即在于对于人生境界、意蕴、价值等的觉解和妙悟。

第三，"灵性直观"不同于"诗性智慧"。

"诗性智慧"（roetic wisdom）是维柯（Giovanni Battista Vico）《新科学》中的核心概念。其创新之处在于，他基于对哲学的、理性的、抽象的思维方式的反思，而提出要审美地（诗性地）把握世界的方式。正是在这个问题上，克罗齐（Benedetto Croce）认为，不是鲍姆

---

① ［法］柏格森：《形而上学导言》，商务印书馆1963年版，第3—4页。

加登（Alexander Gottlieb Baumgarten），而是维柯才是美学学科的奠基人。

"诗性智慧"，指的是"世界中最初的智慧"，即原始人的智慧，神学诗人的智慧，又称凡俗的智慧，是同后来才出现的哲学家和学者们所有的那种理性的抽象的玄奥智慧相区别的。在古希腊文里，诗即创造，诗人即创造者，因此"诗性智慧"也就是创造性的智慧。它的特点在于想象、虚构和夸张①。

"灵性直观"与"诗性智慧"，二者都与智慧、创造有关。但"灵性直观"与"诗性智慧"有着根本的不同。

其一，在概念的内涵上，诗性智慧，其在本质上是一种原始思维、神话思维或儿童的想象思维；而"灵性直观"是对于人生境界、意蕴、价值的形而上的觉解与妙悟。

其二，在审美关系上，"诗性智慧"是一种主客二分的想象与移情。诗性智慧最基本的思维方式就是以己度物的隐喻。它的特点是"使无生命的事物显得具有感觉和情欲。最初的诗人们就用这种隐喻，让一些物体成为具有生命实质的真实物，并用以己度物的方式，使它们也有感觉和情欲，这样就用它们来造成一些寓言故事。"② 而"灵性直观"则不同，它是一种本体认知，在审美活动中，人与物之间的关系是本体－本体的关系，或是主体－主体的关系。

其三，在审美功能上，"灵性直观"是一种心灵主体性高度发展的结果，是对于人生境界的美感性凝聚与提升；而"诗性智慧"，则是基于对自身的生存环境的理解，寄托了某种生存理想。人类一旦具备了完整的感性、理性意识，必然就会对自身的生存状况产生狂热的想象，对自身的生存需要产生清醒的认识，并对自身的发展前景产生朦胧而美好的向往。同时，"诗性思维"的创造具有鲜明的"集体

① 李醒尘：《西方美学史教程》，北京大学出版社1994年版，第245页。
② ［意］维柯：《新科学》上册，商务印书馆1997年版，第200页。

化"特征，体现出特定时期的人类群体生存理想。

目前，学界较为流行用"诗性智慧"、"泛神论"来探讨、阐说诗歌意境情景交融的审美特征。例如：

韩林德先生指出：受道家泛神论和禅宗泛神论的影响，在中国画家和诗人的心目中，宇宙万有并非死的存在，而是一山一水有"性情"、一草一木栖居"神明"。并且宇宙万物有所蕴含的生命力与画家诗人自身的生命力，是息息相通、"心心相印"的。例如，唐代顾况《画山水歌》云："山峥嵘，水泓澄，漫漫汗汗一笔耕，一草一木栖神明。"明代唐志契的《绘事微言》云："山性即我性，山情即我情，……水性即我性，水情即我情……岂独山水，虽一草一木亦莫不有性情，……画与写者，正在此着精神。"①

朱良志先生认为："中国哲学是一种生命哲学，它将宇宙和人生视为一大生命，一流动欢畅之大全体。生命之间彼摄互荡，浑然一体。我心之主宰，就是天地万物之主宰。人超越外在的物质世界，融入宇宙生命世界中，伸展自己的性灵。"②

胡晓明先生在论"意境"时也讲："人与四周物界，恒有一心心相通的生命联系。……本章探究之重点，乃在于中国传统哲学在意境说中所伸展出的生命形态。"③

郁沅先生写有《感应美学》《心物感应与情景交融》等专著，他认为"审美感应论是中国美学主体性原则的基础，也是整个中国美学体系的逻辑起点。……审美感应是指审美活动过程中心与物、主体与客体的感应关系。它是以物质感应论为基础，由精神感应中的人与自然之物的感应，也即心与物的感应发展而来的。"④

---

① 韩林德：《禅宗与中国美学》，载《中国审美意识的探讨》，宝文堂书店 1989 年版，第 162 页。

② 朱良志：《中国美学十五讲》，北京大学出版社 2006 年版，第 2 页。

③ 胡晓明：《中国诗学之精神》，江西人民出版社 2001 年版，第 37 页。

④ 郁沅：《感应美学》，文化艺术出版社 2001 年版，第 44 页。

　　张晶先生《灵性与物性》一文中指出，"灵性"是指作家艺术家气质中包含着的诗性智慧，同时，也指因长期进行艺术创作而形成的、易于为外在触媒激发的灵机。灵性在某种意义上说，属于人性的范畴，是人性中的审美因子。"物性"不是一般地指客观事物，而是作为审美对象的客观事物的独特形态和独特机理。"物性"又是一个勃发着宇宙生机的生命性概念，它是造物的生命体现。"物性"在很大程度上是指事物的特殊性，还指其所包含的微妙变化的性质。灵性和物性都非孤立的存在，而是在其互相感应中成为创造佳作的契机的。①

　　以上几位先生，都是以"泛神论""诗性智慧"立论，来阐说意境、中国美学的本质特点的。应该说，其说是有一定的（创作）历史根据和哲学根据的。从历史上讲，先秦诗歌如《楚辞》中出现了景物神格化的描写手法。另外，景物拟人化手法也是中国诗歌创作传统中较为常见的修辞手段；从哲学上讲，诗歌意境的创作也可能受到庄子的"道无所不在"和主张"佛性遍一切处"的禅宗泛神论的影响。黄檗断际禅师就说："万类之中，个个是佛，譬如一团水银，分散诸处，颗颗皆圆，若不分时，只是一块。此一即一切，一切即一。""上至诸佛，下至蠢动含灵，皆有佛性"②，舒州龙门佛眼和尚的《佛我无差偈颂》则云："青山是我身，流水是我命，……一性一切性，娑婆大圆镜。"③ 等等。

　　尽管用"泛神论""诗性智慧"来解释意境"情景交融"的根据问题，看上去可以自圆其说。但是，这仅是表面现象，只是"似"而非"是"。这也就是讲，其最根本的问题在于，它是从形态出发，还是从理论出发？是从事实出发，还是从预设出发？是从客观分析出

---

　　① 张晶：《灵性与物性》，载《社会科学战线》2006 年第 2 期。
　　② 裴休集：《黄檗断际禅师宛陵录》，载石峻、楼宇烈等编《中国佛教思想资料选编》，中华书局 1981 年版，第 224 页。
　　③ 《卍新纂续藏经》第 68 册，台北：台湾新文丰出版公司 1993 年版，第 195 页。

发，还是从主观臆断出发？我们认为，从形态出发，"情景交融"的根据不能是"诗性智慧""泛神论"，而只能是"灵性直观"。我们且来比较下面一组诗：

屈原《离骚》：

前望舒使先驱兮，后飞廉使奔属。鸾皇为余先戒兮，雷师告余以未具。吾令凤鸟飞腾兮，继之以日夜。飘风屯其相离兮，帅云霓而来御。……

百神翳其备降兮，九疑缤其并迎。皇剡剡其扬灵兮，告余以吉故。

孟浩然《宿建德江》：

移舟泊烟渚，日暮客愁新。野旷天低树，江清月近人。

这两首诗在题材上，皆写"愁"情；在修辞学上，都系"景物拟人化"手法。然而诗歌所呈现出来的形态是不同的。

屈原《离骚》使景物神格化：让月御望舒开路先行，让风神飞廉奔走跟随。我命令凤鸟高高飞腾，白天黑夜都不中断休歇。旋风聚起气团紧紧相连，率领云霞虹霓前来迎接。遮天蔽日天神一齐降临，九疑山山神也纷纷共迎。在《离骚》中，神、人虽分属两个完全不同的世界，但是由于楚人信巫、善幻想，经过巫觋的媒介，人和山水神灵是可以相通的，诗人相信山水之神可以为人的赤诚忠心作见证。屈诗体现出一定的"诗性思维"的特点，试图通过景物神格化来缓释心灵情感是的创伤，景物是诗人情感的意象。

在《宿建德江》中，诗人"借境观心"，对于月亮进行了本体、主体性的灵性直观，"江清月近人"，这是一种存在的、本体的、情感的"真实"；又"对境无心"，诗人消除了对于此在生存之境的

"愁"绪。经由情景间的交流与互动，诗人实现了心灵情感上的提升与超越，诗人的心灵由此而不再孤独。其情感始于物而不滞于物，经由景物而将情绪净化。——这就是"新情感"，一种纯化了的、提升了的精神情操与心灵境界。

通过上面的比较，可以见出，"诗性智慧""泛神论"一类的诗歌，与意境型诗歌是很不相同的。具体有三点不同。

其一，在概念的内涵上，诗性智慧（泛神论），其在本质上是一种原始思维、神话思维或儿童的想象、幻想思维；而"灵性直观"则是对于人生存在的意蕴、境界、价值的形而上的觉解与妙悟。

其二，在审美关系上，"诗性智慧"（泛神论）是一种主体对客体的想象与移情，是一种不平等的"合一"。诗性智慧最基本的思维方式就是以己度物的隐喻。它的特点是"使无生命的事物显得具有感觉和情欲。最初的诗人们就用这种隐喻，让一些物体成为具有生命实质的真实物，并用以己度物的方式，使它们也有感觉和情欲，这样就用它们来造成一些寓言故事"①。而"灵性直观"则不同，它是一种本体认知，在审美活动中，人与物之间的关系是本体－本体的关系，或是主体－主体的关系，从而是一种真正意义上的天人合一。

其三，在审美功能上，"灵性直观"是一种心灵主体性高度发展的结果，是对于人生境界的美感性凝聚与提升，其以超越情感的有限性为目的；而"诗性智慧"，则是基于对自身的生存环境的理解，寄托了某种生存理想，目的在于满足现实生活中难以实现的情感、愿望，以其赋予自然以神灵的崇高地位，人的心灵主体性相对较弱。

主张"泛神论""诗性智慧"的论者，看到了与诗歌意境审美特征非常相似的两个特点：即人与自然的本源性和谐与"万物有灵"。意境的情景主体间性特征，表面上看来似乎是"泛神""万物有灵"的。但在根本上，意境的创造在审美方向上发生了变化，它是由观照

---

① ［意］维柯：《新科学》上册，商务印书馆1997年版，第200页。

对象，而反观心灵的结果。而"泛神论""诗性智慧"则是一种外向性的赋予、寄托。意境的创造真正实现了人与自然、情与景的本源性和谐，而诗性智慧、泛神论则是移情的、幻想性的和谐，是一种不平等的主客合一。用"泛神论"与"诗性智慧"等理论来规范中国诗歌意境，有两点不足。一是二者在根本性质上并不等同、相符；二是容易造成一种错觉，似乎中国审美文化及其创造，是较为"原始的天人合一"①。总之，从美学上讲，"诗性智慧""泛神论"与"灵性直观"的不同，主要的区别点在于"景物拟人化"问题。"景物拟人化"不一定就是"景物主体化"，是单方面的人的移情；而"景物主体化"则常常与人情生成为主体间的交往与互动，是真正意义上的天人合一。

　　总之，结合以上几个方面的概念辨析，我们认为，应用"灵性直观"的概念，而非用"感性直观""理性直观""妙悟"等概念，来作为言说中国审美形态的基础性概念，其根据在于"灵性直观"非常符合意境之"意蕴"的特质。而以往意境研究的一个问题恰恰在于，缺少理论研究的基础性，也即缺少一个符合意境自身的形态学的理论建构，论者常常借助于其他诗学理论如"诗性智慧"等概念来研究、探讨意境，因此，所论难免会有所偏颇。本书提出以"灵性直观"来作为意境研究的基础性概念，就是基于这样一种对意境进行审美形态学的理论建构的思考。

（三）灵性直观作为中国审美形态研究的基础

　　"灵性直观"，以其重视对于"意蕴"的觉解与感悟，是中华民族审美的根本性特点。

　　王建疆先生在其《修养·境界·审美——儒道释修养美学解读》

---

① 张世英：《哲学导论》，北京大学出版社 2002 年版，第 11 页。

一书及其相关文章中，曾立足于中西美学史的比较，而提出"感官型审美"和"内审美"（尤其是"境界型内审美"）的区分，非常深刻而富于启发性。中、西方审美形态何以有着"内审美"与"感官型"审美的区分呢？答案正在于本书前面所指出的，中国人的审美实践方式更注重"灵性直观"，而西方人的审美方式则更注重"感性直观"和"理性直观"。由此而来的便有中、西审美文化的不同，"一个世界""两个世界"的不同，"天人合一"与"主客二分"的不同，存在认知、本体认知、意义认知与对象认知的不同。

中国审美形态是以"内审美"为特点的。"内审美"符合中国人内敛、内乐的性格特征，又符合中国人天人合一的涵纳胸怀，揭示了中国美学的内在本质，在理论上具有重要的开拓和建树。从美学史上讲，内审美的原始形态是儒家的内乐；道家的"玄览""朝彻""见独"；佛家的四禅八定、禅悦。其中古形态则是"超以象外""象外之象""言有尽而意无穷"的意境。这些审美形态都是为中华民族审美文化所独有、而为西方审美文化所没有，都构成了中国美学的识别标志。

而"内审美"的根据在于"灵性直观"的思维方式。这是因为，人的心灵、灵性不是既定的、先验的实体，而是一个潜在的、尚待生成的本体，心灵、灵性的生成是一个自我实现的过程，需要返回自身，进行自我反省、自我修养、自我观审。我们虽可以用思维、理性来对外在对象进行分析从而获得知识，但那不是主要的，与自家"身心性命"没有多大关系；不仅如此，反而会使心灵向外奔走，追逐物欲。结果，不是人支配物，而是物支配人，使人丧失了自己的本性。因此，要返回到心灵自身，使"本心""灵性"不要丧失。道家认为，心灵自身是清净光明的，心可以应万物，却不能随物而转，不然就失去灵性；失去了灵性，也就失去了"真心"。老子的"致虚守静"，庄子的"心斋""坐忘"，都是心灵的自我修养的"内审美"（尤其是"境界型内审美"）式的审美方式。《坛经》也讲："若起真正般若观照，一刹那间，妄念俱灭。若识自性，一悟即至佛地。"
"悟即是佛""不悟即是众生"。

何谓"内"？"内审"意味着它不是"外观"，不是靠感性的、肉身的眼耳鼻舌身对外在世界刺激的被动反应，而是"内观""徇耳目内通而外于心知"，使耳目感官向内通达而排除心机。它同时又是一种"反观"，返回到自己的"灵性"，以自己的"本来面目"去审美，所谓"物在灵府，不在耳目"，从对外在对象的观照返回到内在灵性的智慧观照。庄子讲要"无听之以耳而听之以心，无听之以心而听之以气"，仅凭外在感官去感性认识是不行的，这只能得其似；用平常的思维、理性去分析也是不行的，那是在切割"大制"；必须以要"心"去倾听，由外在感官转而为内在灵性的妙悟。在庄子看来，人的心也会造成遮蔽，意志、情绪、欲望等都会破坏心灵的纯粹性，所以他要超越心，而"听之以气"。何谓气？"虚而待物者也"，要以空灵澄澈的灵性去倾听、妙悟"道"。

为何要以"内"、"内审美"作为审美活动的方式？"内审美"如何可能？这正是由"灵性直观"的特点所决定的。人的心灵、灵性不是既定的、先在的实体，而是一个潜在的、尚待生成的本体，心灵、灵性的生成是一个自我实现的过程，需要返回自身，进行自我反省、自我修养、自我观审。我们虽可以用思维、理性来对外在对象进行分析从而获得知识，但那不是主要的，与自家"身心性命"没有多大关系；不仅如此，反而会使心灵向外奔走，追逐物欲。结果，不是人支配物，而是物支配人，使人丧失了自己的本性。因此，要返回到心灵自身，使"本心""灵性"不要丧失。道家认为，心灵自身是清净光明的，心可以应万物，却不能随物而转，不然就失去灵性；失去了灵性，也就失去了"真心"。老子的"致虚守静"，庄子的"心斋""坐忘"，都是心灵的自我修养的"内审美"（尤其是"境界型内审美"）式的审美方式。

比较而言，西方感性学美学则以感官型审美为特点。这是由其注

重 "感性直观" 和 "理性直观" 的特点所决定的。

"美学之父" 鲍姆加登 1750 年发表了《Aesthetica》第一卷, 被美学史认为是美学学科诞生的标志。"感性学"（Aesthetica）一词, 是鲍姆加登据希腊语而加以改造而成的, 是他的发明。为什么鲍姆加登要建立美学（即感性学）这门学科? 他认为, 人的心意活动有知、情、意三个领域。但是在传统的哲学中只有研究理性的逻辑学和研究意志的伦理学, 而研究情感即相当于 "混乱的" 感性认识还没有一门相应的学科。因此, 他要创立 "感性学" 来填补传统哲学研究中的一个空白。其对于感性认识的判断, 是由与美相关的感官作出的: "感性认识的美只要求一种呈现出来的匀称, 容不得不美的比例"①, "美是感性认识的完善"。

鲍姆加登的感性学思想是康德的基础和立足点②。康德在其基础上, 认为人的感性认识中包含有功利、欲望、情绪等而不够纯粹, 同时鲍氏对于人的自由的理性本质也关注不够。因此, 康德重点在于分析人的纯粹的先验心意能力, 分析人的知性、理性认识能力及其限度。尽管他也发现了 "智性直观" 的问题, 但是他把 "智性直观" 交给了上帝, 认为人不具有此能力。从而更多地关注知性直观与理性直观等问题, 最终得出 "美是无利害的快感" 的结论。强调 "感（知）性认识", 即是要求主体在感官接受上要与对象客体的形式相符同构, 所获得的美感即是形式感。

与西方在 "感性学" 意义上的美学研究路径不同, 中国美学的思路则是 "超越" 的、"形而上" 的。它将审美与人生实践、人生境界的生成相互贯通, 借由追问美感而切入对 "人类是如何实践" 的问题的理解, 而发现了人类心灵的 "灵性直观" 认识能力。"灵性直观" 正是对于人生存在的意蕴的觉解与领悟的一种认识能力。在中国

① ［德］鲍姆加登:《美学》, 王旭晓译, 文化艺术出版社 1987 年版, 第 23 页。
② 章启群:《新编西方美学史》, 商务印书馆 2004 年版, 第 321 页。

灵性美学看来，审美有时虽然不离外在对象与感官，但其在本质上却是人生境界与意义生成的一种方式，故其性质应由对此经验的结构进行"形而上"的分析来加以确定。这一美学研究思路是在超越的、形而上的层面上进行的，是从人的"灵性直观"到"人生境界的审美生成"的这一"实践－存在"论的分析，它以人类"实践"来代替康德所讲的"先验"的人性。

因此，比较而言，西方感性学美学，所依据的是人的"感性""理性"的认识能力。其研究的重点或是侧重于从审美心理方面去关注审美经验及其发生机制，或是侧重于分析对象之"主观而普遍"的客观形式；而中国美学，所依据的则是人的"灵性直观"认识能力。其研究的重点更多的是指向人生境界的超越，侧重于"形而上"地研究主体的心灵境界，是一种不同于对象认知的存在认知、本体认知和意义认知。这是两种不同的"路径"。

在中国重视"灵性直观"的美学看来，审美的本质不在对象的感性形式。英国美学家克莱夫·贝尔（Clive Bell）认为美不体现明确的感情和理智的内容，而是由线条、颜色、体积之间的某些关系构成的没有利害感的"有意味的形式"。对此，我们认为，审美创造有时虽然离不开对象的感性形式，但审美予我们更多的是对于对象感性形式的超越，是对于人生存在意义、意蕴的觉解与妙悟。对于一个心如死灰的人来说，再美的形式也难以让其动心。这就表明在感性形式的背后还有更为深沉的人生境界的底蕴。与西方感性学之重"形式"相比，中国美学则更为注重"含不尽之意而在言外"、注重对形式之外的形上"滋味"的妙悟。作为民族的审美理想，古人讲得最多的是审美要创造出象外之象、韵外之致。苏轼就讲"美在咸酸之外，可以一唱而三叹也"，王国维也说"古今词人格调之高，无如白石。惜不于意境上用力，故觉无言外之味，弦外之响，终不能于第一流之作者也"。冯友兰先生曾提出要区分"进于技的诗"与"进于道的诗"，

"进于道底诗及真正底形上学说，诗可比于形上学"①，都与西方感性学的审美旨趣不同，而呈现出民族审美的识别特色。

在中国重视"灵性直观"的美学看来，审美的本质也不在审美心理的快适。尽管审美创造有其心理生成机制或过程，需要我们从审美心理学的角度去加以描述。但是，如果把美感仅仅归结为止步于实证性的审美心理学，就还很不够。无论深入到"感知""情感""想象""理解"，还是深入到"无意识""非理性"，都无法把捉到审美创造的人生境界底蕴。经由"灵性直观"而获致的美感经验是一种意义感、意蕴感和悦乐感，它是人的本质的实现与证成，而不是在感官意义上的快乐与不快乐的感觉，也不是基于崇高意义上的"消极的"快乐。美感经验虽是在"形而下"的心理诸要素中发生的，但其根据却在"形而上"的"灵性"所创造的意义、意蕴世界。朱光潜先生曾提出"美在意象"的观点："美就是情趣意象化或意象情趣化时心中所觉得到的'恰好'的快感"②，他认为，审美的本质在于主客统一、主客相符的快感。其美学的思想性质显然是源于西方感性学美学，而非中国传统的灵性学美学，尽管他用了"意象"的概念；相反，尽管王国维的《人间词话》使用了"写实""理想""主观""客观"等西方文论概念，但其境界说的美学思想性质却是源于中国传统的人生论美学。

从超越的层面说，中国美学正是一种与西方"感性学"美学相对的"形上学"。但它不是关于"实体"的形上学，而是关于"境界"的形上学。心灵是人类所特有的，心灵的特征不仅表现在反映与思维方面，而且表现在价值、意义的不断创造方面，这对人而言更为重要。人不仅能够运用感官、身体（感性）与逻辑思维（理性），而且

① 冯友兰：《新知言》，转引自《贞元六书》，华东师范大学出版社 1996 年版，第 958 页。

② 朱光潜：《文艺心理学·什么叫作美》，开明书局 1937 年版，第 146 页。

能够领悟到人是什么，能够创造出一个意蕴世界，这就是由"灵性认识"所彰显出来的心灵境界、人生境界。

意境创造者的心灵与自然的本体（主体）间性，如何可能？其是怎么实现的？可以将之概括为是："有目的的合目的性。"这也即是说，意境的创造在根本上说是诗人人生境界（心灵境界、人格境界等）的审美生成与转换，诗人透过造境来呈现其深邃的心灵境界，说不可说之神秘。不是"状难写之景如在目前"，而是"状难写之心如在目前"，是形而上的心灵境界、人生境界的"不隔"呈现。表现在诗歌意境当中就是景物的本体化和主体化。诗人主体的心灵境界、人生境界融彻于景物当中而"不隔"显现，而所谓"不著一字，尽得风流"、"不涉理路，不落言筌"等等。

总之，"灵性直观"，以其重视对于对象存在"意蕴"的觉解与感悟，重视人生境界的审美生成，而表现为内审美的审美方式、审美形态，是中华民族审美的根本性特点，从而具有了作为中国审美形态研究基础的可能性。

下　篇

分　论

七　论道

老子在《道德经》第一章中对"道"有一个基本的哲学规定："道，可道，非常道；名，可名，非常名。无，名天地之始；有，名万物之母。故常无，欲以观其妙；常有，欲以观其徼。此两者，同出而异名，同谓之玄。玄之又玄，众妙之门。"在此一规定中，"有"与"无"是相关于道的存在；"不可道"和"不可名"是相关于道的言说；"观"是相关于道的思想；"玄妙"是相关于道的游戏。在此，老子标明了道与存在的关系、道与语言的关系、道与思想的关系、道与游戏的关系。正是在这四重关系中，"道"将自身作为自身而开显出来。

本书以此为据，不同于以往学界对于"道"作抽象的哲学美学的范畴式研究，而从感性的审美形态、审美关系的角度对"道"的审美特征作出专论。本书认为"道"具有四个审美特征：在道与存在的关系上，"道"是自然，因而平淡的生活、无为的方式，和谐的存在等都是在昭示着大道的永存，从而在日常生活中唤起大道似水、目击道存的亲切感，从而将形而上与形而下诗意般地结合起来；在道与语言的关系上，"道"体现了有无虚实的辩证统一、无限生成运动的特点，有一种哲学智慧形象地再现自身；在道与思想的关系上，"道"体现出宇宙－人生一体思考的意识，对生命的关注、探究，对宇宙的敬仰和迷惘，既深入到生命的本体和宇宙的奥秘，又最大限度地扩充了人的想象，产生审美的联系和想象，因而最自然地体现了道的审美属性；在道与游戏的关系上，文艺作品中的情景交融、天人合一，就是人与自然和谐，就是大道自然，大道之行的具体体现，是天道、人道和地道的完美统一，山水诗、写意画最典型地体现了"道"的这一特点。

"道"是中国审美形态的识别标志（ID）。这相对于中国审美形态而言，"道"由其形而上的统摄性而全息地存在于各种微观的审美范畴、文艺作品之中，从而具有分身万化，无所不在的特点；相对于西方审美形态而言，"道"超越了感性与理性的对立。

本书旨在探讨"道"作为一种中国审美形态的美学含义、美学特征及其在中国美学史的发展演变。就研究现状而论，"道"一般作为哲学范畴而得到广泛而深入的探讨，作为美学范畴而探讨"道"的著述不多，作为感性的审美形态而谈"道"的专门理论著述更为少见。学术界对作为中国审美形态的"道"论述不多。以往的研究主要存在以下两方面问题。一是从文论中概括多，从文艺创作、欣赏中探寻少。由成复旺在 1995 年主编的《中国美学范畴辞典》，林同华在 2002 年主编的《中华美学大词典》、王哲平在 2009 年出版的《中国古典美学"道"范畴论纲》已经做到了从文论中概括，但尚未从感性的文艺创作和欣赏中寻道，更无精确的概括。二是"道"作为审美形态的论述尚嫌抽象或神秘从而不够具体。如宗白华先生讲"中国人对'道'的体验，是'于空寂处见流行，于流行处见空寂，唯道集虚，体用不二，这构成中国人的生命情调和艺术意境的实相"①。

（一）"道"的美学含义

1. "道"的本义

"道"从出现到现在能追溯到的最早记载是在西周铜器的铭文

① 宗白华：《中国艺术意境之诞生》（增订稿），载《宗白华全集》第 2 卷，安徽教育出版社 1994 年版，第 373 页。

上的记录。到了西周末期"道"字的写法有所不同,据《金文诂林》中载有六种写法。金文"道"字在那时偏旁结构等已成固定,是较为成熟的文字,这有其出现到发展的一系列演变阶段。

金文"道"字从行从首,或从行从首从止。"行"字在甲骨文以"十"表示,罗振玉的《殷墟书契考释》中分析认为:"十,象四达之衢,人之所行也,"《尔雅·释宫》云:"路、场、猷、行,道也。"这里说明,"行"的最初具有道路的含义。《说文解字》中,道之义就是所行道也。可见道的本义就是人所行走的道路,是通达的路之义。

在其本义上使用"道"字的应用体现在《易经》一书中。约成于殷周时期的《易经》,其中蕴藏着哲学思想的动向。《易经》的《小畜》中有"复自道,何其咎",《履》中有"履道坦坦",《复》中有"反复其道,七日来复"等。在《易经》这些篇章中出现的"道"字均指具体道路而言的意义。

"道"最初之本义为人所行走的直通的道路,可以通达目的的路。这一原始意义直到现在还在使用。随着社会的不断发展演进,语言的意义不断增进,"道"在本义的基础上逐渐引申。

虞夏商周朝时期的《尚书》是古代理论提出的初始,至今仍具有文献意义。"道"在《尚书》里,有天道运动规律、思想和行为的准则、治理国家的方法、途径。《尚书》的道,仍是一个名词属性,但含义已比较丰富,含有抽象的理论思维萌芽。

西周初期至春秋中叶的《诗经》中包含着大量的生活情形。其中,"道"共出现三十余次,大多数是对"道"本义的应用。此外,还有方式、言说、谈话等义,这反映了人们对"道"一字衍生之义的初步运用。

约在春秋后期成书的《左传》和《国语》中也包含着大量"道"字的使用。在《左传》中"道"字出现一百五十次以上,《国语》中"道"字出现六十余次。在这里,"道"开始生发出天道和人道两个内涵，使"道"开始从道路的本义向哲学领域跨进。

《左传》《国语》中至少有四处明确提到"道"。如桓公六年季梁云："所谓道，忠于民而信于神也。"又如僖公十三年百里奚曰："天灾流行，国家代有。救灾恤邻，道也。"这里的"道"都是人们在社会生活中遇到的具体事项，具有人伦规范的内涵。

《左传》中约有十个地方提到"天之道"，这里的"道"皆有自然规律之义。《庄公四年》有"盈而荡，天之道也"。指出物满必动荡这一情况的出现符合物体运动的自然规律。《哀公十一年》有"盈必毁，天之道也"。既指物壮则毁的自然规律，也指久盛必衰的社会规律。但《左传》更多的是以"天之道"来对应"人之道"，把"天之道"规定为统摄"人之道"的存在。如《文公十五年》有"礼以顺天，天之道也"，《襄公二十二年》有"君人执信，臣人执共，忠信笃敬，上下同之，天之道也"。都是把"人之道"的属性归为迎合和归顺于"天之道"的存在。

"天之道"作为自然规律，出现在《国语》中约有六处。《越语下》有"天道皇皇，日月以为常"，这里的"天道"是指自然永恒之存在规律。《晋语六》有"天道无亲，惟德是授"，这里的"天道"也是统领"人道"的存在，把作为"人道"的社会规律和"天道"的自然规律结合了起来。

《左传》和《国语》的天道、人道观念说明两者既相区别又相互联系，天道客观源远，人道现实平近。天道统摄人道，人道的现实意义又反作用于天道，既辩证又统一。这表明"道"已经开始向哲学领域拓展，中国哲学范畴"道"及道论的相关思想已经开始生成。

殷周时期是"道"字出现、"道"概念的形成、"道"的其他意义的衍生的重要阶段。在"道"字的本原含义中就包孕着许多可能出现的意义。人们对主客观层面的深入认知导致"道"的含义产生拓展。后来其含义逐渐成为事物发展变化的必然所向的规律，如伦理纲常、规则、指向、方式、办法、途径、技巧、言语、学理、真理、本质、本原、最终存在等，道在这里已经从道路这一名词概念拓展成为哲学范畴的概念，成为中国哲学中最基本、最重要却又不可缺少的范畴之一。

2. "道"作为哲学范畴的含义

"道"的哲学内涵主要根植于老子的《道德经》中。"道"是老子哲学思想的核心概念。全文五千多字，"道"出现了七十三次①。"道"一词符号形式虽相同，但其哲学内涵纷繁交杂，含义不尽相同，涉及内容丰富，难以穷尽。综其全文，"道"具有以下三种哲学含义：

其一，"道"的实际存在含义。

对道为主体的特征状述。老子认为"道"是实际存在的。有物混成一体，不知它的名字，强用字表示为"道"。"道"作为实体具有无形性、无限性和永恒性的特点。

宇宙之始源。老子认为"道"先于天地而生，是万物之始祖。"道生一，一生二，二生三，三生万物。"这表明"道"与"万物"是派生关系，有道初成，万物滋生。在万物生成的过程中，道还要起滋养、培育万物的作用。作为宇宙的始源，"道"在这里具有内在依附于万物，有无共存的特点。

其二，"道"规律性的含义。

道体无形，但在无形性特点的背后，道又蕴含着潜在的规律，体现着万物的规则。万物的运化是根据回环往复的运动规律，永无止境地生成。这里既有对立转化的规律又包含循环运化的规律。

其三，"道"在社会生活中的规范法则含义。

形而上的"道"落实到日常生活中就成为人实际生活中的准则，是人们在社会中的处世之道和生活方式，作用于实践就落于一个

---

① 陈鼓应：《老子今注今译》，商务印书馆2003年版，第35页。

"德"字。这里的"道"就是道德标准,"德"是有人为因素的参与而依然归顺于自然的运化状态。

3. "道"作为美学范畴的含义

"道"的美学含义意指美的规律、美的根源、美的本体、美的表现等,一般指向于审美理想。"道"的美学含义有四:

一是审美理想的最高体现。天道、地道、人道,"道"负载着人们对美的追求和理想,是自然无上的审美理想和境界的化身。二是社会人伦的最高准则。"道"代表着人生的善与德,善是内化在人性和心灵上所反映的美,外化在社会人伦的实践中是德,"道"集善与美于一体,是社会人伦的最高准则,是给予现实的美的规范。三是创造艺术美的根源。"道"生万物,艺术为人的本质对象化的产物,艺术的创造离不开"道",艺术美的产生根源即是"道"。四是艺术创造的思想与规律。"道"不仅是创造艺术美的根源,还规范着艺术创造的思想与规律,"道"对中国文论、画论等理论和规律皆产生影响。

(二)"道"的审美特征

"道"具有四个审美特征。在道与存在的关系上,"道"是自然,因而平淡的生活、无为的方式、和谐的存在等都是在昭示着"大道"的永存,从而在日常生活中唤起大道似水、目击道存的亲切感,从而将形而上与形而下诗意般地结合起来;在"道"与语言的关系上,"道"体现了有无虚实的辩证统一、无限生成运动的特点,有一种哲学智慧形象地再现自身;在道与思想的关系上,"道"体现出宇宙-人生一体思考的意识,对生命的关注、探究,对宇宙的敬仰和迷惘,既深入到生命的本体和宇宙的奥秘,又最大限度地扩充了人的想象,产生审美的联系和想象,因而最自然不过地体现了道的审美属性;道与游戏的关系上,文艺作品的中情景交融、天人合一,就是人与自然和谐，就是大道自然、大道之行的具体体现，是天道、人道和地道的完美统一，山水诗、写意画最典型地体现了"道"的这一特点。

1. 自然亲切

在道与存在的关系上，"道"是自然，因而平淡的生活、无为的方式，和谐的存在等都是在昭示着大道的永存，从而在日常生活中唤起大道似水、目击道存的亲切感，从而将形而上与形而下诗意般地结合起来。

这里的自然不是指脱离人之外的自然物，不是指自然界中的山水花鸟，而是指自然之本质，自己本然的状态。在与万物相对时，自然就是其本身的样子，蕴于万物之中。自然又遵循着自身的规律，无形无象，无所不及。自然又滋养着万物，顺道而行却不自知。亲切是指道的存在化过程中给予人的感受。道的存在化状态在于一个关键的"自"字，即英文所说的 naturally，如自在、自化、自然、自成、自发、自由、自得。道的存在化就是不受外物的干扰和干预，以自生自化的状态存在。正因为道无形无声地滋养润泽着万物，而同是万物中的人就必然会感受到无所不在的亲切感，道的存在化特征就是人与道之间无间的融合所呈现出的存在特征。审美形态的道的存在化特征自然亲切呈现为一种原始无为、素朴天真、淡然如水、纯粹无碍的存在样貌。自然亲切就是物脱离人的束缚，人放开对物的控制，使物自成物，物自足的状态，是物与物之间无碍的存在形式。由道的存在化而形成的亲切感的核心在于一个"无"字，大道无声、无形、无象、无言、无尽、无间、无碍、无所不包。在这里人失去了主体的地位，退却至与万物平等无异的位置，静观万物自化，成为其中一个分子，以人本然之心去感受万物。因而朴素的话语、平淡的生活、无为的方式、和谐的存在等都是在昭示着大道的永存，从而在日常生活中唤起大道似水、目击道存的亲切感，将形而上与形而下诗意般地结合了起来。老子曰："上善若水，水善利万物而不争，处众人之所恶，故几于道。"(《道德经》第八章)"江海之所以能为百谷王者，以其善下之，故能为百谷王。"(《道德经》第六十六章)"天下莫柔弱于水，而攻坚强者莫之能胜，以其无以易之。"(《道德经》第七十八章)水具有至善至柔的特性；水性绵密温软，微则无声，巨则汹涌；与人无争却又包孕万物。水有滋养万物的功能，它使万物润泽，而不与万物发生矛盾、冲突。水是无为无息却无所不包的存在。它以千变万化的体态蕴含在万物中。水以其不变的本质、变化多端的形态存于世间，道亦如此。在审美意识形态的众多领域中，如文学、绘画、书法、音乐，都能体现道的这一审美特征，这里从中国古代诗学的角度展开论述。在中国古代诗歌中，道的这一审美特征体现在中国诗歌朴素的话语中，体现在中国诗歌里呈现出的日常生活传达的处世方式和追求的诗歌境界中，体现在形而上与形而下相结合的和谐存在中。在中国古代的美学开始，以老庄为代表的道家美学主张自然无为是最高境界的美。上文说到审美形态道的本质内涵就是人至高的审美理想。在审美形态道的存在化过程中，道的审美特征是自然亲切。道作为审美形态在中国古代诗歌中，其自然亲切的审美特征体现在以下几点。

首先，自然亲切存在于中国诗歌朴素自然的话语形式中。以老子为代表的道家看来，语言具有后天性和再造性，是人们加以主观认知形成的，缺少自然本原的特性。天地之间，万事万物自己发出的语言是一种无声之言，是超越语言本身的一种本然的存在。从中国古代诗学角度来看，道亲切自然的审美特征体现在诗歌话语除去人为雕饰而流露的平淡自然之美中。东晋陶渊明有诗《归园田居》其三，以平常朴素的话语建构出日常生活的情态，种豆、理荒秽这些实际的情境夹带着清新的露水沾襟而来，把湿衣自然衔接到诗人的志愿，无怨无悔。诗歌中朴实的话语让读者感受到诗人不愿违背的初衷：顺应物之自然，忠于大道本源。道自然亲切的审美特征还体现在其他诗中。杜甫有诗《江畔独步寻花》："黄四娘家花满蹊，千朵万朵压枝低。留连戏蝶时时舞，自在娇莺恰恰啼。"诗人在用朴素的话语展开对黄四娘家屋外景色的直接描述。千朵万朵盛开的鲜花缀满枝头，莺啼蝶舞与诗人共处一幅春意盎然的图景中。没有过多华丽的辞藻，在平淡日常的朴素话语中，诗人通过平静宁和的诗歌语言，透露着生活质朴、回归原道的气息，道自然亲切的审美特征跃然纸上。还有李益的《江南曲》："嫁得瞿塘贾，朝朝误妾期。早知潮有信，嫁与弄潮儿。"这首诗诗人以白描的手法道出商人妇的心声。诗歌的前两句交代了嫁与商人妇可悲的生活现状，后两句展现了诗中女主人公的切实感受。这人生的悲惨遭遇本是沉重的话题，诗人却以平淡自然的语言来呈现。这首诗于平凡中见真情、朴素自然的话语形式曲折婉转地表达着女主人公的苦闷。如口语般的诗句，带给人自然亲切之感。《诗经》的《国风》里就流露着道自然亲切的审美特征。如"蒹葭苍苍，白露为霜。所谓伊人，在水一方。"（《诗经·国风·秦风·蒹葭》）诗人对蒹葭和白露的物自性进行了还原，平淡朴实的语言展现道自然亲切的特征。还有"昔我往矣，杨柳依依。今我来思，雨雪霏霏。"（《诗经·小雅·采薇》）诗人以出征人的口吻还原了季节的节序，平淡亲切的话语看似平常，但因合乎着树与雪出现的时节，符合冬去春来的本然规律，因而朴素的话语中蕴含着道自然亲切的审美特征。道自然亲切体现在中国古代诗歌朴素自然的话语形式中属于通常的惯例，如：陶渊明"久在樊笼里，复得返自然。"（《归园田居》其一）；"闻多素心人，乐与数晨夕。"（《移居二首》其一）；"山涧清且浅，遇以濯吾足。"（《归园田居》其五）；李白"床前明月光，疑是地上霜。"（《静夜思》）；"众鸟高飞尽，孤云独去闲。"（《独坐敬亭山》）；"小时不识月，呼作白玉盘。"（《古朗月行》）；崔颢的《长干曲四首》其一、其二中女主人公自然朴素的话语间萦绕着道自然亲切的审美特征；王建的《新嫁娘词》中"未谙姑食性，先遣小姑尝"；刘方平的《月夜》："更深月色半人家，北斗阑干南斗斜。今夜偏知春气暖，虫声新透绿窗纱。"等诗句均能在平淡朴素的话语中捕捉到道自然亲切的审美特征。再有杨万里的《小池》："泉眼无声惜细流，树阴照水爱晴柔。小荷才露尖尖角，早有蜻蜓立上头。"在诗中的景物都以物自性的姿态展现，诗人像一个旁观者，仅以诗歌语言的形式把置于身外的遵循本然的物象移到诗中。就这个层面上，流动的泉眼、照水的树荫、挺立的小荷、立于其上的蜻蜓都是顺于大道的存在。道自然亲切的审美特征在这首诗的语言中显露无遗。

其次，道的这一审美特征存在于艺术创作主体的动机中。庄子在《天道》篇提出"朴素而天下莫能与之争美"的观点，又在《刻意》篇中说"澹然无极而众美从之"。这不仅说明朴素是审美理想达成的最高标准，还指出了审美理想要通过澹然无极的审美态度来实现。庄子对其后的艺术创作主体的动机的影响是具有决定性定位的。他在《马蹄》中提到"同乎无欲，是谓素朴"。在《刻意》中说："纯素之道，唯神是守……能体纯素，谓之真人。"庄子还在《渔夫》篇中认为圣人应该遵循天道以真为最重（故圣人法天贵真）。庄子同老子一样，其道家哲学的本意只是着眼于现实的人生，没有考虑到审美的范畴，而其对其以后出现的艺术，在对审美主体内心精神的影响是至深的，不仅是审美主体人格的陶冶，也是对审美主体创作的规范与制约。自然亲切的审美特征就是从老庄之道美学思想中的延伸，影响着艺术创作主体的审美理想，从而体现在其创作动机中，成为一种崇尚自然本然并具有亲切的审美特征。在中国古代诗中着力呈现平淡自然的生活画面，在诗中展现无为的生活方式，在作品中倾泻着清丽自然的情感，这不难看出道自然亲切朴素无为的审美特征蕴藏在诗人的创作动机中。没有与道契合的创作动机，没有感受到道的存在化特征，是写不出自然而然、亲切自在的作品的。诗人也是宇宙万物中的一员，受到大道的庇护，比如孟浩然的诗歌《春晓》："春眠不觉晓，处处闻啼鸟。夜来风雨声，花落知多少。"道亲切自然的审美特征反映在诗歌作品整体意境的追求中，诗人在创作上有着对道的执着追求，道的存在化过程就是诗人对至高审美理想的寻求过程。诗歌自唐代开始，反对六朝以来崇尚形似、看重人工、绮丽浮靡的诗风，提倡自然天真的意境之美。正是因审美主体追求，诗歌中呈现的自然亲切的审美特征才会在诗中体现大道的无所不在，道存在形式为自然亲切，在道存在化的过程中显现为平淡无为素朴的味道深藏于诗人追求的诗歌意境中，初品平淡，细读回味无穷。可以说，审美形态道在中国诗歌中的存在化特征是在诗人的创作动机中体现出来，我们在此处列举几例，韦应物"春潮带雨晚来急，野渡无人舟自横。"（《滁州西涧》）；王维的"雨中山果落，灯下草虫鸣。"（《秋夜独坐》）；"涧户寂无人，纷纷开且落。"（《辛夷坞》）

再次，道的自然亲切审美特征除却审美主体主观的审美意向，又具有客观性。上述说到了诗人在创作动机中融入自然亲切的审美特征，是道的存在化在诗人主观能动性的作用下加以结合形成的特性。除此之外，道的自然亲切特征还具有客观性。道在存在化的过程中具有客观性。这是指道的存在化以及其演变是不以人的意志为转移的，是脱离审美主体主观意识的存在。道的存在化就是指道的存在性质，道先于天地万物之前就已存在，无音无形地浸润在万事万物的方方面面，不受人主观意识的干扰，自然自在。亲切就是道的存在化的内在规定性。道如水般亲近万物，蓄养生命，其自身的性质就决定了亲切这一内在本质。在审美角度，道自然亲切就是指在艺术作品中呈现出的不以人主观意识为转移的存在化特性。反映在诗歌中，道自然亲切的客观性决定审美主体主观地对道存在化过程的探寻，对大道合乎自然规律的向往，对审美理想的主动追求。诗人通过诗歌的形式来反映道自然亲切的特征，具有能动作用。需要说明的是，审美主体能够正确反映并作用于道的存在化特征的客观性时，道的存在化特征自然亲切就能够更全面深入地呈现在诗歌作品中。诗人遵从道自然亲切的客观性规律时，两者相辅相成，互为表里，能够促进和推动道的存在化进程。自然亲切的客观性在诗中的具体化体现的诗句，有杜甫的《春夜喜雨》："好雨知时节，当春乃发生。随风潜入夜，润物细无声。"《江村》："自去自来梁上燕，相亲相近水中鸥。"《江亭》："寂寂春将晚，欣欣物自私。"《水槛潜心二首》其一："细雨鱼儿出，微风燕子斜。"韦应物的《咏声》："万物自生听，大空恒寂寥。"

最后，道的审美特征自然亲切存在于艺术作品中具有主客体合一性。具体到诗歌作品中呈现出两大特点。一是可以透过作品，感受到创作者个人的追求自然无为，朴实无华，淡然超脱的审美趣味和审美取向与道的合一。二是创作主体本身淡逸的天性超然的气度在其对万物自然本身质朴本真境域的描绘中得以展现，相辅相成，珠联璧合，成为和谐的存在。创作主体把形而上的精神风貌和形而下的生活场景结合，加以审美联想，凝练成自然无为的审美风格，展示着和谐的存在方式。审美主体和审美客体合二为一，和谐融一地展现大道存在化特征即自然亲切。我们认为，在艺术作品中，道自然亲切的审美特征具有主客体合一性要注重以下三个方面。一是在艺术作品中，审美主客体的合一说明两者之间并不存在从属的关系，没有主导与被主导的关系，审美主体对审美客体具有能动作用，审美客体对主体有制约作用。两者是遵循于道和规律的本然存在关系，在人与万物的本然关系下进行融合。二是审美主客体合一过程是两者相互交融的合一过程，而不是审美主体和审美客体分别独立进行的过程。三是自然亲切在艺术作品中的主客体合一性要求两者相互依存、相互促进、共同呈现道自然亲切的审美特征。具体到诗歌作品中有王维的《终南别业》"行到水穷处，坐看云起时"。诗人以恬适的心境，悠然自在地随心而行，直到水穷尽头。坐卧之间，看云起云落，云卷云舒。诗句中表露着自然的节奏。诗人随水而尽，随云而动，唯一不动的是心。水和云律动的节奏是自然，是相对。人心随己缓慢自在似动与不动之间。在水流、云起、人心跳动的频率之间，那相对的自然律动诉说的是道之本初。无论外在自然界的律动频率如何，人按照自己本身的心跳频率而动，不因外在而乱了自身的节奏，三者各顾自身而道自浑成。物与人之间诉说着和谐的存在方式，宣告着大道的永存。这一诗句既显示出诗人淡逸的天性，又还原了万物自在本然的纯真风采。还有其《使至塞上》："大漠孤烟直，长河落日圆。""直"和"圆"都是极平常普通的词，到了这首诗中却成为大漠和孤烟自成为自身的最贴切的形容词，精妙之处就在于对于大道中的景物自然而然的还原。这两句的描绘不仅体现了诗人的孤寂悲愤，同时又表现了诗人与外在环境外物自然融合的精神风貌。广阔无垠的沙漠荒凉无比，只有笔直的炊烟以其本然的坚韧姿态深入天际，长河上的落日又给人以亲切之感。诗人坚毅而又挺拔的性格与大漠上神奇瑰丽的景色融为一体，相辅相成，共谱出顺于大道，呈现大道的意境。诗人的超然世外的天性和大漠的本然境况与道融合一体，形成自然亲切的意境，展露了审美形态道在诗歌中的存在。这一类的诗句还有《鸟鸣涧》"人闲桂花落，夜静春山空"。李白的《峨眉山月歌》"峨眉山月半轮秋，影入平羌江水流"。《渡荆门送别》"山随平野尽，江入大荒流"。

2. 有无虚实的辩证统一

在道与语言的关系上，"道"体现了有无虚实的辩证统一、无限生成运动的特点，是一种哲学智慧形象地再现自身。

道的审美本质是人至高的审美理想，在外化的过程中，道的语言化是指道在语言方面以何种方式显露，概括起来就是有无虚实的辩证统一。"有"和"无"、"虚"和"实"本来就是相互对立的两个方面，将其对立面相结合，互取所长，辩证统一，交互融合直至两者发挥出最大效用，直至实现人至高的审美理想，落实到道语言化的特征就是有无虚实的辩证统一，从有无虚实的对比融合中体现人生的道理和哲理，道就在有无虚实的相互结合中呈现。道的有无虚实辩证统一特征是既看到了有和实的用，又看到了无和虚的用，在二者的矛盾中把握共性的一面，又要看到两者对立的一面，在对立中又相互依存。上文提到的"道"字只是一个符号，作为语言之用只是为人们连接通往世界本初、本真的一种指向。在审美形态道的语言化过程中，语言讲出的实和未讲的虚，即无言与有言是最为契合的一对。道的语言化就是讲道作为审美理想的外延，在有无虚实的既平衡又制约的关系中显示语言的张力。这是一种近乎于道的语言原则，从哲学范畴的道中来，以有无虚实内部的各种因子相互制约又相互生成，运化出富有哲理、富有韵味、富有深意、富有意蕴的语言特征。有无虚实的审美特征是既要用语言描述出有的实的形式，又要以语言的表达方式道出无的虚的一面，坚持两者的有机统一才会有智慧的出现，大道的凸显。在这重重的运化下形成的审美特征，道的语言化指向了一种以语言来表现人至高审美理想的方式，以语言来呈现智慧哲学的方式，以语言描述宇宙本原世间永恒之存在的方式。有无虚实的辩证统一的审美特征通过语言化的形式表现出来，也辐射到了艺术领域的方方面面。在中国绘画中，表现为留白与空间，使物与物各从自然本然，以最本始的样貌兴现。在诗歌语言中也以去除某些语法词即虚词，或是在诗中通过语言来设置时间空间的不同层次等方式体现有无虚实的辩证统一。诗人通过这种道的语言化的应用力图实现一种主客体之间开放性的关系，有无虚实的交融出现不尽的意蕴。有无虚实辩证统一的语言呈现出的是集时间与空间的多重交错的画面感，这赋予了诗歌无限的韵味，是审美形态道语言化的特征使审美理想更彻底深长地表达。这是诗中的弦外之音，运化着万物达到近于自然本然的境域。道的语言化有无虚实辩证统一的特征就如同一盏明灯，照亮通透至纯的审美理想境地。这里主要谈道的语言化特征——有无虚实辩证统一特征的几个方面。

首先，有无虚实的辩证统一的审美特征来源于道家哲学。道这一审美特征源于道家哲学。道家认为无论是从宇宙本体还是从现象界来说，天地万物都是"有"和"无"的统一。老子认为有无相生（《道德经》第二章），有和无并不矛盾，是对立统一相互依存转化的关系。这说明天地万物在"有"和"无"的对立统一下运化、流动、演变，永不停息。老子在《道德经》中没有直接提到"虚""实"二字。"虚"字在全文中出现五次，除在第二十二章提到"虚言"一词外，单独以"虚"字出现四次，都为空虚意（分别在第三章、第五章、第十六章、第五十三章）。"实"字共出现两次，第三章为充实意，第三十八章为朴实意。然而老子在《道德经》第五章说提到的"虚"字之例，启人思考："天地之间，其犹橐籥乎？虚而不屈，动而愈出。"老子认为天地犹如风箱，中间虚空而实有用处。正因为有虚才有拉动的实，才有生火的用。老子在《道德经》第十一章又加深印证了有无虚实辩证统一的观点："三十辐共一毂，当其无，有车之用。埏埴以为器，当其无，有器之用。凿户牖以为室，当其无，有室之用。故有之以为利，无之以为用。"正是车轮中、门窗户中、陶器皿中空无部分的存在，才有了车轮、屋室、器皿实际可用的价值，是无使有成为可能。有无虚实之间既对立又统一的辩证关系是老子对人生的哲学思考。在老子之前，人们只重有和实，没有从其中看到无和虚。同时，道家主张道不可言，不可名。如庄子在《知北游》中借无始的话提出道不可闻、不可见、不可言的观点，他进一步指出有形之实体源于无形的道，这就说明有生于无，实源于虚。因此，从道与语言的关系上，道有无虚实的辩证统一的审美特征从老庄这里起始。老子重虚尚无的思想和庄子对道的言说思想尚属哲学层面，就中国艺术范畴而言，其对艺术创作主体的审美取向、审美趣味、审美风格等的影响有一个渐进转化的过程，这对中国艺术语言的形成有至深的影响。

其次，道的语言化的审美特征体现在中国艺术领域中就是有无虚实的辩证统一，缺一不可，相辅相成。在老子哲学基础上的道家美学观将中国艺术导向了有无虚实辩证统一的道路。老子的这种思想影响了中国古代艺术创作者的审美心理，形成了中国古典美学的一大特点——虚实结合。这一美学特点最大化地体现了道有无虚实的辩证统一这一审美特征的存在。在绘画中虚实结合是指艺术形象必须虚实结合，刻画的实体形象和暗示出的空白形象相结合才能全面真实地反映富有活力的灵动世界。画家画出的笔画在纸上线条的呈现不只是线条的痕迹，不只是显在纸上的笔墨，它还连接了一个通往超自然和超宇宙的大门。线条之外空留的是推动万物运化生成的气，是那份虚使画的整体变得灵动蕴藉有韵味，使画更能表现道之本原的奥秘。是虚使整个图画的内在运化成为现实，虚的律动推动画作中的宇宙拥有流动的气息，沟通着阴阳两极，通过虚来更完整地显现画中的特性。南朝齐画家谢赫在其所著的《古画品录》中提出"气韵生动"的命题。"气"不仅表现在具体的物象上还展现在物象之外的虚空。艺术的灵魂就在于虚与实的结合当中。此外，唐代诗人刘禹锡在《董氏武陵集记》中提出"境生于象外"的美学概念。"境"不仅包含实体的"象"又有之外的虚空。这一美学概念在中国古典绘画领域也衍生出深远的审美意义，即由单纯描绘实体物象到推崇描绘实体物象与超越物象表面虚空意义的结合。中国古代诗、画的意象结构中，虚空、空白和实有、存在有同样重要的地位。正如宇宙中如果没有虚，气息不会流动，阴阳无法沟通，世界很难运转，绘画中如果没有留白，没有空出的虚的空间，画面中的光影、体积、浓淡、旋律都无法显现。绘画中要表达的潜在的东西如果仅有实没有虚就无法准确。绘画中虚实的结合就承载着阴阳、宇宙、天地万物的气息与人的内在频率的融合。这就是道的存在，这就是虚实结合美学原则作用的结果。道作为审美形态，传达出的有无结合、虚实相生的美学语言就展现了有无虚实辩证统一的审美特征。

最后，道有无虚实的辩证统一的审美特征体现在具体诗歌语言中是以有无虚实的对比呈现道之本然，道语言的运化是通过语言这一形式呈现人生理想的审美境地。从中国古代艺术来看，道有无虚实辩证统一的审美特征在具体艺术领域中得以展现。我国台湾易学家陈子斌认为高明的创作者是把美的感受留给观赏者去琢磨，观赏者在脑中自在酝酿的无限遐思和品味，那种想象中的美才是每个人向往的属于自己对美的隽永感。这种属于个人向往的隽永感就是对审美理想的追求，也即对道的追求。国画注重留白就是给欣赏者自在填充的机会。

这种以无为大、计白当黑的技法不仅属于绘画，在诗歌中也有涉及。如中国古代诗歌中的禅意诗、哲理诗。王维《汉江临眺》中的诗句："江流天地外，山色有无中。"汉江好似涌流到天地之外，铺开的画面展现两岸的山色时隐时现，有无两字相互对比，犹如画家画笔的浓淡，勾勒出有无虚实相生的语境。再如《画》："远看山有色，近听水无声。"远处山色之有与近处水声之无相比照，映出流动的镜头画面下远处活泼的山色和近处寂静的水音。这似乎违背了自然之道，却营造出一种近乎于大道的禅意。这样诗歌语言的运用，使道有无虚实辩证统一审美特征得以呈现，使人们在有无虚实之间既辩证又统一的关系中感受到道这一审美形态的存在。中国古代诗歌以富有哲理的智慧语言再现道自身有无虚实辩证统一的审美特征。诗人根据道有无虚实辩证统一的特点和天地万物自由生成不断演变运化的生成性来展现道的这一审美特征。如王维的《鸟鸣涧》："人闲桂花落，夜静春山空。月出惊山鸟，时鸣春涧中。"在人迹罕至、静谧无响的春山中，桂花独自飘落。月亮露出头来。以动打破了刚才幽静的画面。山鸟随月动而受惊，嗷嗷鸣叫声为无音的山谷平添几分活力。诗人以山鸟鸣涧的鸟声之有来比照春山之空，以花落、月出、鸟鸣之实来映衬未描绘之境的虚。在有无虚实辩证统一相互交合之中，道承载着天地万物的原始节奏，传达着宇宙隐而未出的秘密，把自身得以呈现。王维善用一系列以空字为主的诗句，以虚写实，看上是空，实则有实，充满禅意，道在其中。如"秋天万里净，日暮澄江空。"（《送綦毋潜校书弃官还江东》）洁净的天空和澄澈的江水，仿佛一切都是纯粹的无，不发生任何的痕迹，自然自在如原始的境地，而实则照应着友人綦毋潜高洁的内心和理想的通达。道语言化的呈现的是空，是净，是无，实则表达的是友人归隐后即将得到的有，即将拥有的充实的内心，无尘的归隐生活。有无虚实辩证统一的特征就是语言带来的是有意味的境界，是富有审美理想的人生。又有"洒空深巷静，积素广庭闲。"（《冬晚对雪忆胡居士家》）这里的空是对天空的描述，天空洒雪，鹅毛般纷飞，此诗的前三句语言都在写实景，而题目中提到的胡居士却只字未提，空灵的语言实则缠绕着对胡居士高洁品格的向往和想念，这诗歌的空灵之境就透过语言的有无虚实辩证统一得以呈现。诗人至高的审美理想也在诗中蕴含，人对高洁人生境界的追求一直是道语言化的着眼点。清朗照人的雪与胡居士的人格相呼应，在语言的有无虚实之间，道存矣。综上所述，从道与语言的关系来看，道具有有无虚实的辩证统一的审美特征。

3. "宇宙－人生"一体思考的意识

在道与思想的关系上，"道"体现出宇宙－人生一体思考的意识，对生命的关注、探究，对宇宙的敬仰和迷惘，既深入到生命的本体和宇宙的奥秘，又最大限度地扩充了人的想象，产生审美的联系和想象，因而最自然不过地体现了道的审美属性。

《淮南子·齐俗》中给中国古代的宇宙二字下了定义："往来古今谓之宙，四方上下谓之宇。"这就是说，时间上的古往今来，前后时序是宙，空间上的东西南北，位置上的上下左右的无限延伸是宇。这种时间与空间的结合是古人探寻人生奥秘，思考人生出路的限域。道的思想化落实于现实的范围就在全宇宙时空这个广袤的领域之中，是整体深邃的律动形式。道的思想化是以一种广阔的思维方式去思考、认识人生。宇宙－人生一体思考的意识是中国古代传统艺术中的时空意识，或宇宙意识，具体来说，是对人的生命的关注、探究，是对宇宙的敬仰和迷惘，既深入到生命的本体和宇宙的奥秘，又最大限度地扩充了人的想象，产生审美的联系和想象，因而最自然不过地体现了道的审美属性。古人在有限的现实人生中，去思考宇宙和时空中无限的道理、规律。受道家哲学的影响，审美主体其视角的定位起始是上天，他追寻的自始至终是超越时间空间起源的永恒原始之本源，是超越万物的先天存在规律。审美主体的世界是在向上仰望，时时问天问地问古今的世界。在浩瀚宇宙中，人处于怎样的位置，人生和宇宙有何种内在的联系，人如何处理与宇宙的这种关系，如此种种问题，都体现出"道"与思考的关系。宇宙－人生一体思考的意识在艺术作品中不是死板僵硬的呈现，也不是一问一答的固定模式，而是诗意的审美的思考，让人去不断追问、不断思索、不断想象、不断品味，不离人生初始，不离宇宙广垠，不离道之本原。在道的思想化层面，道的审美特征是宇宙－人生一体的思考意识，这一审美特征是关乎于实现人至高审美理想的思考方式。作为审美形态，道必然与审美活动中的人发生关系，而人的思考必然与所处时代、环境和与人本身处在的空间位置等紧密联系，审美主体生命个体本身是置于所处社会的大背景下。这里需要强调的是，道宇宙－人生一体的思考意识主要为表达审美主体即艺术创作者的审美情感，创作者将自身置于宇宙中是为寻找宇宙中引起其审美联想、审美想象的事物，这一事物又必然与创作者的人生经验有联系。宇宙中的一个触点，触及创作者内心的日常情感，经由宇宙－人生一体的思考意识净化升华成为审美情感。审美主体就是通过道的思想化特征即宇宙－人生一体的思考意识传递更为高级、深刻、丰富且具有社会性的精神情感。审美主体是宇宙－人生一体思考意识的思维载体，把宇宙中的事物与生命个体和人类总体相连接，传达出道这一审美理想的最高音，使生命个体与人类总体产生响彻宇宙的共鸣。孟浩然的《与诸子登岘山》就是以道宇宙－人生一体的思考意识为基础，最具道宇宙－人生一体思考意识的作品。短短几句话就呈现出物是人非，宇宙时空下时代的流转更迭，人事的辗转变化的规律。让人类的共同情感在诗中的宇宙－人生一体的思考意识下得以承载。道宇宙－人生一体的思考意识呈现以下几个规律。

首先，宇宙－人生一体的思考意识集混沌性与哲理性于一身。宇宙－人生一体的思考意识是对人的生命与宇宙关系的思考，这种思考意识既有对宇宙与人生关系认知的迷惘，又有对宇宙与人生的哲理性的思考，同时具有混沌性与哲理性。混沌性是思考意识在宇宙－人生两者之间产生产生思维活动时的反应，来自于人在宇宙中经历的个体经验，往往经历的事物没有第一时间投射到个体的生命中，但是这种经历会贮存于人的意识中，经过复杂的整合得以呈现。正如恩格斯所说："当我们深思熟虑地考虑自然界或人类历史或我们自己的精神活动的时候，首先呈现在我们眼前的，是一幅由种种联系和相互作用无穷无尽地交织起来的画面。"① 道宇宙－人生一体的思考意识正是由这些互为交织、相互生成的画面串联生成的思维模式，其混沌性具有多元化、动态化和系统化等特性。体现在诗歌中，张九龄的《赋得自君之出矣》中云："自君之出矣，不复理残机。思君如满月，夜夜减清辉。"首联和颔联交代了诗歌中情感发生的背景，这首拟乐府诗以闺中女主人的视角展开了叙述，良人离家许久未归，织机残破无人修。思君一句就具有混沌性的特征，具有朦胧的、隐藏的、多元的、说不出的多重意味。诗人在过往的人生经历中对宇宙中的月亮一定有过观察，月亮在宇宙苍茫中阴晴圆缺的变化给以诗人难以言说的情感波动，诗人就对其产生了审美的观照。诗人生命经历中贮存的月亮光辉变化的图景与诗中女主人公所处的境遇场景相交织，产生了多重喻义的诗句。月亮的亏减是照应着女主人公思念丈夫归期的迫切心情的递减，还是照应着女主人公由此消瘦的身形，还是照应着日渐憔悴的容颜，还是照应着逐渐枯萎的大好年华？宇宙中月亮带来的审美联想，指引着思妇与其的联系，本体和喻体间是由宇宙－人生一体的思考意识相连接，具有混沌性的特征，茫茫宇宙中顺道而行的月，圆缺本是自然而为的本然存在形式，却与丈夫离家未归的思妇产生关联，月亮的清辉掩映下，女主人公的人生面貌跃然纸上，却又含蓄婉转。宇宙－人生一体的思考意识使月与人之间的联系成为审美的联系，诗人的比喻饶有新意，其实也承载着诗人对宇宙间事物特征和现实人生的思考把握。宇宙－人生一体的思考意识也极富哲理性，诗人面对宇

① 《马克思恩格斯选集》第三卷，人民出版社1972年版，第61页。

宙间万物与人生，往往能把思维定位于人世间和宇宙关系中的常理，在宇宙－人生一体的思考意识作用下，诗人发出亘古不变、永恒存在的真理，为现实人生指向大道，引人深思。如李白的《拟古十二》（其九）中的"生者为过客，死者为归人。天地一逆旅，同悲万古尘"。活着的人如同来来往往的过客，死去的就是回归了生之本原，诗人在宇宙天地间对人生的思考，将古往今来的人事加以融汇，发出天地如旅社，万世之人皆悲叹的感慨。诗人运用宇宙－人生一体的思考意识，揭示出人生的永恒哲理，天地永存，人事代谢，生死殊途同归。诗末句："浮荣何足珍？"的问句，问出诗人在宇宙－人生一体思考意识下感悟到的永恒大道。荣华富贵只一时，与永恒的道相比短暂一瞬，生者要脚踏实地，务实平淡，这样的人生就是与追求浮华人生的对比。诗人纵观上下四极，穿梭古今生死，宇宙间的一切都在倏忽变化，并不存在永恒的生命，荣华富贵亦如此，浮华如一瞬，富贵水中影这种思考意识的哲理性是道宇宙－人生一体的思考意识一大特征。又如其《短歌行》："白日何短短，百年苦易满。苍穹浩茫茫，万劫太极长。"中两句就是透过宇宙空间的广袤对应人生时光的短暂匆匆，相对比得出人生时光的理性认知。诗的末句说："富贵非所愿，与人驻颜光。"就是对现世人生的美好愿景，是在宇宙－人生一体的思考意识下生成的审美理想，是对人生最美阶段青春发出永驻的追求。

其次，宇宙－人生一体的思考意识具有双线并行性。审美主体不仅是单向度对过去时间的追忆，也是对现世人生的思索，在两者的结合中共同呈现宇宙本原、自然规律、永恒情感。在中国古代诗歌中，诗人的审美意识不自觉地渗透到作品中，发出震彻宇宙、隔世犹响的千古绝唱，艺术化地呈现出人与宇宙的关系，捕捉着道的踪迹。而在这其中，同样表现道这一审美形态，同样是道的思想化进程，同样是以宇宙－人生一体的思考方式为基础，但是创作者的审美体验、审美感悟、审美表达却不尽相同。如同样的怀古感今，同样以宇宙人生一体的思考意识为思想基础，唐初陈子昂是在登幽州台时处于天地与幽州台之间，思古念今，发出悲悯的感叹，歌唱出时代与个人的绝响。《登幽州台歌》"前不见古人，后不见来者。念天地之悠悠，独怆然而涕下"。这前、后就是对广袤时间的感知，天、地就是对苍茫宇宙的重新审视，古人来者隔空而现，怆然涕下是因为对当下人生的悲叹感慨。广袤宇宙下的独泣者，历史往来人物众多而终不见，天地之宽广，个人之渺小，时空感，画面感，人事之变迁与今时之感受交相辉映。生不逢时之感，个人之孤独感随时代的洪流一起喷泻而出。横亘在宇宙与人之间的道的深意与奥秘都通过诗人宇宙－人生一体思考的意识得以显现。万物之始终呈现，宇宙生命各自然。道的这一审美特征在具体文学作品中表现为一种诗人对宇宙和人生的追寻，这种追寻的答案就通过交错的时空画面来回应。既有对过去时光的追忆，又有对当下和未来的哀叹。是时光伴随着哀痛，如影随形。如刘禹锡的《石头城》："山河故国周遭在，潮打空城寂寞回。淮水东边旧时月，夜深还过女墙来。"诗人的怀古感今是以游览旧时六代豪奢金陵城的经历为契机的。诗人一开始就将诗境置于苍茫悲悯的氛围之中，金陵城依然被那时的群山包围，空城中传来寂寥之音。旧时淮水之东的月亮与今日之月没有不同，而昔日繁华的城却已破败不堪，多情的月穿越着城墙依然照耀着故都，现实的社会人生却有了翻天覆地的变化。诗人运用宇宙－人生一体的思考意识，不仅是对旧日六朝繁荣石头城的追忆，也对在其中纸醉金迷贵族生活场景的虚化还原，还通过对宇宙中永恒之月的审美感悟，今昔对比，衬出现世的凄凉冷落，发出繁华易逝的审美情感。同样是刘禹锡，同样是怀古感今，《乌衣巷》又发出了另一番审美情感："朱雀桥边野草花，乌衣巷口夕阳斜。旧时王谢堂前燕，飞入寻常百姓家。"诗人在乌衣巷前看到的场景是融合了地点与时空的交织，审美感悟是在于那穿梭时空的燕子，这样动态的视角就是诗人宇宙－人生一体的思考意识的运用。日暮斜晖下的乌衣巷口，残落旧败的朱雀桥都为昔日过往的繁华街巷增加了强烈的对比，背景是如此残破。宇宙时空的穿越又会有怎样的不同，诗人的宇宙观又与现实人生融为一体，旧时的燕承载着追思，富贵诸侯的居住地就如同寻常百姓家一样，没什么不同了。诗人怀古感今的审美感悟中多了一份对审美想象的描述，多了一份对世事沧海桑田变化的感慨。而其中缺少的是炽热的感情和强烈的呐喊，这就更显诗人用笔之妙，更多地运用宇宙－人生一体的思考意识，而审美感悟就深藏不露，寄予在时空穿梭的景物描写中。虽然诗歌在宇宙－人生一体思考意识的作用下呈现一种沧桑感，但也平淡含蓄，在怀古感今的诗歌中别出新味，意蕴深长。双线并行性同样体现在杜甫的《咏怀古迹》五首其二中。杜甫对楚国辞赋家宋玉故宅的凭吊时的悲叹是对那段历史阶段的回忆，对宋玉的人生遭遇的感同身受是引发诗人创作的契机。诗人发出"怅望千秋一洒泪，萧条异代不同时"的审美感受，是纵横千秋，隔着时代，跨越宇宙的认知。诗人不只是对宋玉所处年代和经历的回顾，还把当年的遭遇与自己现实的人生进行对接，不只是单向度的咏怀古迹，也是对自己现实人生境况悲凉的感悟。时代朝代不同，萧条惆怅相似，几近相同的人生经历是触发诗人以宇宙－人生一体意识表达审美情感的契机。宋玉和杜甫所追求的创作精神和人生志向抱负以及审美理想都通过宇宙－人生一体的思考意识呈现在诗中。还有李白的《把酒问月》中的诗句："今人不见古时月，今月曾经照古人。古人今人若流水，共看明月皆如此。"悠悠万世，月亮于人一直是宇宙中神秘的存在，诗歌开头就是以宇宙－人生一体的思考意识产生审美想象引发诗人对时空、古今的探求。到今人一句就是以古今双线并行来展现宇宙中相同月色下人去人来的时代更迭。看似相似的时空下因人物的去来产生对现实人生的苍茫感。逝者如斯夫，不舍昼夜。古今一轮月，照尽万世人。月亮的恒久寄予着诗人至高的审美理想和审美追求，从变化无常的人世更迭下寻求一种永恒的永久的存在。道的思想化特征蕴含在这思古感今、双线并行的宇宙－人生一体的思考意识中。

再次，道的思想化具有宇宙和人生一体的不可分割性。在道的思想化过程中，宇宙与人生之间是不可分割的关系，外在的宇宙体认与内在的生命个体意识合二为一，既是对身外宇宙时空的探，又是对个体生命意识的求，在这探求之中道之奥妙自现，人之生命与宇宙的关系之谜昭然若揭。王羲之在《兰亭集序》中说："仰观宇宙之大，俯察品类之盛，所以游目骋怀，足以极视听之娱，信可乐也。"作者运用宇宙－人生一体的思考意识，仰观宇宙万物，在对宇宙中万种品类的俯察之间，求得的是感官上的审美理想的实现，得到了内心的满足。道的思想化在宇宙和现实人生的两者之间不可分开，对宇宙的探就是对现世人生的求。宇宙－人生一体思考的意识体现道的审美属性，如张若虚的诗歌《春江花月夜》写道："江畔何人初见月？江月何年初照人？人生代代无穷已，江月年年望相似。不知江月待何人，但见长江送流水。"江边的景物使诗人产生了审美的思考，江月映照下，人的生命意识愈显突出，诗人穿越时空，以审美的视角去发问、去思考人生。诗人的镜头切换着同样景物下不同年代的不同人。人物、时间、地点的巧妙配置向观者展现了宇宙－人生一体的思考意识。在那江畔月照人的画面中，在那年年相似的江月之景中，在那长江流水的律动中，在诗人与宇宙时空的相互对望中，作为审美形态的道隐于其中悄然无声。中国古代诗歌中李贺的作品"观古今于须臾，抚四海于一瞬"更是典型代表。李贺的诗歌把中国诗歌中较为独有的缺乏时态的精确性这一特点运用到自己的诗歌中，实现了上天入地，古今穿梭的自由来去。李贺把古今不同时代、不同境遇、不同层面的人物都放在一首诗中共现，这种宇宙时空感受是前所未有的。羲和、秋神、青帝等齐聚于《相劝酒》中，刘彻、嬴政、任公子共同出现在《苦昼短》中。不同时代的人物的聚合正说明了李贺超凡的时空感，这些人物的出现都是表达现世人生的情感。人对外物的探求不论是跨越时代还是穿梭时空，无论是各代人物大聚会还是空间的转换推移，不变的依然是宇宙和人生不可分割的关系，对宇宙间的认知和内在生命意识的探求是不变的模式。李贺的宇宙－人生一体的思考意识还表现为地点的转换，他的诗一会儿出现仙境，一会儿又俯瞰人世，如《梦天》。同时对时间的感受也极具随意性，千年弹指一挥间，这在"黄尘清水三山下，更变千年如走马"（《梦天》）一句体现了出来。正像屈原所说的"吾将上下而求索"。宇宙－人生一体的思考意识求的正是对人生至高理想的追求，是对完美人格的凝聚，索的是永存之大道，人与宇宙不变的内在本质。在诗歌中，宇宙－人生一体的思考意识就是在道思想化的过程中，追寻人至高的审美理想，道就在这不可分割的探求中存在。

最后，道宇宙－人生一体的思考意识具有动态性特点。人在历史的滚滚巨波下随流而去，宇宙时空虽有变迁，相对于其本身却是永恒的存在，而作为生命个体的人只有当下一次的短暂人生，道就在这瞬间和永恒的撞击中彰显。宇宙－人生一体的思考意识在诗歌中构建的是一个诗人心中的小宇宙，这个小宇宙关乎于现实人生。同时诗人又在诗中敞开怀抱迎接宇宙本原，时空相接的大宇宙，以小我撞击大我。在这激荡的撞击运动中，世界的本原和人至高的审美理想就呈现其中。在撞击所产生的力中，道飞驰而出，因此在看似平静的思考意识下，是激烈而又迅速的思想动态化过程。苏轼在其《前赤壁赋》中写道："寄蜉蝣于天地，渺沧海之一粟。哀吾生之须臾，羡长江之无穷。"人处于宇宙之间就如同蜉蝣寄于天地，人与茫茫宇宙相比就如大海中的一粒粟一样微小。就是这样的审美联想，使人的渺小与宇宙之广大产生对比，使人生命的短暂与宇宙之永恒互为参照。苏轼在文中透过宇宙的眼，发出对人生的慨叹，人生不过须臾之间，长江之水却永不停息。这样的宇宙规律通过审美意识、审美想象凝结着作者的人生感悟传达出来，那哀痛随着文字的喷涌而出，无论人怎样挣扎，依然是以有限的生命面对无限广大的时空宇宙。人作为个体穷极一生的努力只是宇宙的一个眨眼。在这个层面上，宇宙－人生一体思考的意识突显了道的审美属性，从宽广浩大的永恒宇宙视域下窥探个体生命的审美心理。诗人的审美意识在宇宙的范围内游动，以个体生命独特的审美想象加以动态化的思考意识，以瞬间与永恒碰撞，从永恒之眼把握瞬间，以瞬间审美感受体味永恒之心。道就从两者擦出的巨大火花中崩裂而出展现自身的审美内涵。如杜甫《春日江村五首》的诗句："乾坤万里眼，时序百年心。"诗人以宇宙乾坤上下左右四极为域，以纵横几百年的审美心理积淀为基，通过时空永恒之眼传达个体生命的宇宙瞬间审美感受，在万里区域内，百年时间里，宇宙－人生一体的思考意识通过动态化的形式，表现道的至真至纯。

宇宙－人生一体的思考意识不仅在诗歌中呈现道的审美属性，在音乐、绘画等领域也多有涉及。在唐宋之间的五代，有几位杰出的令众世瞩目的画家。荆浩和关全以质朴描绘中国北方的崇山峻岭而闻名；巨然和董源则着力再现中国南方秀美润泽的山水。这些巨匠共同的特点就是在绘画中找寻战乱年代内心的本源。他们的画作是一把钥匙，打开着通往道的大门。他们迫切地追问生命的存在和意义，用他们的画笔再现壮丽的河山和神秘的图景，传达着宇宙和人类情怀的奥秘。

4. 人与自然和谐

在道与游戏的关系上，文艺作品的中情景交融、天人合一，就是人与自然和谐，就是大道自然，大道之行的具体体现，是天道、人道和地道的完美统一，山水诗、写意画最典型地体现了"道"的这一特点。

当然，这里的道是大道，而非单纯的政治伦理之道。这里的道是自然形成的，是无意识生成的，而非人们刻意而为。上面提到，老庄道家哲学认为道的本质是"虚"是"无"，而万物的本质是"有"是"实"，有从无中来，无又归无中去，有无相生，虚实变化，形成了宇宙的万物大循环，一切都是由这种循环而生而起。人们所处的世界已不仅是临于眼前的现实的有限世界，还有虚无与空虚围绕在现实世界周围无限的虚幻世界。这两重世界形成了双层的感受结构，形成一个生生不息、两者相交融的存在世界。道的游戏化过程就在这个相融通，不断生成的世界中进行。在有限孕育无限的世界中，道的游戏化特征——人与自然和谐逐渐显露。人与自然和谐是指，在有无虚实、有限无限双重结构世界中的人们通过观赏自然景物，玄思自然的本然之妙，目击道存，把人自身与自然合为一体，同成为宇宙万物中由无而生的道的衍生物，在道这一本原的作用下和谐地相处。最终体现为原始大道的回归，道的游戏化特征成为最合乎大道本然的生成化运动方式。这里的自然指的是自然界、自然物、自然山水景物。道在游戏化的过程中，人与自然和谐，大道就在其中生成、存在，使人们在瞬间就看到永恒。在中国古代诗歌中，诗人以空无虚心囊括世间万物，连通人与自然，消除两者外在形式的不同，消除形式的外壳，消除无我的界限。就以柳宗元所说的心凝神释，与万化冥合的方法去运化，去游戏，使人与自然相合，人与万物的运动频率相通，都是以道的大节奏来发出审美的感悟和审美的思考。诗人在观自然的过程中，有意识或无意识地遵循自然的规律，通过诗歌语言的形式，为自己这个单纯的人的个体与自然这个复杂的整体发出共同的声音，这些声音不自觉地转化为人生的道德标准和艺术化的审美境界的追求，是最合乎大道的呐喊。同时，老子在《道德经》第二十五章提到"人法地，地法天，天法道，道法自然"。老子采用衔接相扣的方式把人、地、天、道各自遵循的宇宙规律的法则加以揭示，其中道法自然就揭示出万物存在所遵循的规则。宇宙万物皆源于道，道法自然，宇宙万物也应遵循道自然而然的规律。因而道可以说就是自然规律本身，是人类、自然、社会本身的天性和本质，是万物的起始，也是天地间万物包括人类返璞归真、归于本原的终极向往和归宿。在这基础上的道家美学影响了中国古代艺术的美学观。

首先，道的游戏化特征人与自然和谐的审美心理是虚静。人要想体会形而上的无形，体会宇宙中的大道无实体无音之妙就必须以虚静的心理去观照万物。虚静的心理就是老子所说的涤除玄鉴。对道的观照就要摒弃一切杂念、外物的干扰，以一颗澄明的心，以纯净空亮的头脑感受万物生成运化、循环往复的本原。这就是老子在《道德经》第十六章所说的"致虚极，守静笃。万物并作，吾以观复"。虚静不仅是道的游戏化时人所必需的审美心理，也是生命的本质，又是自然的常道，顺应自然的常道才能与大道相合。致虚极就是消除混乱思绪，回复澄明心灵的一种心理活动。诗人以虚静的审美心理去观自然、感万物，摒弃偏见杂念，以空纳万物，以无容万境，道自蕴其中。这也就是刘勰在《文心雕龙·神思篇》认为的"是以陶钧文思，贵在虚静；疏瀹五藏，澡雪精神"。这说明在创作过程中，作者要以虚静澄明的审美心理展开创作。落实到具体的诗歌中，有常建的《题破山寺后禅院》。这是一首游览诗，诗人在游览禅院的过程中，以虚静的审美心理把寺中自然景物复归于自然本身，把自然之境的本然状态在澄澈空灵的心境的映照下呈示，只有诗人以虚静的审美心理与自然和谐才会发出那样合与道的感悟。阳光日照下的晨间古寺，竹林掩盖下幽深的曲径，扑闪于林间的山鸟，倒影碧波的潭水，万籁俱寂下响起是钟声。诗人在这重重物象的交织中感受到的远离喧嚣人世的禅意，正是以虚静的空心品味出来。人与自然和谐到无我的境地，看不到诗人心灵的痕迹，看不到强烈的感情色彩，人与自然和谐融一，大道存而永恒生，物与物以本然的相处方式，人对自然以虚静澄明的内心感悟，道的游戏化就是审美主体以虚静的审美心理来运化。审美主体以虚静的审美心理使人与自然达到和谐的还有王维的《山居秋暝》。全诗将秋凉时节的空山傍晚时分山村的旖旎风光作为背景，清新的空气，润洁的景色，石上清泉的声音，人迹罕至的净地似是铺垫，浣女从竹林中归来的喧笑声，渔船穿过荷花的动态，与上述的自然景色既和谐又完美地融合在一起，展现了自然的美、人格的美和人与自然和谐而触发大道的美、极致的美。泉水、青松、翠竹、青莲不仅是环境的烘托，也是诗人高洁审美理想的负载，诗人沉醉于这人与自然融合的画面，使人也成了自然的音符，使自然也沾染了人的气息。道就在诗人寂静虚空的审美心理观照下游戏运化，自在生成。审美理想就蕴含在这如诗如乐、人与自然和谐的画面中。在这样目击道存的完美境界，诗人发出的感悟是"随意春芳歇，王孙自可留"。与《楚辞·招隐士》所说的"王孙兮归来，山中兮不可久留"不同，这人与自然和谐的道境是王孙远离仕途朝野，感受道之真意的净土。王孙也会在与自然和谐的互动中，品出万物真意，道之本然。不论是诗境中的人与自然和谐还是诗人创作时与自然和谐，道的游戏化特征人与自然和谐都是审美主体以虚静的审美心理来感受万物，道的游戏化过程都是以虚静的审美心理来开启。王维又有诗《山中送别》："山中相送罢，日暮掩柴扉。春草明年绿，王孙归不归。"这里的王孙是从《楚辞·招隐士》的"王孙游兮不归，春草生兮萋萋"一句化用而来，自然中春草的物象象征着与朋友再会的时间征兆，审美主体以虚静的内心展开与自然和谐相处，道的游戏化特征就是人与自然的和谐呼应。楚辞中的两句友人游兮，芳草萋萋。友人离时已久，春草已化为枯草，时间的跨越带来悲凉的离别气息。而王维的这一句道出春草明年会绿的自然之序，王孙是否归来只是问语，任其本然。这种淡如茶味，飘香余味留的诗境是以虚静之心呈现大道，道的游戏化的特征是在澄明心境下的运化的。诗人无大的情绪波动和情感倾向，仅以虚静的审美心理参悟人与自然的和谐，淡然间大道出，游戏化地生成道境，呈现世界本然无外力干扰的纯然之景。

其次，道作为审美形态，人与自然和谐的审美特征集中表现为道的游戏化的整个运化过程，其中突出一个和字，是两者的互动生成，具有互动性。艺术创作主体和客体之间的交流融通，合二为一，是人与天的运化游戏后的完美融合。如何能在艺术领域把个体的审美心理、审美风格、审美感受融入艺术作品中？艺术创作主体在作品中的审美感受和审美理想如何能与外物共同呈现？如何使艺术作品容纳天地万物之精髓、之灵气？如何传达出个体及集体生命之灵魂？审美形态道召唤出的答案就是人与自然之景相互交融，天人合一，追求两者的和谐与平衡。道作为审美形态，是艺术创作主体也是审美主体审美性趣、审美风格等的感性凝聚。在道与游戏的关系上，人与自然和谐就是审美主体与天地万物相交相游，融于自然而归于自然，在游戏中，寻觅出大道的本真，人与自然的和谐包孕着天道的神秘与纯真。中国古代山水诗、写意画就最典型地体现了道的这一审美特征。李白的《送友人》："浮云游子意，落日故人情"中，浮云与游子的漂泊不定无影踪的特性相对，落日迟迟不下山的余光应接着友人对游子的情谊。友人之间的深情透过与自然景色的内在契合达到完满圆融的道境，在人与自然的互动互融中展现道的游戏化审美特征。道人与自然和谐的审美特征的互动性还表现在其他诗歌中。如李白："春风知别苦，不遣柳条青。"（《劳劳亭》）

最后，人与自然和谐不仅是艺术作品中呈现的审美风格等的凝聚，还是审美理想的至高追求。以中国古代诗歌为例，人与自然和谐是诗人呈现的人与大自然互相沟通、交流的运化游戏，这不仅能体现诗人热爱自然、拥抱自然的审美心胸，也体现了在诗歌中人与自然融一互化寻求和谐的审美风格。在这过程中，道这一审美形态的游戏化即审美主体与客体的互化游戏的目的是追求人与自然和谐，是对审美理想的至高追求。诗人追求的是人与自然和谐的运化中出现的大道，道存而人的审美理想至。如孟浩然的《宿建德江》"移舟泊烟渚，日暮客愁新。野旷天低树，江清月近人"。诗中主人公移舟近岸，停船宿夜，靠于江中的一个烟雾朦胧的小洲边，日暮的景色带来的是客愁。自然之景与人心之情相互融合交织，旷野的天压得比近处的树还要低，月映清江给舟中的人带来了亲近之感。诗歌中审美主体寻求的是人与自然中的江、渚、树、野旷、月融为一体的审美感受，追求一种脱离人世的自然之景。江、渚、树、野旷营造的是凄冷迷蒙之境，而月又成为冷色调之中温暖人心的存在，月亮的亲近使旅人在客泊他乡的旅途中不再孤独。这月就是人与自然和谐后突出的物象，这既是诗中旅人的安慰良剂，也是诗外诗人的审美理想，江上的映月代表着旅人途中追求的安慰静谧，亲切无声。诗歌中人与自然和谐不再是一种审美风格的凝聚，也体现诗人对审美理想的追求。月的象征就是诗人的审美理想的物象化。

综上所言，道的游戏化特征，人与自然和谐不仅是审美形态道最显著的审美特征，更是道游戏化地生成审美"逍遥游"，实现至高审美理想的终极途径，在道的审美形态特征中处于核心地位。在这里我们要注意两个方面，一是人与自然和谐并不是道游戏化的审美特征生成的唯一途径，也是最主要的途径，是最契合于大道游戏运化的途径，最能凸显道游戏化特征的途径。二是道的游戏化过程是道与万物融合自生自化的过程，人与自然和谐重在人忘却本我，与大自然共化，这就是庄子所说的心斋、坐忘的表现。就如李白《下终南山过斛斯山人宿置酒》中所言："我醉君复乐，陶然共忘机。"在与山月、绿竹、青萝、松风、稀星等自然景物的共化下，诗人与友人在这与自然融一的情境中，把人置于与大自然同等的位置，人与自然浑然一体呈现的忘我的境界中，人至高的审美理想在这不出于外力的还现自然的生机中游戏运化生成。人在与自然的和谐中回归了本我，回到潜意识最深层面的境地，回到无我的原始状态。在这样的情境下，自然界是最本真原始的存在，人在无我的状态下无意识呈现出的审美理想才是通于大道的至高的审美理想，是道的游戏化过程中至关重要的一环。

总之，"道"是中国审美形态的识别标志（ID）。"道"由其形而上的统摄性而全息地存在于各种微观的审美范畴、文艺作品之中，从而具有分身万化，无所不在的特点；相对于西方审美形态而言，"道"超越了感性与理性的对立。

八　论天籁

什么是"天籁"？——本书从庄子哲学思想的话语建构策略入手，以原典文献《齐物论》为根据，认为"天籁"并非一物，并非"自然的音响"，而是庄子美学思想建构的产物。庄子对"天籁"的美学思想建构体现在三个层面。第一，庄子对审美判断问题进行解构，消解了人们基于感官判断之上的美丑相对观念。在庄子看来，"地籁"与"人籁"、美与丑等都是从人这一主体的角度对物所作出的"是非"判断。第二，在解构审美判断问题之后，庄子进而建构、提出一种"美"的标准即"正色"之美。"天籁"正是消弭了"物"的差异性和"论"的排他性，从而最终抹却"物""论"存在的必要性，而归原于"无""道"的"正色"之美。第三，"天籁"之美的获致需要否定身心而游于虚无。

庄子在《齐物论》中说："女闻人籁而未闻地籁，女闻地籁而未闻天籁夫！"——人们常常借这一递进的言说方式，断章取义地产生"天籁"高于"地籁"，"地籁"高于"人籁"的"成见"。事实上，在《齐物论》中，庄子如此表述的原因乃是因为人们已熟知"人籁"是什么（这由南郭子綦没有解释"人籁"，而颜成子游说"人籁则比竹是已"可以见出），而不知道"地籁""天籁"是什么。"闻人籁而未闻地籁"乃是就实际状况而言；而"闻地籁而未闻天籁"则已迈入哲学门中，这便需要我们言说并廓清其思想的边界。

（一）以往人们对于"天籁"的理解

"天籁"究竟是什么？南郭子綦并没有进行正面的回答——这便给后人留下了无尽的阐释空间，但却没有定论。郭象认为"夫天籁者，岂复别有一物哉？"——或许其受到魏晋玄学"任自然"的影响，把自然界存在的、未经人类雕琢与改造的存在等同于至美至纯至真之存在，——分析到最后他还是将"天籁"归属到"地籁"上来。后世注家亦未能摆脱郭注的藩篱，依旧走在"天籁"即自然之音的老路上。宋林希逸《庄子口义》云："或谓此言地籁自然之音，亦天籁也，固是如此。风非出于造化，出于何处？"清马其昶《庄子故》云："万窍怒号，非有怒之者，任其自然，即天籁。"冯友兰认识到仅仅把"地籁"等同于"天籁"而忽略了"人籁"有违于庄子的整个哲学思想，从而提出"地籁与人籁合为天籁"①的观点，虽略殊于以往注家，但仍将"地籁"与"天籁"混为一谈。陈鼓应说："三籁并无不同，它们都是天地间自然的音响。"②现代词书若《现代汉语词典》《辞源》《辞海》等也莫不如此。

但是如果完全把"天籁""地籁"混而为一，那么南郭子綦"女闻人籁而未闻地籁，女闻地籁而未闻天籁夫"的意义又何在呢？既然有着"地籁则众窍""人籁则比竹"区分，"天籁"明显地成了一个与"地籁""人籁"相区别的概念，而且从南郭子綦的语义推断，"天籁"似乎应该是高于"地籁"与"人籁"的存在。

鉴于此，许多学者试图从新的角度来阐释"天籁"。吴世尚《庄子解》云："大造化生万物，怒而稡者其谁邪？此所谓天籁也。盖天籁无声也。"朱桂曜《庄子内篇证补》云："人籁者有意之声，地籁

---

① 冯友兰：《中国哲学史》上册，中华书局1962年版，第281页。
② 陈鼓应：《庄子今注今译》，中华书局1983年版，第36页。

者无意之声，天籁者无声之声。"都把"天籁"解释为无声之声，盖是看到了庄子"无言之言"的相对主义论辩，从而以此来概括"天籁"。但是这种解释却走入了不可知论的泥潭，把"天籁"虚化为不可能实存的形态，在庄子幻化的迷雾中更添入一种缥缈恍惚，使读者陷入迷茫的境地。

章太炎《齐物论释改定本》云："天籁，喻藏识中种子，非独笼罩名言，亦是相之本质。故曰'吹万不同'，使其自己者，谓依止藏识，乃由意根。自执藏识而我之也，自取者，自心还取自心，非有外界，则无作者，故曰'怒者其谁'。"①章太炎认为"天籁"是智慧的化身，已经脱离了实质性的形态，而是抽象化、本质化的存在。章氏观点实际上和"自然之音"说的是一个道理，仅用"藏识"的名词来替换。因为在章氏看来，"自心还取自心，非有外界"，无论"地籁"还是"人籁"，其产生的动力存在于自身，"天籁"就是"地籁"，就是"人籁"。

赵逵夫认识到此段对话可以分为两个部分，自"女闻人籁"上为一部分，是紧紧围绕南郭子綦的状态展开；其下为另一部分，是对三籁的阐述。两部分之间必然非相互独立而是有着绝对的关联，关于三籁的描述实际上都是为诠释南郭子綦的状态。因此，赵逵夫认为："这里说的所谓'天籁'，是指人的情感和精神的自由、自然的表达。""南郭子綦的'仰天而嘘'，是由于自身生理、精神和情感上的感受而自由抒发。这即是'天籁'。"②把"天籁"看作人的感情的自然流露，如快乐时恣意之笑、忧愁时怅惘之叹，把"天籁"同"地籁""人籁"做了严格的文献学区分。但是这种仅源于文献学的区分越是明显，就会越与庄子表达的"齐物""齐论"的哲学思想相

---

① 章太炎：《章太炎全集》第 6 卷，上海人民出版社 1986 年版，第 65 页。
② 赵逵夫：《本乎天籁，出于性情——〈庄子〉美学内涵再议》，《文艺研究》2006年第 3 期。

违背。

以上只是关于"天籁"解释的部分观点，还有很多注解，但大都不出其范围，因此便存有诸多之不足：其或从文献学考据出发，断章取义地把"天籁"理解为某一自然物象或声音或某种特定的主观精神境界，从而不符合庄子哲学思想之要旨；或从哲学思辨出发，把"天籁"理解为玄之又玄的抽象概念，从而曲解了原典之文脉。鉴于此，本书试图将哲学思想、原典文献与审美活动相结合，在前人研究的基础上尝试有所推进。

（二）庄子哲学与《齐物论》要义

庄子哲学思想的话语建构常采用两个策略：第一，解构、消解正统的或被规范化了的日常语言系统或各种名制；第二，在此基础上，用有无虚实、对立统一、生成转化等思想来建构有别于日常语言的"另一套"话语系统。其目的并非在于对语言本身进行改造，而是要在有限的语言、思想、工具之外，达到一种对于人的思维、语言有限性的去蔽与超越。

以美丑为例，《齐物论》云："毛嫱、骊姬，人之所美也；鱼见之深入，鸟见之高飞，麋鹿见之决骤，四者孰知天下之正色哉？"毛嫱、骊姬用人的感官来看是美丽的，但是从鱼、鸟的角度出发却未必是，那么到底哪种认识是正确的呢？其实庄子既没有否定人的认识，也没有肯定鱼、鸟的认识，只是通过陈述一种事实来展现认识的不确定性。这种不确定性和不可知论并不能混同为一，在庄子眼中，还存在有一种更高的认识，这种认识超越了世俗的可知性，表现为对立的绝对统一。《逍遥游》云："是故举莛与楹，厉与西施，恢诡谲怪，道通为一。"大小、美丑等相对性概念都是不确定的、属于经验层域的存在，在此之上，还有着某种确定性的、属于事物本质的抽象存在，也就是庄子口中的"道""天""一"。

庄子认为，道派生一切，只有通过探求外在才能挖掘其实有的内涵，而道作为本体不能直观地展现出来。所以从根本上说，万物作为道的表现形式，自身不具有属性，其规定性只是人为作用（正统的或规范的日常语言）的结果。从道至普存的观念是有一个发展过程的，《齐物论》云：

> 古之人，其知有所至矣。恶乎至？有以为未始有物者，至矣，尽矣，不可以加矣！其次以为有物矣，而未始有封也。其次以为有封焉，而未始有是非也。是非之彰也，道之所以亏也。

这是对人的认识高低的划分，也可以说是不同的人对道的体验。第一层次的认识是对道最本质的体验，世界不仅源于"无"（未始有物），现存的世界仍然是"无"，在这层境界里，连道也是不存在的。其次把"自在自为"规定为道的唯一属性，在这个层次中，道已经衍化出具体的物质形态，成为可感知的客观存在。但是，所有存在的形态是一致的，其作用力均是"自在自为的"，所以可以把所有存在看作一个原点（有）。这个原点是多与一的统一，消弭此矛盾的方式是"把具体的有分别的物看作纯粹无差别的'物'，众有变成一有或纯有。"[1]再次，一致的物质形态在道的驱动作用下，向着不同的方向发展，逐渐表现出差异性，但这种差异性不是作为道的属性出现的。最后，由于人的主体意识的觉醒，开始用自己制定的世界规则来强作用于道。在审美活动中，美是一种判断，而人对事物的判断标准是不一的，从而肯定符合自己利益的存在，而排斥、否定与个人价值观相违背之存在，最终导致了"是非"的产生。以上四个层次的发展即是：

---

[1] 陈少明：《〈齐物论〉及其影响》，北京大学出版社 2004 年版，第 84 页。

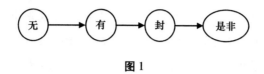

图1

前三个层次中"庄子讲的'道',……是把它当作一个超越是非界限、泯灭一切差别的主观标准来看待的。"① 这里的道是纯粹的,是合于庄子哲学的,其演进是道自为的结果。到了第四层次,由于人的意识强加于道自身,"道"已经显得驳杂,丧失了其固存的特质,是庄子哲学中力所排斥的。需要指出的是,庄子的论述并不是严格按照这个模式进行的,同他的思维的跨越性一样,这四层的转化也是跨越性的。庄子著述的目的就是努力把第四个层次给抹杀掉,以还原道的本来面貌,这是庄子哲学思想的核心。《齐物论》一篇,鲜明地表现了这一点,下面我们将就此篇的具体哲学内涵作进一步的分析。

《齐物论》分为"齐物""齐论"两部分。这里我们先来看"齐论","齐论"是针对战国时期百家立说、各执己见、争辩不休的社会现实,驳倒一切纷争,泯灭各种是非。"故有儒墨之是非,以是其所非而非其所是",导致人们对道的理解陷入迷茫的境地。庄子就是想把人们从迷茫中解救出来。庄子说:"欲是其所非而非其所是,则莫若以明。"何谓"以明","为是不用而寓诸用,此之谓以明。""不用"是指"不用分别'分'与'成'的观念"②,实际上就是一,就是道,只有用纯粹无差别的道来诠释世间万物,才会得出正确的结论。

再来看"齐物",庄子认为某物之所以称其为"某物",并不能通过自身表现出来,而需要从外在去获取。"非彼无我,非我无所取",彼我之间是相互依赖的关系,只有通过对里面的存在才能证明

① 北京大学哲学系中国哲学教研室:《中国哲学史》,北京大学出版社2003年版,第71页。

② 陈鼓应:《庄子今注今译》,中华书局1983年版,第71页。

自己的存在。所以，"物无非彼，物无非是。自彼则不见，自知则知之"，单纯的肯定自身会导致自身的丧失，只有明白物质的相互依赖性才能凸显自己的特性。"是亦近矣，而不知其所为使"，既然如此，那么相对立两方的界限也就不存在，而实际上只剩余一种形态。人们只看到了事物的对立，而不能认识到促使这种对立发生的前提。《齐物论》中记载了"朝三暮四"的寓言，其文云：

> 狙公赋芧，曰："朝三而暮四。"众狙皆怒。曰："然则朝四而暮三。"众狙皆悦。名实未亏而喜怒为用，亦因是也。

钱锺书分析说："'朝三暮四'与'朝四暮三'，所以明'名实不亏'而'喜怒为用'，盖三四、四三，颠之倒之，和仍为七，故'实'不'亏'而'名'亦未'亏'。"名实从根本上说是统一的，无论三四还是四三，甚至一六、二五都是七的不同变化形态。那么又是什么推动着物质的融合呢？庄子给出的答案就是"真宰"，何为"真宰"？"若有真宰，而特不得其朕。可行己信，而不见其形，有情而无形。"真宰是创造万物的原动力，其自身是无形的，因为真宰一旦有了形体就成为"有"，就会陷入"吾有待而然者邪？吾所待又有待而然者邪"的循环论。

总之，"齐物"的目的是扬弃外在的表现形式而归于老子"道生一"的创造性与统一性，最终归根到"恍兮惚兮"的"无"的起点。这是理解"天籁"的哲学思想依据。

（三）从《齐物论》原典文献解读"天籁"

《齐物论》开篇记载了南郭子綦和颜成子游的对话，其文云：

> 南郭子綦隐机而作，仰天而嘘，荅焉似丧其耦。颜成子游立

侍乎前，曰："何居乎？形固可使如槁木，而心固可使如死灰乎？今之隐机者，非昔之隐机者也。"

子綦曰："偃，不亦善乎，而问之也！今者吾丧我，汝知之乎？女闻人籁而未闻地籁，女闻地籁而未闻天籁夫！"

子游曰："敢问其方。"

子綦曰："夫大块噫气，其名为风。是唯无作，作则万窍怒呺。而独不闻之翏翏乎？山陵之畏佳，大木百围之窍穴，似鼻，似口，似耳，似枅，似圈，似臼，似洼者，似污者。激者、謞者、叱者、吸者、叫者、譹者、宎者，咬者，前者唱于而随者唱喁，泠风则小和，飘风则大和，厉风济则众窍为虚。而独不见之调调之刁刁乎？"

子游曰："地籁则众窍是已，人籁则比竹是已。敢问天籁。"

子綦曰："夫吹万不同，而使其自己也。咸其自取，怒者其谁邪？"

这段文字的结构是，先讲"形""心"关系，再讲"三籁"。"三籁"是对"形""心"关系的进一步补充性论说，目的在于破除颜成子游的"成见"。这段文字涉及"吾"与"我"的关系、"形"与"心"的关系、"三籁"间的关系。

首先来看文献中"吾"与"我"的关系。如何理解"丧其耦"与"吾丧我"呢？关于"吾丧我"，此处一言"吾"，一言"我"，在庄子眼中，自然二者有着明显的区分。"吾"是去掉一切的外在形式而归原于道的"真我"，而"我"则是通过对立显示自身特质的世俗的"我"，是一个"假我"。申而论之，"丧其耦"则是指把显现于外界的可见的"假我"丢弃掉而显现出合于道的"真我"。

其次来看"形"与"心"的关系。如何理解"形固可使如槁木，而心固可使如死灰乎"呢？在颜成子游看来，"形"和"心"是有着本质差别的、相对立的两个存在，"心"具有更为高级的形式，二者不能统一。"形如槁木"是说南郭子綦已经达到人和天地万物融为一体的境界。在"佝偻承蜩"一文中，承蜩者对孔子说自己捉蝉时"吾执臂也，若槁木之枝"（《达生》），强调的是达到"用志不分，乃凝于神"的境界。这里的"神"，指的就是此处的"心"。依照南郭子綦的观点，"形如槁木"和"心如死灰"显现是统一的，区别在于"形如槁木"是外在的、直观的，而"心如死灰"是内在的、不可触摸的，"形如槁木"是"心如死灰"的外在显现，"心如死灰"是"形如槁木"的内在诉求。而"吾丧我"就是南郭子綦的正面回答，既然"吾"作为"形""心"存在的根本，已经返真于道，又何来"形""心"的区别呢？"吾"作为道概念的另一种表达，直接作用了"形""心"的产生，"形""心"并不是高级与低级的关系，而是相平行的两个概念。三者的关系图示为：

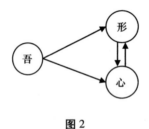

图 2

对比上面的图示，"吾"等同于"无"，而"形""心"则等同于"封"。而颜成子游的疑问则表明，他已经陷入到了存"是非"的世俗观中。

下面，我们对核心问题即"三籁"间的关系问题进行探讨。既然"吾丧我"已经解决了颜成子游的问题，南郭子綦为什么又引出"三籁"呢？是否是画蛇添足？庄子这样做，自然有其道理。我们认为，关于三籁的一系列问题，实际上是南郭子綦担心颜成子游不能真正地理解自己的回答，从而又对道作进一步解释。由于直观的解释仍旧缥缈难以捉摸，庄子便采用比喻的方式来婉转地进行描述。

"夫吹万不同，而使其自己也。咸其自取，怒者其谁邪?"这是解读庄子"天籁"本旨最重要的一句。王叔岷《庄子校释》说"《世说新语·文学篇》注引'吹万不同'上，有'天籁者'三字，文意较明"。受其影响，此后的严灵峰、陈鼓应、方勇等在注《庄子》的时候都在"夫"下补"天籁者"三字。这其实是武断的。郭庆藩云："风惟一体，窍则万殊"①，这是说无论"人籁"还是"地籁"，在未经过"众窍"之时，都只是"风"，因为窍的形状不同，才发出了千差万别的声音。也就是说，"吹万不同"是对"人籁""地籁"的概说，而非对"天籁"的定义，主语并非是"天籁"，而是"风"。"自生"就是"自取"，"人籁""地籁"的发生都是取自于"风"，而发生的过程是不需要外在事物的驱动的，所以冯友兰说："'自己'和'自取'都表示不需要另外一个发动者。"② 庄子为了行文的艺术性，没有直接写明主语，由此引发了注家的文献学误读。

经过以上的分析可知，由"人籁"和"地籁"的起止则一，可以推断出其发生也应是统一的，都是"风"作用的产出，由"风"到"人籁""地籁"的过程是自发自为的。那么，又是什么导致了"风"的发生呢? 自然是"天籁"。为了便于更为直观地理解，我们也用图示表示出来:

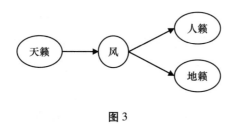

图3

---

① 郭庆藩:《庄子集释》，中华书局 2004 年版，第 50 页。
② 哲学研究所编辑部:《庄子哲学讨论集》，中华书局 1962 年版，第 148 页。

由此可知，"人籁""地籁"属于"封"的范畴，二者都是在"风"的基础上产生的。有人认为："'人籁'不同于'地籁'，'天籁'自然也不同于'地籁'，三者有着递进式的关系。"① 这是不确切的，一旦三者形成递进式关系，"地籁"就会成为比"人籁"更高层次的存在，而庄子所谓的"封"，是已经泯灭了差异的无数实体，在这层境界里，是没有是非、高低、善恶、大小之分的。"风"是"有"的范畴，即"道生一"的"一"，是不可分割的实体。

总之，依据庄子哲学思想与原典文献，"天籁"应指的是"无"，是"道"，是"天宰"，是"天均"的代名词，属于庄子哲学思想中的最高范畴。在颜成子游的认识观中，存在两方面的误区，一是把"形"和"心"看成两种截然不同的对立的存在；二是没有看到两种存在之上还有产生这些存在的更高存在。南郭子綦认为第一种误区会使人陷入无限回环的不可知论当中，第二种误区会使人的认识停留在表层，难以窥见道的本体，所以用"三籁"的比喻以使颜成子游达到更准确的体悟。

（四）庄子对"天籁"的美学思想建构

然而，"天籁"并不只是"无""道"哲学范畴的代名词，还有其自身的规定性。这在于，"天籁"是对一种特定审美形态的思想性提炼与概括。"天籁"并非一物，并非"自然的音响"，而是庄子美学思想建构的产物。庄子对"天籁"的美学思想建构体现在三个层面。

第一，庄子对审美判断问题进行解构，消解了人们基于感官判断之上的美丑相对观念。在庄子看来，"地籁"与"人籁"、美与丑等都是从人这一主体的角度对物所作出的"是非"判断。

---

① 郭红欣：《从〈齐物论〉看"天籁"的原初意义》，《殷都学刊》2007 年第 1 期。

在西方美学看来，审美的本质是一种判断："这是/不是美的。"而庄子美学思想的出发点却是对于这种审美判断问题的解构。庄子认为世人所见的美或丑，是被其感官欲望、成见、好恶等"是非"观所欺骗、蒙蔽了的，美、丑之分永远是相对的、片面的、虚假的。如果从动物的角度去审美，人所感到的美实则是丑的。庄子由此而打破了人们日常对于"美"的固定看法。

第二，在解构审美判断问题之后，庄子进而建构、提出一种"美"的标准即"正色"之美。"天籁"正是消弭了"物"的差异性和"论"的排他性，从而最终抹却"物""论"存在的必要性，而归原于"无""道"的"正色"之美。《齐物论》云：

> 毛嫱、丽姬，人之所美也；鱼见之深入，鸟见之高飞，麋鹿见之决骤，四者孰知天下之正色哉？

在庄子看来，人们日常所谓的"美"如西施之美，无所谓美还是不美，真正的美则是"正色"之美，即"天籁"之美，即"无""道"之美。

这里，庄子提出了一个"正色"的概念。关于"正色"，《逍遥游》云："野马也，尘埃也，生物之以息相吹也。天之苍苍，其正色邪？其远而无所至极邪？其视下也，亦若是则已矣。"所谓"正色"者，道之本色也。庄子对"正色"的强调，实际上是在否定了美丑的相对性、差异性之后，而建构、提出了一种关于"美"的标准问题。

第三，"天籁"之美的获致，需要否定身心而游于虚无。

然而，"天籁"作为"无""道"之美，并非一物，并非是"自然的音响"。这是因为"道"是虚无："夫道，有情有信，无为无形。"（《大宗师》）"道"没有形状、声音，超出时空之外，"道"的存在与万物的存在不同，所以它是虚无。并且，作为虚无的"道"，不可用感官、语言、智巧等来把握与判断："道不可闻，闻而非也；道不可见，见而非也；道不可言，言而非也。知形形之不形乎！道不当名。"（《知北游》）那么应该如何"体道"呢？

让我们回到文本："南郭子綦隐机而作，仰天而嘘，嗒焉似丧其耦"，这是一种独特的审美体验，只不过这种审美体验，与一般的感官型审美不同，它是一种精神性的悦乐，它源于对"道"、"无"、虚无的审美体验。这种审美体验的获致，重点或者前提条件在于——"吾丧我"。"丧"即否定，否定什么呢？否定感官的判断，否定身心的分离，进而才能进入体道、与道交流的境地，即游于虚无。

在现实生活中，人的各种欲望、成见、伪善壅塞心灵，导致了身与心的分离、形与神的分离，导致了"道"处于被遮蔽的状态："道恶乎往而不存？言恶乎存而不可？道隐于小成，言隐于荣华。故有儒墨之是非，以是其所非而非其所是。欲是其所非而非其所是，则莫若以明。"

"吾丧我"与"坐忘"——"堕肢体，黜聪明，离形去智，同于大通"（《大宗师》），与"心斋"——"汝齐戒，疏瀹而心，澡雪而精神，掊击而知！"（《知北游》）等意旨相同，都是指"天籁"之美的获致需要通过否定身心而游于虚无。唯其如此，才会超出种种差别的、是非的、相对的"成见"；唯其如此，人才能达到"天地与我并生，而万物与我为一"的审美境界。

总之，庄子"天籁"的美学思想对于民族审美特点的形成影响较大。不同于西方，"美""丑"不是中国美学里最高的审美形态。对于一件艺术作品，人们往往看重的并不是它作用于人感官的"美"或"丑"，而是看它是否显现了"道"。"天籁"作为"道"之美，由此而成为中国审美形态的识别标志（ID）之一。

九 论清丑

　　本书探讨了中国古典美学中"清丑"范畴的审美含义、结构特征与美学史意义。"清丑"的审美含义是指在审美对象的畸形甚至可怖的自然外形中所显现出来的超拔、超逸的崇高精神；"清丑"的结构特征是化丑为美。"丑"的外形可因其内在的充实而压倒、超越其丑。庄子在《人间世》和《德充符》中便描写了很多身体残缺和外貌奇丑的人物：支离疏、兀者王骀、兀者申徒嘉、兀者叔山无趾、哀骀它、支离无脤等，他们皆因"德有所长"而能超越其丑，使人能够对之"形有所忘"，是以"畸人之道"来践履"无用之美"；"清丑"的美学史意义在于它体现了道家的审美理想，它既不同于儒家的"尽善尽美""文质彬彬"的美，亦有别于西方近代以来作为表征"恶之花"的丑，从而独具自身的审美特质。

　　"清丑"是中国古典审美范畴之一。我们常常能够在传统的艺术评赏中看到"清丑"一词，然而，"清丑"范畴的准确含义、审美特征到底是什么？古往今来人们对此却尚未有边界清晰的界定。本书的写作正基于此，以下拟从审美含义、结构特征与艺术效果三个方面来对"清丑"展开言说。

（一）"清丑"的审美含义

　　"清丑"最早来自于庄子寓言中的传奇人物，他们大都丑陋无比，

"以丑骇天下"，但其内在品格极端高尚，个人本领超强，从而与极丑之貌形成了强烈的反差。在其后，"清丑"逐渐成为中华民族艺术创造的审美理想之一，在文学、绘画、书法、戏曲、园林等不同的艺术样式中，"清丑"都有极为生动的显现。

在文学作品中，《庄子》中描写了一大批残缺、畸形、外貌丑陋的人。这些人，有的是驼背，有的双腿弯曲，有的被砍掉了脚，有的脖子上长着盆瓮大的瘤子，有的缺嘴唇，有的相貌奇丑，如此等等，都是一些奇形怪状、极其丑陋的人，但是这些人都是有"德"者。

在绘画艺术中，贯休、刘松年、陈洪绶的《罗汉图》，吴道子的《钟馗捉鬼图》等，其艺术境界皆以"清丑"见胜。

闻一多在《古典新义·庄子》中讲："文中之支离疏，画中的达摩，是中国艺术里最有特色的两个产品。正如达摩是画中有诗，文中也常有一种'清丑入图画者，视之如古铜古玉'（龚自珍《书金铃》）的人物，都代表中国艺术中极高古、极纯粹的境界；而文学中这种境界的开创者，则推庄子。"[①]

园林中的假山、丑石、怪石嶙峋亦重"清丑"的意趣，这正如郑板桥所说："米元章论石，曰瘦，曰绉，曰漏，曰透，可谓尽石之妙矣。"东坡又曰："石文而丑。一'丑'字则石之千态万状，皆从此出。彼元章但知好之为好，而不知陋劣之中有至好也。东坡胸次，其造化之炉冶乎！燮画此石，丑石也，丑而雄，丑而秀。"[②]

书法艺术中追求"清丑"的名家也很多，如清初道家思想家、书法家傅山便提出书法艺术要"宁拙毋巧，宁丑毋媚，宁支离毋轻滑，宁直率毋安排"的著名观点。[③]

---

① 闻一多：《古典新义》，上海古籍出版社 2013 年版，第 13 页。
② （清）郑板桥：《郑板桥诗文集注》，王庆德注，文化艺术出版社 2014 年版，第 208 页。
③ （清）傅山：《霜红龛书论·作字示儿孙》，载《明清书法论文选》，上海书店出版社 1995 年版，第 452 页。

对戏曲艺术中"清丑"审美形态的表述，龚自珍在《书金铃》中曾描写了一个叫金德辉的演员，说他"敝衣冠，面目不可喜，而清丑入图画者，视之如古铜古玉。"①

……

如果说诸如"道""气""神""美""丑"等是美学的元范畴，或者一级美学范畴的话，那么，"清丑"则是二级美学范畴，是"丑"与"清"的组合。由此，"清丑"便具有了与"清""丑"所不同的新含义、新特点。

从词源上来看，"丑"最初指胼指，手的畸形。古文中"醜"与"恶"，字义相通。《老子》说："天下皆知美之为美，斯恶已"②。"恶"即是"丑"。正如《说文》"亚部"也说："亚（恶），丑也，象人局背之形"③，指身体的畸形。

什么是"清"呢？段玉裁《说文解字注》释"清"曰："朗也。澂水之儿。朗者，明也，澂而后明，故云澂水之儿。引申之，凡洁曰清，凡人洁之亦曰清。同'瀞'。"④清指清澈、明朗、高洁。

我们还知道，老庄较为注重对"清"的言说，认为它是"道"的产物。比如老子说："天得一以清。"⑤庄子也说："夫道，渊夫其居也，漻夫其清也。"⑥由此"清"便更具有了一层形而上的深层内涵。

由上可见，"清"与"丑"在一定程度上可以说是反向的，"丑"是负面的、"恶"的、不美的、"俗"的、不和谐的、畸形的、可怖的；而"清"则是正向的、体道的、"雅"的、超逸的、崇高的。——"清"与"丑"的组合，既显现着"清"与"丑"的并置、相映成趣，

---

① 徐克谦：《庄子哲学新探》，中华书局 2005 年版，第 216 页。
② 陈鼓应：《老子今注今译》，商务印书馆 2003 年版，第 322 页。
③ 段玉裁：《说文解字注》，上海古籍出版社 1988 年版，第 550 页。
④ 同上书，第 325 页。
⑤ 陈鼓应：《老子今注今译》，商务印书馆 2003 年版，第 402 页。
⑥ 陈鼓应：《庄子今注今译》，商务印书馆 2007 年版，第 205 页。

又暗含着"清"对"丑"的提升、转化（下文申说）。"清"能够使"丑"变成美。园林中品石，有丑石，然丑必加上清，方为上品；人之形貌也有丑者，同样若具有秀气，气骨不凡，便成为"清丑"。

总之，我们认为，"清丑"的审美含义是指在审美对象的畸形甚至可怖的自然外形中所显现出来的超拔、超逸的崇高精神。一般而言，"清丑"之美具有自然、超逸、崇高三个表现特征。

首先是"自然"，这意味着，其形态的外形是天然的、朴拙的、荒寒的、畸形的，甚或是可怖的，而非人工的、矫饰的、重优美形式的。

其次是"超逸"。在"自然"的外形之上，"清丑"形态显现着一种"清妙高踔""超世绝俗""孑然不群"的"拔俗之韵"与"高清远致"。

最后是"崇高"。"清丑"之具有"超逸"的神采、气度与风姿，乃是因为"丑"的外形之内里具有充实的"道"与"德"的内质。道心内充，逸骨超然，神胜其形，淡淡乎使人亲近，终遂忘其形丑。

（二）"清丑"的结构特征

"清丑"的结构特征是化丑为美。"丑"的外形可因其内在的充实而压倒、超越其丑。

莱辛在《拉奥孔》一书中曾说："一个丑陋的身体和一个优美的心灵正如油和醋，尽管尽量把它们拌和在一起，吃起来还是油是油味，醋是醋味。它们并不产生一个第三种东西；那身体讨人嫌，那心灵却引人喜爱，各是各的道。"[1] 可是，庄子却把丑陋的躯体与优美的心灵天衣无缝地融合在一起，产生了"第三种东西"，一种不同于单纯的丑和美的复合形象，由此开拓了审美与艺术的新境界。

---

[1]　[德] 莱辛：《拉奥孔》，朱光潜译，商务印书馆 2013 年版，第 6 页。

化丑为美主要体现在以下两个层面上。

其一，从"丑"出发而达至"道"（"清"）的超越。"清丑"使"丑"具有了形而上的深层内涵，即审美对象不一定是美的，外形的"丑"同样可以体现"道"的运化。

老子曰："大道泛兮，其可左右。"① 庄子曰："道者，万物之所由也。"即言道是万物的宗始。道广泛地存在于世间，能够产生物，同时也内在于物，就是在讲道的普遍性，万物都是由道生成，并体现着道。《庄子·知北游》又说："东郭子问于庄子曰：'所谓道，恶乎在？'庄子曰：'无所不在。'东郭子曰：'期而后可。'庄子曰：'在蝼蚁。'曰：'何其下邪？'曰：'在稊稗。'曰：'何其愈下邪？'曰：'在瓦甓。'曰：何其愈甚邪？'曰：'在屎溺。'东郭子不应。庄子曰：'夫子之问也，固不及质。正、获之问于监市履狶也，每下愈况。汝唯莫必，无乎逃物。至道若是，大言亦然。周遍咸三者，异名同实，其指一也。'"②

在探讨道究竟存在于什么地方时，庄子回答道在"蝼蚁"、在"稊稗"、在"瓦甓"、在"屎溺"，这些都是极其丑陋、极其不堪的事物，但庄子把它们写进了著作，并把它们提升到了与道平齐的位置，让人吃惊。这首先解释了道的真实普遍性，"大道泛兮"不只是一句空话，不是一个概念，而是真实的。蝼蚁、稊稗、瓦甓、屎溺，就像周、全、遍一样，虽然名称各不相同，但它们的本质都是相同的，都是道。无论是天下至美之物还是天下至丑之物，都能够体现道，"无乎逃物"，就是说万物都不能离开道而存在，道是无所不在的。这在另一方面也使得丑上升到了与美同等的地位，丑同样可以体现道，甚至因为这种反差性，更能体现道的崇高。

其二，从"丑"出发而达至"德"（"清"）的超越。"清丑"体

① 陈鼓应：《老子今注今译》，商务印书馆 2003 年版，第 10 页。
② 陈鼓应：《庄子今注今译》，商务印书馆 2007 年版，第 662 页。

现出主体所具有的内在精神的崇高和力量对现实荒诞的超越。

有"德"的人，生命自然流露出一种精神力量吸引着人。庄子在《人间世》和《德充符》中描写了很多身体残缺和外貌奇丑的人物，支离疏、兀者王骀、兀者申徒嘉、兀者叔山无趾、哀骀它、支离无唇等，他们皆因"德有所长"而能超越其丑，使人能够对之"形有所忘"，是以"畸人之道"来践履"无用之美"。

兀者王骀，他断了脚，是世人眼中的残疾人，却做了一名老师。他的教学方法也很奇特，行不言之教，而有潜移默化之功，他的学生数量与孔子相同，甚至孔子都想着拜他为师。为什么呢？原因在于王骀能"守宗""保始"，把握事物的本质；"物视其所一"，把万物看成不可分割的整体。心灵能作整体观，则不局限于一隅。他的过人之处，在于他具有统一的世界观，这就是"德"的体现。王骀这一形残神全的人物形象，在《庄子》中并不少见，比如断了脚的申徒嘉、奇丑无比的哀骀它等等，他们都体现着庄子对人的心灵尚"清"的追求。

庄子要求人要有"德"，这个"德"与儒家的道德看似相同实则相悖。"外丑内清"的审美诉求，常常被误认为是对人外表丑陋但内心要善良、要遵守道德的一种教导，但要注意这里的"德"是指道家的"德"而非儒家的"道德"。儒家的"道德"是一种对人的约束，讲求礼制、尊卑、顺序，是对人的天性的一种制约，目的是维护社会的稳定、政治的统一。而道家的"德"追求的是与儒家道德完全相反的内涵。道家讲求顺其自然、无为而治，反对礼乐等社会规则对人性的约束，追求自由与无待的状态，还原一种本真与原始，其目的是为了达到人本身更好的生存状态。《庄子·田子方》："其为人也真，人貌而天虚，缘而葆真，清而容物。"① 意思是说，为人真纯，虽具有常人的外貌而内心能够契合自然，顺应外物而保守天真，清介

---

① 陈鼓应：《庄子今注今译》，商务印书馆 2007 年版，第 613 页。

不阿而能容人。这是庄子理想的人格修养，也是庄子心中"至德"的体现。

庄子虽然描写了很多丑陋的人来解释道，但并不意味着丑等于美。"清丑"中，"清"与"丑"同样重要，外形的丑陋因为内在的完整与统一而显现出美，即"形残而神全"。而外在与内在同为丑陋不堪的话，则是真正的丑。例如鲁迅《阿Q正传》中阿Q是"丑"的，但他竭力掩饰、忌讳，以致连"光""亮"都不容，"丑"在其身上成了"滑稽"，而缺少崇高精神的内在超越。

"道""德""清"是庄子的哲学追求，正是在这种追求中，丑被转化为美，这也为庄子的哲学思想增添了美学意义。"清丑"对于中国传统艺术的发展道路的影响，是非常深远的。

（三）"清丑"的美学史意义

"清丑"体现了道家的审美理想，它既不同于儒家的"尽善尽美""文质彬彬"的美，也不同于《诗经》中"手如柔荑，肤如凝脂，领如蝤蛴，齿如瓠犀，螓首蛾眉，巧笑倩兮，美目盼兮"的优美，也不同于《楚辞》中"高余冠之岌岌兮，长余佩之陆离"的壮美；亦有别于西方近代以来作为表征"恶之花"的"丑"，从而独具自身的审美特质。

首先，"清丑"是对儒家"尽善尽美""文质彬彬"思想的突破。《论语·八佾》中写道："子谓《韶》尽美矣，又尽善也。谓《武》尽美矣，未尽善也。"尽善尽美是儒家的审美理想，不仅讲求"尽"的完满与周全，更讲求美与善的高度统一。《论语·庸也》篇云："子曰：质胜文则野，文胜质则史，文质彬彬，然后君子"，这里的"质"是指人的内在品格，"文"指人的外在仪表，"文质彬彬"是要求人既具备"仁"的品格，又有"礼"的文饰。而道家"清丑"观反对矫饰自然，认为事物的原始状态葆有事物的天性，体现着事物内蕴含的道的统一与完整，即使事物的外形是残缺的或丑陋不堪的，只要其内在是"清"的，都可以是美的。这一观点实际上消解了丑与美的对立关系。

丑与美本是一对对立的概念，但是在《庄子》中，丑的事物因同样可以体现"道"而受重视，甚至可以与美相互转化，美、丑的界限变得不那么分明。《山木》中写道阳子于宋见到美丑二妾，美丽的受冷落，丑陋的却享尊处宠，其中"美者自美"而"吾不知其美"说明了由于审美的主客体关系不同，美丑的判断标准也不会相同，即美是无法定义的。美丑对立关系的消解实际上来自于庄子的"齐物"思想，"天地与我并生，而万物与我为一"①，即从道的高度看，世间一切是非、成毁、物我、生死等等对立范畴，并无什么区别，包括美与丑，"厉与西施，道通为一"②。这一理论使得美变为一种生成，而非现成，美与丑从静止的对立变为运动着的相互转化的状态，"臭腐复化为神奇，神奇复化为臭腐"③（《庄子·知北游》）。另一方面，它又从更高的高度提供给人们一种超越，这就是不要囿于眼前所见的是非美丑而不见大道，而是要从修道的高度俯瞰是非美丑，从而能够"原天地之美"而审之，能够从体悟大道的角度去领悟"天地之大美"。庄子从道的角度解构了美的客观现成性和稳定性而赋予了美以相对性和生成性，从而形成了对美与丑对立关系的对立与突破。刘熙载在《艺概·书概》中说："怪石以丑为美，丑到极处，便是美到极处。一'丑'字中丘壑未易尽言。"

其次，同为"丑"，"清丑"与西方的"丑"是不同的。西方文艺复兴之后，文学家开始寻找一种办法来"杀死上帝"，使人们直面现实生活，使人们停止单纯地追逐美的迷梦，认清现实的丑与恶。于

---

① 陈鼓应：《庄子今注今译》，商务印书馆2007年版，第88页。
② 同上书，第76页。
③ 同上书，第646页。

是他们开始描写丑，描写世间最为丑陋的事物。波德莱尔《恶之花》开篇即写道："愚蠢、谬误、罪恶、贪婪，／占据我们的灵魂，折磨我们的肉体，／我们哺育我们那令人愉快的悔恨，／犹如乞丐养活他们的虱子。"丑恶，被完全摊开在人们的眼前，成为诗来诵读。丑还进入到小说、绘画、戏剧、雕塑等各种艺术形式中，塑造了一个个让人作呕的形象。里昂·孚希特万格曾在小说《戈雅》中形象地描述过当时人们看到戈雅的《波赛尔像》《裸体的玛哈》《安娜·彭泰霍斯肖像》等铜版狂想画时的感受———"大家传看着这些画，在这间静室里登时就充满了这些似人非人的东西和怪物、像兽又像恶魔的东西，形成了一片光怪陆离的景象。朋友们观看着，他们看到这些五光十色的形象尽管有它们的假面具，可是通过这些假面具可以看到比有血有肉的人更加真实的面孔。这些人是他们认识的，可是现在这些人的外衣却毫不留情地被揭掉了，他们披上了另一种非常难看的外衣。这些画片中的形状可笑而又十分可怕的恶魔，尽是些奇形怪状的怪物，这些东西虽然是难以理解的，却很使他们受到威胁，打动了他们的心弦，使他们感到阴森凄凉和莫名其妙但又足以深思，使他们感到下贱、阴险、仿佛很虔敬但又显得那么放肆，感到愉快天真但又显得那么无耻。"这些描写对象，都是真正丑陋的存在，他们处于社会的底层，拥有人类内心世界最不堪的灵魂，不论在外在还是内在，都是极为丑陋的。正是这种对于丑的揭露打破了人们对于美的迷梦，使人们认清现实，从而产生审美的功能。

　　"清丑"是在"丑"的基础上附加了"清"的内涵，因此与西方的"丑"显示出截然不同的审美特点。西方的丑是内在与外在统一的丑，而中国的"清丑"则显示出内在与外在的反差性，而这种反差性更增加了"清丑"的美感。"清丑"形态——如庄子笔下的"至人""圣人""神人"，常常是一种异于常人的神一般的存在，他们因"形全精复，与天为一"而达到一种"潜行不窒，蹈火不热，行乎万物之上而不怵"①（《庄子·达生》），即通过保守纯和的精神并且凝聚精神，以达到通向自然的状态，这样就能够潜行水中不受阻碍，脚踏火上不觉得灼热，行走在万物之上而不畏惧。这种形象，与中国古代神话传说中的神仙形象非常相似，只不过神仙是人们想象中的形象，而庄子认为只要通过一定的方式就可以达到这样的状态，实际上是对于神仙精神上的一种追求，通过这种追求达到对自我的改造与回归，以完成人格的修养。后世文人对"清丑"的追寻，使得文人常有一种"清妙高踔""超世绝俗""孑然不群"的人格品质，不与世俗同流合污，成为每一位文人对自我的审判标准。

　　也就是说，西方的丑与中国的"清丑"相比，其不同之处在于，西方的丑多为凡俗之丑陋，中国的"清丑"形态往往具有仙佛神性。这使得"清丑"在美学的"丑"范畴中，具有独一无二的地位。

　　"清丑"作为民族的审美理想，亦涉及人生境界，在丑中求道、求美，实为在荒诞的人生中求平常、充实、超越的道理。这启示了很多文人在枯朽中求生命的永恒与崇高，陶渊明有本然素朴的人生境界；杜甫有"杜陵有布衣，老大意转拙"，"养拙江湖外，朝廷记忆疏"，"用拙存吾道，幽居近物情"；孟浩然有"运筹将入幕，养拙就闲居"。"清丑"作为由哲学而引申出来的美学观念，影响了古代的艺术创作，亦影响了历代文人的世界观、人生观、价值观。它涉及人格修养、审美情趣，也因为带有宗教的因素而更加神秘，它不是一个静止的概念，而是流淌于中国民族文化血液中的一种精神。

　　（邱玥，辽宁师范大学文学院，2016 级古代文学硕士研究生；修改：徐大威）

---

　　①　陈鼓应：《庄子今注今译》，商务印书馆 2007 年版，第 546 页。

十 论兴

　　本书以《诗经》为例，依次考察了兴的本义，古代诗学对于兴的描述，兴类诗的结构特征，兴、义结合的方式与兴诗的分类等问题。在此基础上，本书进一步从审美心理学和人与自然关系的角度，认为作为中国诗歌美学范畴的"兴"，即主体对景物的审美感知。兴即主体对景物的审美感知，包含有三层含义。一是指景物自身的本体性、整体性显现；二是指兴具有起发主体情感、想象的功能性特点；三是兴导致了诗歌意蕴的生成而非意义的生成。以往前人的研究多侧重于兴的第二层含义，而忽略了兴首先是对于景物的审美感知这一特点，因而是不全面的。

　　"兴"，是一个具有标识性的中国诗歌美学范畴。

　　叶嘉莹先生认为："在这方面，西方诗论中的批评术语甚多，如明喻、隐喻、转喻、象征、拟人、举隅、喻托、外应物象等，名目极繁，其所代表的情意与形象之关系也有多种不同之样式。只不过仔细推究起来，这些术语所表示的却同是属于以思索安排为主的'比'的方式，而并没有一个是属于自然感发的中国之所谓'兴'的方式。当然，西方作品中也并非没有由外物引起感发的近于'兴'的作品，只不过在批评理论中，他们却并没有相当于中国之所谓'兴'的批评术语。经过以上的比较，我们自不难看出，对于所谓'兴'的自然感发之作用的重视，实在是中国古典诗论中的一项极值得注意的特色。"①

在中国美学史上，"兴"又是一个母体范畴，在其下包含了很多子范畴，如：兴会、兴致、兴象、感兴、兴现、兴趣、兴味、兴寄、意兴、养兴等等。只有全面理解了兴的确切内涵，才能对其子范畴作出准确的解释。

（一）"兴"的语义学分析

"兴"（興），是一个会意字，《说文》曰："兴，起也。从舁，从同。舁，共举；同，同力。"② 今人杨树达认为"兴"字是："興字训为起，以字形核之，当为外动举物使起之义。"③ 可见，"兴"的本义是兴起、起来的意思，由原始的举物而起，引申而为抽象的"起"义。

"兴"作为兴起的含义已在先秦文献中广为运用。如《周礼·春官》："以乐语教国子，兴、道、讽、颂、言、语"，"三岁不兴"（《易·同人》），"其言足以兴"（《礼记·中庸》），等等。

《诗经》中的"兴"，也是起、兴起的意思。如"夙兴夜寐"（《卫风·氓》），"子兴视夜"（《郑风·女曰鸡鸣》），"王于兴师"（《秦风·无衣》），"乃寝乃兴"（《小雅·斯干》），"百堵皆兴"（《大雅·緜》），等等。

孔子在论《诗》时两次提到了"兴"，都是起、兴起的意思。《论语·泰伯》："兴于诗，立于礼，成于乐"；《论语·阳货》："诗，可以兴，可以观，可以群，可以怨。"汉儒包咸在注《论语》中的"兴于诗"时说："兴，起也。"

---

① 叶嘉莹：《比兴之说与诗可以兴》，《光明日报》1987 年 9 月 22 日。
② （东汉）许慎：《说文解字》，中华书局 1963 年版，第 59 页。
③ 杨树达：《释興》，载杨树达《积微居小学述林》，中华书局 1983 年版，第 90 页。

后世诗文在运用"兴"字时，也广泛使用其起、兴起的本义。如"风萧瑟而并兴兮，天惨惨而无色"（王粲《登楼赋》），"但国家兴自塑土，徙居平城"（《资治通鉴》），"大楚兴"（《史记·陈涉世家》），"兴利除弊"（王安石《答司马谏议书》），"水波不兴"（魏学洢《核舟记》），"怨颇兴"（张廷玉《明史》），"兴风作浪"（曾朴《孽海花》），"兴妖作怪"（冯梦龙《醒世恒言》），"望洋兴叹"（吴趼人《糊涂世界》），等等。

明白了"兴"的本义、原始义，下面我们再来看看古代诗学对于"兴"的理解与描述。

（二）古代诗学对于"兴"的描述

兴，是中国古代诗学、美学的一个重要范畴，也是《诗经》的一个具有标识性的形式特征。但是关于兴的确切含义，自东汉起就聚讼纷纭，没有定论。通过梳理古人的思考问题的角度，我们发现，古代诗学对于"兴"的理解，经历了三个阶段的认识过程。

第一，从修辞学的角度来描述兴，认为兴与正义有关。

作为审美范畴的"兴"，是从诗之六义"风、雅、颂、赋、比、兴"的"兴"发展而来的[①]。"赋、比、兴"是从修辞学的意义来讲的，指三种不同的修辞手法。汉儒郑众《论语注疏》说："比者，比方于物也；兴者，托事于物也"，二者的区别即是明喻与隐喻的区别。汉儒注经，多持此解。如孔安国、刑昺就将孔子的"诗可以兴"解释为"引譬连类"，实则明显与下文文义不符。若能跳出修辞学的视野，从审美心理学的角度解释为"起发情感"则更为恰当，更为符合《论语》的本义。

第二，从修辞学向审美心理学角度的转变。

---

① 成复旺：《中国美学范畴辞典》，中国人民大学出版社 1995 年版，第 283 页。

魏晋南北朝至唐，人们的思考角度由修辞学向审美心理学转变，注重研究"兴"之纯粹的起发情感的作用。如挚虞认为："赋者，敷陈之称也。比者，喻类之言也；兴者，有感之辞也。"（《文章流别志论》）

刘勰说："比者，附也；兴者，起也。附理者，切类以指事；起情者，依微以拟议"（《文心雕龙·比兴》），介乎于修辞学与审美心理学之间。

钟嵘把"兴"提升为三义之首："诗有三义焉，一曰兴，二曰比，三曰赋。文已尽而意有余，兴也；因物喻志，比也；直书其事，赋也。"（《诗品序》）

唐孔颖达认为："兴者，起也；取譬引类，起发己心，诗文诸举草木鸟兽以见意者，皆兴辞也。"（《毛诗正义》）

唐署贾岛云："感物曰兴。兴者，情也。谓外感于物，内动于情，情不可遏，故曰兴"（《二南密旨》），则明确从审美心理学的角度来描述兴。

第三，从审美心理学到多元化的思考向度。

从宋代朱熹以后，多数学者在审美心理学的基础上认为兴与正文无关。朱熹曰："兴者，托物兴辞，初不取义"（《诗传纲要》），"兴者，先言他物以引起所咏之词也"（《诗集传·关雎》），"《诗》之兴，全无巴鼻"（《朱子语类》卷八 ），其言论对后世影响极大。

从审美心理学的角度，朱熹认为："兴，起也。诗本性情，有邪有正，其为言既易知，而吟咏之间抑扬反复，其感人又易入。"（《论语集注》）

李仲蒙则从情景关系角度释兴："索物以托情，谓之'比'；触物以起情，谓之'兴'；叙物以言情，谓之'赋'"（宋胡寅《斐然集》卷十八《致李叔易》）。

郑樵从兴、义关系的角度来描述兴："是作者一时之兴，所见在是，不谋而感于心也。凡兴者，所见在此，所得在彼，不可以事类

推，不可以义理求也。"（《六经奥论》）

张戒从声韵起情的角度来释兴："而目前之景，适与意会，偶然发于诗声，六义中所谓兴也。兴则触景而得，比乃取物。"（《岁寒堂诗话》）

罗大经从审美接受效果的角度来描述兴："盖兴者，因物感触，言在于此，而意寄于彼，玩味乃可识。若非赋、比之直言其事也。"（《鹤林玉露》）

杨万里从触物天然兴情的角度来描述兴："我初无意于作是诗，而是物、是事适然触乎我，我之意亦适然感乎是物、是事。触先焉，感随焉，而是诗出焉。我何与哉？天也！斯之谓兴。"（《答建康府大军库监徐达书》）

明陆时雍则从语言声韵起情的角度来释兴："诗之可以兴人者，以其情也，以其言之韵也。"（《诗境总论》）

清李重华则从兴之意蕴的角度来描述："兴之为义，是诗家大半得力处。无端说一件鸟兽草木，不明指天时而天时恍在其中；不显言地境而地境宛在其中；且不实说人事而人事已隐约流露其中。故有兴而诗之神理全具也。"（《贞一斋说》）

由上可见，古人的致思取向是遵循兴之起、起发的本义，以审美心理学为基础的多角度的理解与描述。在古人看来，"兴"何以是审美的，乃是因为其具有感发、起发人的内在的感知、情感、想象诸要素的审美功能，能够激发起主体的审美潜力。同时，在艺术审美效应的层面，"兴"能够促成一种含蓄蕴藉的意蕴生成。

古人的思考向度为我们提供了理解"兴"的前见，今人的现代化表述要符合古人的原意，要符合古人具体而微的审美经验。

明了了古人的原意，下面本书将侧重从《诗经》文本本身出发，考察"兴"的审美特征。今人的研究更要符合诗歌自身的规律和特点。

（三）兴、义呼应的结构特征

我们知道，章节的回环复沓、重章叠唱是《诗经》的结构特征。所谓复沓，是指一首诗若干章的字句基本相同，只是在这些章节的对应位置上更换少数字词，围绕同一旋律、同一主题，反复地咏唱，来表现动作的进程或情感的变化。这种结构形式便于记忆和传唱，起到加强抒情的效果。

如《周南·芣苢》两句一节拍，不断重复，除了六个动词以外，都是重章叠唱。方玉润《诗经原始》点评曰："读者试平心静气涵咏此诗，恍听田家妇女，三三五五，于平原旷野、风和日丽中，群歌互答，余音袅袅，若远若近，忽断乎续，不知其情之何以移，而神之何以旷。"①

兴，训起义。有学者认为"兴"是原始人"合群举物旋游时所发出的声音，带着神采飞逸的气氛，共同举起一件物体而旋转"②。兴这种作为起的原始义，实际上源于劳动经验。

《淮南子·道应训》："今夫举大木者，前呼'邪许'，后亦应之，此举重劝力之歌也。"③ 早期人们在集体进行的劳动中，为了协调行动、交流情感与信息、减轻疲劳等，即采用这种前呼后应的劳动号子，这种号子在劳动中具有的起情功能。劳动号子未必就是审美的，但这种二拍子的节奏，却积淀为一种前后呼应的歌曲结构，审美化为诗歌创作中的重章叠唱。早期的文艺是诗、乐、舞的三位一体，《诗经》即是配乐的歌词，其章法结构特征就是这种前后呼应的复沓。

《诗经》中的兴类诗，其结构便是一种兴与正义相呼应的结构。

---

① （清）方玉润：《诗经原始》，中华书局1986年版，第85页。
② 陈世骧：《原兴：兼论中国文学特质》，载陈世骧《陈世骧文存》，台北：志文出版社1975年版，第237页。
③ 《淮南鸿烈集解》上册，中华书局1989年版，第380—381页。

兴的位置，一般放在诗歌的开头，且只有一两句，顾镇："诗之取兴全以发端两言为主。"① 兴的后面，即是诗的正义。《诗经》中的兴与正义在逻辑、理路上不必相关，但在结构、情调上是前后呼应的。

《诗经》中，每当诗人心中有了深切的感触，或受到强烈的刺激时，往往会反反复复地诉说。在用重章叠句的诗篇中，凡变换的字其含义往往是逐层加深的，反映了情感的递增过程，所谓一唱三叹。如：

《陈风·东门之池》："东门之池，可以沤麻。彼美淑姬，可以晤歌。东门之池，可以沤苎。彼美淑姬，可以晤语。东门之池，可以沤菅。彼美淑姬，可以晤言。"章法的复沓和回环，结构完全一样，每章只变化两个字，突出了从"晤歌"到"晤言"这个情感递增的过程。

也可以表现情感的递减过程。《召南·甘棠》："蔽芾甘棠，勿翦勿伐，召伯所茇。蔽芾甘棠，勿翦勿败，召伯所憩。蔽芾甘棠，勿翦勿拜，召伯所说。"方玉润评之曰："他诗炼字一层深一层，此诗一层轻一层，然以轻而愈见其珍重耳。"②

这种兴、义呼应的结构，又决定了《诗经》所具有的音乐性、语言的韵律性特点，可造成回还往复，久久不散之情感意蕴的生成。

（四）兴、义结合的方式与兴诗的分类

就《诗经》中兴类诗的形式特征而言，兴与义的前后呼应，实际上是景与情的前后呼应（因为兴类诗虽然意蕴含蓄，但其诗义却往往直白、简单）。诗人触景生情，将眼前所见之景"信手拈来"而成起兴，兴与正义虽不必相关，却激发起了主体的情感与想象空间，为诗

① 王力坚：《〈诗经〉赋比兴原论》，载《社会科学战线》1998 年第 1 期。
② （清）方玉润：《诗经原始》，中华书局 1986 年版，第 102 页。

思铺平了道路，使诗人实现了由日常实用性思维到艺术审美思维的过渡。据本书归纳，《诗经》中兴类诗之兴、义呼应的方式大致有七种，这同时也构成了兴诗的分类：触景生情、声韵起情、情景同构、乐景写哀、以境起情、时空转换、比兴起情等。

1. 触景生情

这是《诗经》中最常见的起兴方式。诗人适见眼前景色而激起心中情感的发抒，将眼前所见之景"信手拈来"而成起兴。兴与后文只有情调上的联系，而无意义上的联系。

胡寅《斐然集》卷一八《致李叔易书》载李仲蒙语："索物以托情，谓之'比'；触物以起情，谓之'兴'；叙物以言情，谓之'赋'"。钱锺书评之曰："'触物'似无心凑合，信手拈起，复随手放下，与后文附丽而不衔接，非同'索物'之着意经营。"

郑樵评《周南·关雎》："'关关雎鸠'……是作诗者一时之兴，所见在是，不谋而感于心也。凡兴者，所见在此，所得在彼，不可以事类推，不可以理义求也。"

《小雅·湛露》："湛湛露斯，匪阳不晞，厌厌夜饮，不醉无归。湛湛露斯，在彼丰草，厌厌夜饮，在宗载考。湛湛露斯，在彼杞棘，显允君子，莫不令德。其桐其椅，其实离离，岂弟君子，莫不令仪。"诗人以露不遇太阳不干，兴不醉无归的意思。兴与义句，并没有什么逻辑上的联系。

2. 声韵起情

声韵起情，起兴句往往通过对于诗人瞬间所见之景、事、物的描画状写，特别是通过语音、节奏、韵律、声调的组合，渲染出一种与接下来要抒写的情事相吻合的情调，并很自然地导出所要抒发的情感。

郑樵即认为"诗之本在声，声之本在兴"。

朱熹《朱子语类》卷八曰："诗之兴，全无巴鼻。"

徐渭《青藤书屋文集》卷十七《奉师季先生书》："《诗》之'兴'体，起句绝无意味，自古乐府亦已然。乐府盖取民俗之谣，正与古国风一类。今之南北东西虽殊方，而妇女、儿童、耕夫、舟子、塞曲、征吟、市歌、巷引，若所谓《竹枝词》，无不皆然。此真天机自动，触物发声，以启其下段欲写之情，默会亦自有妙处，决不可以意义说者。"

顾颉刚评《周南·关雎》："关关雎鸠，在河之洲"，"它的重要意义，只在'洲'与下文'逑'的协韵"①。

朱自清认为："起兴的句子与下文常是意义上不相续，却在音韵上相连着。"②

钱锺书引阎若璩《潜邱札记》解《采苓》首章以"采苓采苓"起兴："乃韵换耳无意义，但取音相谐"③。

《小雅·鼓钟》："鼓钟将将，淮水汤汤，忧心且伤。淑人君子，怀允不忘。"诗人耳闻钟鼓铿锵，面对滔滔流泻的淮水，不禁悲从中来，忧思萦怀，于是想到了淑人君子。

《召南·草虫》："喓喓草虫，趯趯阜螽。未见君子，忧心忡忡。"一声比一声紧促的草虫鸣叫刺激着诗人，恼人的秋天又到来了，而欢腾的草虫更拨动了她思亲的情弦。

兴句与义句只是一种单纯的音韵上的联系，通过音韵的作用唤起一种审美的情调，而与正义无关。一些诗起兴句完全一样，但诗所要表达的内容却完全不同。如"鸳鸯在梁，戢其左翼。君子万年，宜其遐福"（《小雅·鸳鸯》）和"鸳鸯在梁，戢其左翼。之子无良，二三其德"（《小雅·白华》），还有如《郑风·扬之水》和《唐风·扬之

---

① 顾颉刚：《古史辨》第3册，上海古籍出版社1982年版，第674页。
② 朱自清：《关于兴诗的意见》，载顾颉刚《古史辨》第3册，上海古籍出版社1982年版，第684页。
③ 钱锺书：《管锥编》第1册，三联书店2001年版，第125页。

水》等，都属于这种情况。

3. 情景同构

刘勰《文心雕龙·物色》说："春秋代序，阴阳惨舒，物色之动，心亦摇焉"，陆机《文赋》讲："悲落叶于劲秋，喜柔条于芳春"，都是讲景物之枯荣引发诗人情感之悲喜，在此意义上，景与情是异质同构的。景与情、兴与正义是密切相关的。

《召南·草虫》："喓喓草虫，趯趯阜螽。未见君子，忧心忡忡。亦既见止，亦既觏止，我心则降。陟彼南山，言采其蕨；未见君子，忧心惙惙。亦既见止，亦既觏止，我心则说。陟彼南山，言采其薇；未见君子，我心伤悲。亦既见止，亦既觏止，我心则夷。"诗人从秋写到春夏，从平原写到山冈。"忧心忡忡""忧心惙惙"和"我心伤悲"，表现了不同季节、不同环境下所引发的女主人公不同的心理活动。

《邶风·式微》："式微，式微！胡不归？微君之故，胡为乎中露！式微，式微！胡不归？微君之躬，胡为乎泥中。"全诗以一个暮色降临的时刻为背景，昏昏的暮色与役夫们灰暗的心情交织在一起。

《鄘风·柏舟》："泛彼柏舟，在彼中河。髧彼两髦，实为我仪。之死矢靡他。母也天只！不谅人只！"诗人用柏木舟在河中漂泊不定之状，来衬托自己心中无依的痛苦，又以柏木舟与河水紧紧相依来表达希望与恋人朝夕相处的思念之情。

4. 乐景写哀

与情景同构之兴正好相反。乐景写哀则是诗人利用美感的差异性，利用情与景的不协调，来渲染和衬托内心不快的情绪。这种写法又被称为"反兴"。王夫之《姜斋诗话》卷一评《小雅·采薇》时说："昔我往矣，杨柳依依。今我来思，雨雪霏霏。以乐景写哀，以哀景写乐，一倍增其哀乐。"这种写法能够使得诗歌的意蕴更含蓄、更深邃。

《桧风·隰有苌楚》：“隰有苌楚，猗傩其枝，夭之沃沃。乐子之无知。隰有苌楚，猗傩其华，夭之沃沃。乐子之无家。隰有苌楚，猗傩其实，夭之沃沃。乐子之无室。”朱熹《诗集传》评之曰：“政烦赋重，人不堪其苦，叹其不如草木之无知而无忧也。”清人陈震《读诗识小录》亦言：“只说乐物之无此，则苦我之有此具见，此文家橐括掩映之妙。”

《小雅·苕之华》：“苕之华，芸其黄矣。心之忧矣，维其伤矣。苕之华，其叶青青。知我如此，不如无生。牂羊坟首，三星在罶。人可以食，鲜可以饱。”诗人感于花木的荣盛而叹人的憔悴，王引之评之曰：“物自盛而人自衰，诗人所叹也。”

5. 以境起情

这种兴，起首写一个“环境”或“氛围”，而非描写单一景物来起发情感或想象。《秦风·蒹葭》“蒹葭苍苍，白露为霜，所谓伊人，在水一方”，《邶风·谷风》“习习谷风，以阴以雨”，《齐风·鸡鸣》“虫飞薨薨，甘与子同梦。回且归矣，无庶予子憎”，这些诗歌中首句都不只是触物，而是描写了一个环境，以境来起情，来渲染气氛，并贯穿于全诗之中。

与触景生情相比，渲染气氛、以境起情之兴更具有整体性和象征性。情与景、兴与义之间是有关联的。但是这种渲染气氛、以境起情之兴与“比”不同，比义是单一而确定的，而此种兴义则是模糊而富于意蕴的。

《召南·行露》，首章首句“厌浥行露”起调气韵悲慨，使全诗笼罩在一种阴郁压抑的氛围中，暗示主人公所处的环境极其险恶，抗争的过程也将相当曲折漫长。

《召南·殷其雷》，“以雷之无定在，兴君子之不遑宁居”，诗篇一开始就写雷声隆隆，雨意甚浓，阴沉沉的天气与阴沉沉的思妇之心搭成一种微妙的联系，以雷声殷殷兴起情人的"忧心殷殷"。

6. 时空转换

时空转换，是诗人在思想意识里进行的审美活动，把此时、此地的情和景与彼时、彼地的情和景都呈现在同一个情境之中。眼前的景引发了对诗人情思的共时性想象，表现为一种内审美的形态特征。

《周南·卷耳》："采采卷耳，不盈顷筐。嗟我怀人，寘彼周行。陟彼崔嵬，我马虺隤。我姑酌彼金罍，维以不永怀。陟彼高冈，我马玄黄。我姑酌彼兕觥，维以不永伤。陟彼砠矣，我马瘏矣，我仆痡矣，云何吁矣。"男子看到路上妇人采卷耳而触景生情，共时性地想象感念自己的妻子（是不是也在采卷耳，怀念我而总也采不满?）此种诗意，后世多为沿用与发挥。如南朝徐陵的《关山月》："关山三五月，客子忆秦川。思妇高楼上，当窗应未眠。"杜甫的《月夜》："今夜鄜州月，闺中只独看，……香雾云鬟湿，清辉玉臂寒。"郑会的《题邸间壁》："酴醾香梦怯春寒，翠掩重门燕子闲。敲断玉钗红烛冷，计程应说到常山。"元好问的《客意》："雪尾青灯客枕孤，眼中了了见归途。山间儿女应相望，十月初旬得到无?"

时空转换之兴能把想象中的情景写活，一些细节生动得几乎能给人以感官感觉，并恰到好处，反衬出抒情主人公彼时彼境的思绪和心态。

《魏风·陟岵》："陟彼岵兮，瞻望父兮。父曰：嗟! 予子行役，夙夜无已。上慎旃哉! 犹来! 无止! 陟彼屺兮，瞻望母兮。母曰：嗟! 予季行役，夙夜无寐。上慎旃哉! 犹来! 无弃! 陟彼冈兮，瞻望兄兮。兄曰：嗟! 予弟行役，夙夜无偕。上慎旃哉! 犹来! 无死!"诗人站在山冈上，想象亲人同时怀念自己的情境。

《豳风·东山》："我徂东山，慆慆不归。我来自东，零雨其蒙。我东曰归，我心西悲。制彼裳衣，勿士行枚。蜎蜎者蠋，烝在桑野。敦彼独宿，亦在车下。……果蠃之实，亦施于宇。伊威在室，蟏蛸在户。町畽鹿场，熠耀宵行。不可畏也，伊可怀也。……鹳鸣于垤，妇叹于室。洒扫穹窒，我征聿至。有敦瓜苦，烝在栗薪。自我不见，于今三年。……仓庚于飞，熠耀其羽。之子于归，皇驳其马。亲结其缡，九十其仪。其新孔嘉，其旧如之何？"征人在回乡途中触景生情，想象着他出征以后家园的荒凉，想象妻子在家的盼望，最后联想到当年新婚的美好。

关于这种时空转换之兴，王夫之在《姜斋诗话·诗译》中论及《小雅·出车》时称其为"取影"，具有曲尽人情的功能："唐人《少年行》云：'白马金鞍从武皇，旌旗十万猎长杨。楼头少妇鸣筝坐，遥见飞尘入建章。'想知少妇遥望之情，以自矜得意。此善于取影者也。'春日迟迟，卉木萋萋，仓庚喈喈，采蘩祁祁。执讯获丑，薄言还归。赫赫南仲，玁狁于夷。'其妙正在此。训诂家不能领悟，谓妇方采蘩而见归师。旨趣索然矣。建旌旗，举矛戟，车马喧阗，凯乐竞奏之下，仓庚何能不惊飞而尚闻其喈喈？六师在道，虽曰勿扰，采蘩之妇亦何事暴面于三军之侧邪？征人归矣，度其妇方采蘩，而闻归师之凯旋，故迟迟之日，萋萋之草，鸟鸣之和，皆为助喜，而南仲之功，震于闺阁。室家之欣幸，遥想其然，而征人之意得可知矣。乃以此而称南仲，又影中之影，曲尽人情之极致者也。"所论很富于启发意义。

7. 比兴起情

刘勰《文心雕龙·比兴》："诗人比兴，触物圆览。物虽胡越，合则肝胆。拟容取心，断辞必敢。攒杂咏歌，如川之澹。"诗人运用比兴，不仅可以把原来相去甚远的事物巧妙地结合起来，而且还可以模拟出事物的外形，表达出它们的精神，诗歌用了比兴，就会像江河的流水一样生动。

比兴与比不同，比是"以彼物比此物"，如《魏风·硕鼠》，立足于理的言说，意义明确而意蕴不足。而比兴则立足于情感层面的兴发,重心在兴而不在比,是由比义而起发无尽的情思。

《邶风·凯风》:"凯风自南,吹彼棘心。棘心夭夭,母氏劬劳。凯风自南,吹彼棘薪。母氏圣善,我无令人。爰有寒泉,在浚之下。有子七人。母氏劳苦。睍睆黄鸟,载好其音。有子七人,莫慰母心。"诗人从凯风吹动棘心,联想到自己的母亲辛苦一生,不禁感慨万分。

《王风·君子于役》,女子看到羊牛归来,联想到久役不归的丈夫。在"苟无饥渴"中寄托自己对丈夫的深情。这首诗风格细腻委婉,诗中没有一个"怨"字,而句句写的都是"怨"。"鸡栖于埘,日之夕矣,羊牛下来",于一片暖色的亲切中兴发出无限的伤感。

《召南·摽有梅》是姑娘的求偶情歌,以梅为寄兴之物,梅树的由盛而衰,梅子的由密而疏,引发姑娘对青春短暂,时光易逝的深切感慨。全诗以梅子的逐渐凋落为线索,随着树上梅子越来越少,主人公的感受也越来越深,情绪达到高潮。陈奂《诗毛诗传疏》评之曰:"梅由盛而衰,犹男女之年齿也。梅、媒声同,故诗人见梅而起兴。"

需要辨析的是,"比兴"并不是纯粹意义上的"兴"。比兴使景物的本体性和整体性狭小化,景物成为主体表情达意的载体,为主体先在的意图所约束、控制,而失去了独特个性。比兴是先比后兴,不是因先有对景物的原初感知而直接起兴、起情、起想,而是先赋景物以理性的意义,之后再起情、起想。比兴具有审美的、起兴的功能,同时又是不纯粹的;表面上与兴十分相似,实则意蕴不及兴丰厚,其所生成的情感、想象空间受限于概念化、理性化的景物。其诗义有余而意蕴不足。

以上,我们从形式的角度和从兴与义、景与情相呼应的角度,对兴诗做了审美上的分类,对于"兴"有了一个大致完整的印象,即认为兴能够激发起主体的情感和想象空间,生成亹亹不尽的意蕴,这也构成了这种分类何以是审美的理论依据。但是接下来的问题是,何以景物具有起发情感和想象的功能,何以兴与比不同,何以兴不必与正义相关,还需要做进一步的论证。

（五）主体对景物的审美感知与诗歌意蕴的生成

在此，本书将结合审美心理学，从另外一个角度，即从人与自然关系的角度来观照兴的问题。在本书看来，兴即主体对景物的审美感知。

感知是审美活动的心理要素之一。感知是感觉和知觉的总称。感觉是对于对象的个别属性的把握，而知觉则能够通过对于感觉材料的加工和整理而达到对于对象的完整把握。在具体的经验活动中，感觉和知觉经常交织在一起，共同构成了经验行为的基础层面。审美感知能够激发起主体的情感、想象等审美潜力，进而生成丰富多元的意蕴。在审美感知的触发下，兴与正义、景与情不再是逻辑上的因果联系，而是一种感觉、情调上的联系。这种联系直接导致了诗歌意蕴的生成，而非意义的生成，也即其诗味是含蓄蕴藉的，而其诗义则可能是直白的。

兴即主体对景物的审美感知，包含有三层含义。一是指景物自身的本体性、整体性显现；二是指兴具有起发情感、想象的功能性特点；三是兴导致了诗歌意蕴的生成而非意义的生成。以往前人的研究多侧重于第二层含义，而忽略了兴首先是对于景物的审美感知这一特点，因而是不全面的。

首先，我们来看兴的第一层含义，即景物自身的本体性、完整性显现。

这需要结合兴与比的不同特点来谈。兴类诗与比类诗在景物描写方面有着根本的不同。在兴类诗中，景物原初性地向主体显现自身；在比类诗中，景物是作为诗人谈理论道的载体而存在，景物被抽象化、概念化而失去了自身的本体性和鲜活性。"蓼蓼者莪，匪莪伊蒿。哀哀父母，生我劬劳。"（《小雅·蓼莪》）与"彼黍离离，彼稷之苗。行迈靡靡，中心摇摇。"（《王风·黍离》）二者同样描写景物，前者将景物抽象化为不能成材不能尽孝的比喻，而后者则是眼前的乐景触动了诗人的哀思。前者以确定的义旨遮蔽、限制了景物的鲜活生动性，后者则将景物的本体性完完全全地敞开，引起丰富意蕴的生成。前者是用先在的理性去规定景物，后者则先有原初景物的触发，后有情感的展开。

朱自清在论兴时说："初民心理不重思想联系，而重感觉的联系。"①《诗经》之兴对于景物的描写，是作为一种原初的审美感知而存在的。

审美感知以完形的方式来把握对象，因而具有整体性的特点，能够将景物自身的本体性、完整性显现。格式塔心理学认为，在人的知觉能力和对象的形式之间存在着一种同构对应关系，正是这种关系使主体与对象之间获得了统一。自然事物和艺术形式之所以具有情感特征，是因为外在世界与人的心理世界具有同构对应关系。一如清代诗论家翁方纲所说："传曰诗发乎情，又曰感于物而动；感发之际，情与物均职之。"（《月山诗稿序》）这种原初的审美感知与概念、理性无涉，因而能够真实、完整地呈现景物自身。

王夫之的几个描述可视为对上面所述的印证："天不靳以其风日而为人和，物不靳以其情态而为人赏，无能取者不知有尔。'王在灵囿，麀鹿攸伏，王在灵沼，于牣鱼跃'。王适然而游，鹿适然而伏，鱼适然而跃，相取相得，未有违也。是以乐者，两间之固有也，然后人可取而得也。"② 描述了审美感知这种情景莫分的原初状态。

"两间之固有者，自然之华，因流动生变而成其绮丽。心目之所及，文情赴之，貌其本容，如存而显之，即以华奕照耀，动人无际矣。"③ 描述了审美感知下景物自身的本体性、完整性显现。

① 朱自清：《关于兴诗的意见》，载顾颉刚《古史辨》第3册，上海古籍出版社1982年版，第684页。
② 王夫之：《船山全书》第3册，岳麓书社1998年版，第450页。
③ 同上书，第752页。

"苏子瞻谓'桑之未落，其叶沃若'，体物之工，非'沃若'不足以言桑，非桑不足以当'沃若'。固也。然得物态，未得物理。'桃之夭夭，其叶蓁蓁'，'灼灼其华'，'有蕡其实'，乃穷物理。夭夭者，桃之稚者也。桃之拱把以上，则液流蠹结，花不荣，叶不盛，实不蕃。小树弱枝，婀娜妍茂为有加耳。"①《诗经》中既有状物，也有物色、景色。

从哲学的高度看，主体对于景物的审美感知在审美活动中的意义在于，它使审美主体与对象之间出现了一种物我不分、主客统一的混沌状态。审美感知的这种原初状态，使景物自身得以去蔽、敞亮。表面上，从形式的角度来看，兴仅仅是个渲染气氛的背景，兴与正义、情与景是主客二分的；但从内在的审美感知角度来看，则是情景合一的。正是这种情景合一之兴，构成了主体审美情感和审美想象生成的触媒与动机。

其次，兴的第二层含义，即兴具有起发情感、想象的功能性特点。

审美感知总是与情感活动紧紧地交织在一起，人们往往是由于对象激起了强烈的情感体验。英伽登（Roman Ingarden）认为，审美活动是从这种强烈的原始情感才真正开始的②。审美感知使得景物自身的本体性、完整性显现；同时，这种鲜活生动的景色又与人的情感具有同构对应关系，所谓"随物宛转，与心徘徊"，因此景物（色）具有起发情感和想象的功能。

关于兴具有起发情感、想象的功能性特点，前人论述得已经非常系统、成熟，此不赘述。在此，本书简述一下"何以兴不必与正义相关"的问题。

---

①　王夫之：《船山全书》第 3 册，岳麓书社 1998 年版，第 810—811 页。
②　[波] 英伽登：《对文学的艺术作品的认识》，陈燕谷译，中国文联出版公司 1988年版，第 194 页。

我们知道，诗人情感的发抒与调动是建立在审美感知的触发之上的，但决定诗义走向的则是诗人的情感经验，也即兴类诗的审美历程是：景—情—义。主体对于景物的审美感知（兴）引起了诗人的情感、想象，情感进一步规定了诗"义"的走向，这样，感知（兴）便与正义隔了一层。兴是正义生成的必要条件，却不是必需的，诗人完全可以采取比或赋的手法来表情达意。另外，诗人是随机取景的，景物的择取主要在于激发诗人主体的情感或想象，与其后的"正义"并非是一种逻辑上的因果联系，更多的是一种情调上的感觉性联系。兴之"功同跳板"，"绕"开正义，而不涉理路。正如刘大白所说："把看到听到嗅到尝到碰到想到的事物借来起个头，这个起头，也许和下文似乎有关系，也许是全没有关系。"[1]

再次，兴的第三层含义，即兴导致了诗歌意蕴的生成而非意义的生成。

兴与比在审美接受效果上的不同在于，比义确定而少韵味；兴则诗义简单、直白而意蕴丰厚。其根本原因在于，兴（因情景合一）触发了诗人无尽的情感、想象空间；而比则与理性、概念相关，它遮蔽、限制了景物鲜活生动的本体性和完整性，进而也就遮蔽、限制了情感与想象的发抒空间。

试比较两例：

民歌《天仙配》：

树上的鸟儿成双对，绿水青山带笑颜。从今再不受那奴役苦，夫妻双双把家还。你耕田来我织布，我挑水来你浇园。寒窑虽破能避风雨，夫妻恩爱苦也甜。你我好比鸳鸯鸟，比翼双飞在人间。

---

① 刘大白：《毛诗·六义篇》，载顾颉刚《古史辨》第3册，上海古籍出版社1982年版，第686页。

《周南·关雎》：

> 关关雎鸠，在河之洲。窈窕淑女，君子好逑。参差荇菜，左右流之。窈窕淑女，寤寐求之。求之不得，寤寐思服。悠哉悠哉，辗转反侧。参差荇菜，左右采之。窈窕淑女，琴瑟友之。参差荇菜，左右芼之。窈窕淑女，钟鼓乐之。

《天仙配》是明显的比，把成双对的鸟儿比作了夫妻。而《周南·关雎》则是兴，雎鸠鸟的叫声激发了诗人的复杂情感，"寤寐求之""寤寐思服""辗转反侧""琴瑟友之""钟鼓乐之"，等等，感情细致入微，逼真如画。《天仙配》中的景物描写意识形态化了，失去了鲜活生动的自然本性，留给读者的阐释空间、想象空间很小；《周南·关雎》将"关关雎鸠，在河之洲"原初性地呈现在读者面前，又将主人公的情感心理细致入微地展示出来，其所包含的意蕴是非常丰富的。

王建疆先生在《澹然无极——老庄人生境界的审美生成》一书中，对意蕴和意义进行了精彩的比较分析：

> 意蕴和意义是两个相互联系但又不同的概念。意义是明了的，意蕴是隐含的；意义以认知为主，意蕴以形象感知和审美为主；意义更多的是在领会和理解的范围之内，而意蕴则属于感悟和体验的范围。二者相连构成显隐关系。由于意蕴跟形象和情感紧密相连，意蕴有大于意义的地方。所谓意蕴者，就中国古代文艺和美学的实际而言，是指有意义之韵味或有韵味之意义。意蕴有着较意义更大的信息含量，表现为含蓄、蕴藉、深厚等特征。①

---

① 王建疆：《澹然无极——老庄人生境界的审美生成》，人民出版社 2006 年版，第 42—53 页。

《诗经》中兴类诗的审美意蕴常常表现为：因声韵起情而富于音乐美，因以境起情而富于暗示性，因情感、想象空间大，富于形象感而具有如画性，因结构的重章叠唱而具有一唱三叹的情感特征，上文已有所述及。在此处，本书试再简要论述一下兴之意蕴所具有的境界性特征。

刘熙载《艺概》在评《小雅·采薇》时说："雅人深致，正在借景言情"，指出诗歌之景与情的相互交融、激发能够生成深致的审美境界。"兴"，体现了中国艺术美学的一个根本性特点，即重境界性的传达与生成，有境界是诗歌意蕴的最集中表现。我们来看一下由兴所激发的几种典型的诗意境界。

（1）兴诗之无的境界。诗人因景物的触发，而生成一种对景物的无限向往之情。《周南·汉广》，诗人知其不可求，而心向往之，生成了一种高远境界。诗中的具体境界也呈为无限高远，如"南有乔木""汉之广矣""江之永矣"。抒情主人公由希望到失望、由幻想到幻灭，经历了一番曲折复杂的情感历程。陈启源《毛诗稽古编》把《汉广》的诗境概括为"可见而不可求"。西方浪漫主义所谓"企慕情境"，即表现所渴望所追求的对象在远方、在对岸，可以眼望心至却不可以手触身接，是永远可以向往但永远不能到达的境界。钱锺书《管锥编》论"企慕情境"这一原型意境，在《诗经》中以《秦风·蒹葭》为主，而以《周南·汉广》为辅。

《邶风·简兮》："山有榛，隰有苓。云谁之思？西方美人。彼美人兮，西方之人兮！"钟惺《评点诗经》评之曰："看他西方美人、美人西方，只倒转两字，而意已远，词已悲矣。"

（2）兴诗之乐的境界。诗人因景物的触发而生成一种内乐的审美境界。《周南·葛覃》："葛之覃兮，施于中谷，维叶萋萋。黄鸟于飞，集于灌木，其鸣喈喈。葛之覃兮，施于中谷，维叶莫莫。……言告师氏，言告言归。薄污我私，薄澣我衣。害澣害否，归宁父母。"

女主人公脑海中所浮现的少女时代在娘家跟女伴们上山采葛的情景。一想到这种永远令人怀恋的情景，就情不自禁地涌起迫切回娘家的念头，兴奋不已。

《周南·芣苢》则运用章句重叠复沓的手法，以明快的节奏，音韵铿锵地写出劳动妇女的欢畅心情。

（3）兴诗之空灵境界。诗人在一片空寂的环境中，生成了惆怅而执着的情思。被王国维称为"最得风人深致"的《秦风·蒹葭》写情细腻，黄中松说："细完'所谓'二字，意中人之难向人说，而'在水一方'，亦想象之词。若有一定之方，即是人迹可到，可以上下求之而不得哉？诗人之旨甚远，因执而求之抑又远矣"。沈德潜《说诗晬语》："名人画本，不能到也。"姚际恒说诗的结句："宛在水中央"，在"在"字前加一"宛"字，"遂觉点睛欲飞，入神之笔"。言近而旨远，失望、惆怅、不甘之情寄于言外。

（4）兴诗之宇宙境界。《卫风·硕人》："河水洋洋，北流活活。施罛濊濊，鳣鲔发发。葭菼揭揭，庶姜孽孽，庶士有朅。"诗人对美人的赞美，放到一个如此之大的辽阔的宇宙背景中，自然景物鲜活生动，生机盎然。

《大雅·桑柔》："菀彼桑柔，其下侯旬，捋采其刘，瘼此下民。……大风有隧，有空大谷。维此良人，作为式谷。"诗人由一点小景，一片树叶，引向了广阔的社会历史空间的思考。

……

总之，兴发生的起点在于主体对景物的审美感知。主体对景物的审美感知，一方面使得景物自身的本体性、完整性得以显现；另一方面又使情、景得以合一，成为激发主体情感和想象等审美潜力的触媒和动力。当审美主体的情感和想象空间被激发和拓展时，诗歌的意蕴便生成了，一种朝向诗意境界的生成。主体对于景物的审美感知，是研究兴的前提和基础，而这个前提却一直被遮蔽而忽略掉了，因而得出的结论便是不可靠的，需要我们从审美心理学、人与自然的关系角度来重新加以认定和言说。

从形式的角度来说，兴作为审美感知，去掉了不会影响诗歌意义的生成，但却会影响到诗歌意蕴的生成。从审美发生角度来说，兴作为审美感知去掉了，不会影响诗人先在情感的存在，却会影响、延迟、阻碍情感的抒发。

但同时话又说回来，兴毕竟只是发端于审美活动的感知层面，这就决定了其所具有的两面性的特点。即一方面它使《诗经》的创作在审美感知层面，达到了一个后人难以企及的高度；另一方面，兴又处于审美活动的较低层次，当人的心灵境界、审美境界提升到一个新的高度时，兴这种手法、境界便会消融在更高级的审美形态中。当兴、义呼应的结构被虚实相生或空灵结构所取代时，重章叠唱、一唱三叹的手法和境界便会被更富意蕴的手法和境界所超越。唐诗中的景物描写，不必与情感、正义相绕行，不必将写作过程带入诗中。越过审美感知，景物直接从主体的心灵中开显、透亮出来。

通过对"兴"的研究我们可以看到，《诗经》的创作鲜明地反映了先民审美活动的感知性特点，这种审美感知有着激发审美情感、想象的巨大功能，能够提升民族的心灵境界、审美境界和人生境界，使中国古代的诗歌创作一开始便打下了坚实的基础。"兴"是一个极具标识性、历史性的中国诗歌美学范畴。

十一 论气
——以文气为例

本书试从"文气的生成"角度切入，紧紧围绕构成文气说的"气""人""文章"三要素，具体而深入地展开理论研究。本书的思路是，以"气—人—文章"的关系链为主线，以"气与人""人与文章"两对关系为背景，推出"气与文章"的关系。本书的结论是，文气生成于以下四组关系的有机统一：一是文气生成于"文为人所创"与"人赋有气禀"二者的有机统一；二是文气生成于"文章显现世界"与"世界气化流行"二者的有机统一；三是文气生成于"文章讲声律"与"声与口同气"二者的有机统一；四是文气生成于"人类得气而活"与"文章贵有生气"二者的有机统一。本书认为，对"文气生成"问题的考察与研究，能够为文气说提供坚实而可靠的理论基础，进而使我们更加深入地认识作为中国古代审美形态的"气"。

在我国传统文学批评中，以气论文实在是种再寻常不过的现象。大抵自曾子以来，历代大儒和文论家，诸如孟子、扬雄、王充、曹丕、刘勰、韩愈、柳宗元之论，都对文气有过相关论述和或者随意指说，并且这些论述和指说由于提出者地位尊崇、学识渊博、才量宏俊而对时人以及后人产生了深刻的影响。然而，不识个中真意者，对文气总觉得玄虚无定，罔知所云；深明此中三昧者，又以为文气一物，妙趣无穷，体察运用只存乎灵犀中的一念之感，冲渊如道不可名指。

这两者对文气认识的强烈反差，让人不由得对文气产生了探索的愿望和需求。

众所周知，气本是自然运行的大气以及人们呼吸进出的气体，看似与文章没甚关联，然而为何古代的大思想家大文学家又会援以品评文章？不只随意为之，还大用特用，最终使它成为传统文论的一个重要范畴，形成了极具民族特色的文学理论，足见这个问题的不容忽视。下面笔者将就此问题广陈文献以作详细的探究和考证。

研究文气的生成，其实就是要理清文章与气之间微妙的关系，并在此基础上发掘文气生成的原因和途径。气与文章固然迥然二物，甚至可以说是风马牛不相及。但其间因为有人的维系，就变得有信可证了。文章与人的关系是极为紧密的，气与人的关系更是不言而喻，这样，三者之间就形成一个"气—人—文章"的关系链。围绕这条关系链，笔者将依次对"气与人"和"人与文章"两对关系略作述要，从而使得气与文章的关联更加明朗，并试着以此发掘传统文论中文气生成的途径。

（一）气与人

气广布天地，遍流周身，与人的存在息息相关，深刻地影响了传统中国人的主观意识。具体来说，气对传统中国人主观意识的影响，集中表现在生命观、宇宙观和伦理观上。

1. 气与生命观

《说文解字》："气，云气也。"原指大自然中充斥于天地间的大气，意思明了，无待注脚。而云气便是人赖以生存的物质，我们今人叫作氧气，氧气经由人体的呼吸系统，循环吐纳于人体之内，形成了暂住于身体中的体气。但古人对此并不清楚，他们只是依据生活经验，靠有气还是没气来判断一个人的生命力的有无，靠气盛还是气衰来判断一个人生命力的强弱。并且这个简单而又实用的方法，我们现在还在使用着。这个在四库子集以及中医典籍中并不难见：

> 人之生，气之聚也；聚则为生，散则为气。
>
> ——《庄子·知北游》①
>
> 禀气渥则其体强，体强则其命长。气薄则其体弱，体弱则命短，命短则多病寿短。
>
> ——《论衡·气寿篇》②
>
> 夫上古圣人之教下也，皆谓之虚邪贼风，避之有时，恬淡虚无，真气从之，精神内守，病安从来？是以志闲而少欲，心安而不惧，形劳而不倦，气从以顺，各从其欲，皆得所愿。
>
> ——《黄帝内经·素问篇》③

古贤先哲和传统医家认为，万物的生长，皆自阴阳二气遇合而成，即所谓"气聚则生"，散则亡。阴阳二气相生相摄，凝聚不亏，是为《素问》所谓的"真气"，"真气"便是元气，即生命初胎时的勃勃生气（对元气的重视，甚至形成了一种哲学观，直接而又深刻地影响了我国传统文论以及文学活动，下面"宇宙观"将着重论述），此说与道家同声出气。"载营魄抱一，能无离乎？专气致柔，能如婴儿乎？"（《老子第十章》）主张抱守真常，鄙弃贪妄，由此形成了道家崇尚无为的养生理论。气不仅决定生命的生死，而且掌握生命的寿夭。我们生民的一切体征，大致望气可知，这便是扁鹊"望闻问切"四诊法中的"望"。故而我们可以说，气是化育生命的源泉，是生命

---

① 陈鼓应：《庄子今译今注》，商务印书馆 2007 年版，第 646 页。
② 黄晖：《论衡校释》第 1 册，中华书局 1990 年第 1 版，第 28 页。
③ 姚春鹏：《黄帝内经》，中华书局 2012 年第 1 版，第 5 页。

力存亡盛衰的关键要素。

2. 气与宇宙观

古人由人体兴衰存亡的直观经验出发，以小世界（人类社会）观照大世界，以为天人合一，物我一同，推而至于宇宙，便形成了传统的宇宙观。

（1）气是形成传统宇宙观的物质基础

先民的创世神话中往往有关于宇宙生成最原始最质朴的理解。他们认为太初的宇宙是一片混沌洪荒，在天地的形成过程中，伟大的人格神盘古也全程参与，阳气轻清，是以浮升；阴气浊重，是以下沉。具体情形如下：

> 天地混沌如鸡子，盘古生在其中，万八千岁，天地开辟，阳清为天，阴浊为地，盘古在其中一日九变，神于天，圣于地，天日高一丈，地日厚一丈……
>
> ——《艺文类聚》卷一引徐整《三五历纪》①

《易传》作为我国传统哲学的渊薮，也继承了先民的思想，并发扬光大，成为相对系统的哲学——阴阳学说。

> 一阴一阳之谓道。
>
> ——张载《横渠易说》②
>
> 易有太极，是生两仪，两仪生四象，四象生八卦。
>
> ——张载《横渠易说》③

---

① 袁行霈等：《中国文学史》第 1 卷，高等教育出版社 2010 年第 2 版，第 35 页。
② （宋）张载：《张载集》，中华书局 1978 年第 1 版，第 187 页。
③ 同上书，第 204 页。

阴阳指的就是阴气和阳气。至于太极，孔颖达疏："太极谓天地未分之前，元气混而为一，即是太初、太一也。"太极便是阴阳合抱、混沌不分的初始状态。这种稳定的混沌状态又叫作道。《老子》第二十五章："有物混成，先天地生。寂兮寥兮，独立而不改，周行而不殆，可以为天下母。吾不知其名，强字之曰道……"道是万物之母，是混沌鸿蒙的抽象名指，所谓"道生一，一生二，二生三，三生万物"（《老子》第四十二章）更是直接道明宇宙万物发生的缘由和次序。故而传统宇宙观以为，阴阳混融是为道，道散则为器，万物赖之以生，而这宇宙观，究是以气为基础的。

（2）两个结论

由传统宇宙观，可以得出下面两个与文学活动相关的结论：其一，传统宇宙观是复古文学思潮的文化依托；其二，世界气化流行，充满生机。下面笔者就这两个结论略作说明。

其一，传统宇宙观是复古文学思潮的文化依托。传统宇宙观以为，道作为宇宙之原始状态，是阴阳合抱、混沌不分的，它先天地而存在，并且亘古长存，最具生命力和创造力。正如婴儿初胎一样，元气淋漓，潜力无穷。而先秦既是中华文化初胎时期，气象恢宏，创造无限。梁启超先生在其论著《近三百年中国学术史》中以佛家"生、住、异、灭"来类比证明学术思潮的兴盛衰没，并说"无论何国何时代之思潮及其发展变迁，多循斯轨"。文学思潮亦不能例外。大而言之，"自太古至两汉，为吾国人创造文化及继续发达之时期。自汉以降，为吾国文化中衰之时期"（陈安仁《中国文化史》第二编绪论）；小而至于一国一朝的文运演变，都可以此类推。故而每当后代的文学走到朝代更替或是盛极欲衰时，国中有识之士都是毫不犹豫地打出复古旗号，摇旗呐喊，呼吁时人师古返璞，汲取圣贤启蒙和先祖开国时的创造元气，廓清萎气，整顿精神。

江左齐、梁，竞骋文华之弊甚…连篇累牍，不出月露之形，积案盈箱，唯是风云之状。世俗以此相高，朝廷据兹擢士……故文笔日繁，其政日乱，良由弃大圣之轨模，视无用以为用也……及大隋受命，圣道聿兴，屏黜轻浮，遏止华伪。自非怀经抱质，志道依仁，不得引预搢绅。……自是公卿大臣咸知正路，莫不钻仰坟集，弃绝华绮，择先王之令典，行大道于兹世。

——《隋书·李谔传》①

文章道弊五百年矣。汉魏风骨，晋宋莫传，然而文献有可征者。仆尝暇时观齐、梁间诗，彩丽竞繁，而兴寄都绝，每以永叹。思古人，常恐逶迤颓靡，风雅不作，以耿耿也。一昨于解三处，见明公《咏孤桐篇》，骨气端翔，音情顿挫……不图正始之音复睹于兹，可使建安作者相视而笑。

——陈子昂《与东方左史虬修竹篇序》②

南朝以至隋代的文学崇尚靡靡、格调低下，兴寄的古风不复，隋人以及初唐陈子昂有感于此，都要求革除时弊，希图接续风骚文脉，去华为朴，重振文风。到了传统文化整体衰落的明清两代，复古思潮更是风靡文坛，前后七子、格调派、神韵派……一时流派纷纭，聚讼大兴，好不热闹。

文学复古是我国古代颇具特色且极为盛行的一种文学思潮，倡导者借复古之名，行革新之实。意欲拨乱反正，回到行文之大道，复归风雅的正统。宗白华先生在《美学散步》中《中国意境之诞生》一章的引言里说道："历史上向前一步的进展，往往是伴着向后一步的探本溯源。"复古者的用意，在这句话中可以得到很好的解答。而复古思潮形成的深层文化意识，无疑是以传统宇宙观为文化依托的。文

---

① 郭绍虞、王文生：《中国历代文论选》第2册，上海古籍出版社2003年新1版，第5页。

② 同上书，第55页。

论家对文学复古思潮自是十分熟稔，对于文学复古思潮发生的文化因子——气也不会陌生。至于论定文章时，想到文气，也就不足为怪了。

其二，世界气化流行、充满生机。根据传统宇宙观的内涵，万物既然由阴阳二气遇合而生，那么不分物我，万物都是着有气息、富有生气的有机体。

> 太极之妙，生生不息而已矣。生阳生阴，而生水火木金土，而生万物，皆一气自然之变化，而合之只是一个生意。
>
> ——周敦颐《太极图说》
>
> 道，犹行也；气化流行，生生不息，是故谓之道。
>
> ——戴震《孟子字义疏证天·道》[1]

生生不息是大自然的常态，万物的新陈代谢孕育了生机勃勃的世界。诗人嵇康就歌咏道："群籁虽参差 适我无非新"（《兰亭修禊诗》）。而且物的气息和人类的气息同质同源，都来自宇宙混沌未开始的元气。故而物我一体，可以相互感知，相互影响。而文人于一般人而言更多情，对物事更敏感，也就对这个常变常新、充满气息的世界的体验也最深，这对文气的形成自必是有影响的。

3. 气与伦理观

由气形成的阴阳学说不仅构成了传统中国人的生命观和宇宙观，还以此为依据，建立起相应的伦理观。

（1）气与阴阳学说

气与阴阳学说的关系，在论述"气与宇宙观"一节中已大致言明，即阴阳学说以气为基础，认为宇宙形成于气，由太虚的寂然无

---

[1] 戴震：《戴震全书》卷六，黄山书社1995年第1版，第175页。

物、元气混融，到阴阳分异，产生天地和人类。由于本书以论文气为主，对复杂的阴阳学说，为便于用，只好简省。

（2）阴阳学说是我国传统伦理观的基础

阴阳学说首先认定世界的生成由阴阳二气合成，古人将这个理论具体化，延伸至人类的产生，便以天地比附男女，主观印象式地以男为阳，以女为阴，男女的姻配繁衍，才有人类社会，以及君臣父子昆弟等诸种伦理关系。因而可以说，夫妇关系是最根本的伦理关系，是其他人伦关系的基础，而基于气的阴阳学说则是我国传统人伦的理论支撑。此说《易传》首倡，人所熟知，为免烦冗，故从略。

（3）阴阳学说是我国传统道德观的基础

阴阳中和，万物乃生，由此形成中和位育的儒家道德理想。儒教世代薪传，便形成了传统道德观。孟子的性善说，汉儒解诗所重的温柔敦厚的诗教，皆是言本于此。由于阴阳是两种气，它们的中和产生了人，也就是说人的体内本就蕴含中和之气，是为儒家中和位育学说的思想来源、个人修身立德的先决性条件。为便后文论述的开展，笔者在此处有必要举例引证儒家倡导的德性良知也是导源于气。

　　　　天生烝民，有物有则。民之秉彝，好是懿德。

　　　　　　　　　　　　　　　　——《诗经·大雅·烝民》[1]

　　　　人生天地间，禀五常之气。

　　　　　　　　　　　　　　——《大渐诏（二年四月庚子）》

　　　　我太祖文皇帝禀纯和之气，挺天纵之英。

　　　　　　　　　　　　　　——《颁六官诏（正月庚辰）》

　　　　公炳灵特挺，气禀纯粹。

　　　　　　　　　　　　　　　——《金紫光禄大夫赵芬碑》

---

[1]　（清）方玉润：《诗经原始》，中华书局1986年第1版，第555页。

古人以为，人的德性与生俱来，所谓"有物有则"，便是以为造化万物，都有内在的道德律为依凭。于人则"好是懿德"，此乃天性本然，亦即儒家所谓的"良知"。因此我们可以断然地说，德性是人体中涵气的一种。自汉以降，择士以德才兼备为准。才量既然称为才气，那么德性良知也能唤作德气（下文德性良知皆从此名）。

> 夫礼，天之经也，地之义也，民之行也。天地之经，而民实则之。则天之明，因地之性，生其六气，用其五行。气为五味，发为五色，章为五声。淫则昏乱，民失其性。是故为礼以奉之。
>
> ——《左传·昭公二十五年》①

不仅心有道德的萌芽，并且自觉地效法天地，"天地之经，而民实则之"，因之"生其六气，用其五行"，陶冶气性，并制作礼教以自绳约。而孔子便是提倡"先仁后礼"，以礼自持，行为中庸，渐次于仁的境界。虽然，德性良知，无智愚贤不肖，人所共有。而道德的萌芽，易遭物欲的裹挟；自觉地效法，多赖智者的启蒙。孔子的好古敏求，孟子的善养浩气，以及后世倡言儒教者，都在指出后天学习和涵养的必要性。对此，南宋硕儒朱熹在《大学章句集注》诠释"明德"一词时，有如下精粹的注解：

> 明德者，人之所得乎天，而虚灵不昧，以具众理而应万事者也。但为气禀所拘，人欲所蔽，则有时而昏；然其本体之明，则有未尝息者。故学者当因其所发而遂明之，以复其初也。
>
> ——朱熹《大学章句集注》②

---

① 杨伯峻：《春秋左传注》卷四，中华书局1983年第1版，第1457页。
② 朱熹：《四书章句集注》，中华书局1983年第1版，第3页。

由此可知，德性良知，或谓之德气，受之于天，根于人心，因人的气禀有差而有厚薄之分，且后天的蓄养也可以填实充大之。

气与人关系密切，不仅产生了人，遍布周身，还形成了古人的生命观、宇宙观和伦理观，并且还是文学复古思潮的文化因子，主导了我国古代最为盛行的文学活动。气对人、对文学思潮与文学活动的影响也如此，而论文实则是在论人，一旦品论文章，古人联想到气是绝对自然的思维迁移。

（二）人与文章

人与文章的关系不言而喻。简要地说，可以分为以下两点。

1. 人创作文章，表达情思

人是文章的创作者，并借助文章来言情说意，表现作者对客观世界的主观认识以及情感态度。

《扬子法言·问神》："言，心声也；书，心画也。"扬雄以为，言语和文章（文言），都是发自肺腑、显露心声的。人们常说的文如其人，便是此理。因此以人论文和因文观人，强调名实相副，反对虚文造作，就成了文论家甚至于一般读者的基本要求。《艺概·文概》二五八则："'圣人之情见乎辞'，为作易言也。作者情生文，斯读者文生情。《易》教之神，神以此也。使情不称文，岂惟人之难感，在己先'不诚无物'矣。"① 的确，欲使文之感人，必先用诚自感。唯其如此，千百年之后，方能使读者览文怀人，发旷代之幽思。《艺概·文概》四五则："太史公《屈原传赞》曰：悲其志。又曰：未尝不垂涕想见其为人。"② 嵇康《与山巨源绝交书》："吾尝读尚子平、

---

① （清）刘熙载、袁津琥：《艺概注稿》，中华书局 2009 年第 1 版，第 171 页。
② 同上书，第 36 页。

台孝威传，慨然慕之，想其为人。"反之言行不一，前后异趣，无疑只会受人诟病了。东汉扬雄，一代儒宗，阐发孔孟，精湛独绝，然后人虽服膺其能，终究因其屈身伪政，而颇有指谪，羞与为伍。潘岳才性俊美，作赋《闲居》，使读者欣悦其志，并且陶然心向往之。然其志素不在田园，乃存于荣宠利禄，不能自止，卒遭刀锯，使人唏嘘。

2. 文章着人情性，滋生风格

一篇文章往往打上了创作者的烙印，形成独特的文学风格。不同的人世际遇、人生体验，不同的性格偏向以及不同的文学创造力，造就了创作者与众不同的创作个性，并由创作个性表现出独有的审美趣味和精神风貌。不惟文学作品内容上如此，形式上亦是如此。

《艺概·文概》三七则："韩子曰：孟氏淳乎淳。程子曰：孟氏尽雄辩。韩对荀扬言之，程对孔颜言之。"[1] 韩愈谈孟子，是从内容上说，作为亚圣的孟子的思想是儒家正宗，不比荀子、扬雄那般驳杂。而程颢则是从语言风格上说，身处战国大变革时代的孟子逞辞好辩、气贲势张，不比孔子颜渊那般的温厚雍容、体仁寡说。然而这便是孟子特有的文学风格，更是他对我国古代文学的一大贡献。成熟的文学家都必然有自己成熟的风格。《艺概·文概》一七七则："昌黎之文如水，柳州之文如山。'浩乎'，'沛然'；'旷如'，'奥如'。[2]二公殆各有会心。"巧用二公状貌的山水比况，两个人文学风格的区别就皎然无晦了。韩、柳既如此，更不必说欧阳、曾、苏了。

并且由于对某一思想和文学主张的推崇，古代文学家在复古思潮的旗帜下的文学活动也十分常见，并因此形成了一个整体风格相对统一的文学流派。宋人李耆卿《文章精义》："苏门文字，到底脱不得纵横气习；程门文字，到底脱不得训诂家风。"他如前七子后七子、

---

① （清）刘熙载、袁津琥：《艺概注稿》，中华书局 2009 年第 1 版，第 31 页。
② 同上书，第 121 页。

唐宋派等，皆可作如是观。

（三）气与文气

气与人、人与文章的关系既已明确，气与文气的内在关联也就很显然了。两者的关系可以通过四组示意图以直观的形式表现出来，而文气生成的途径，便存于这四组关系中。下面笔者一一列出这四组示意图并对其进行简要说解。

1. 文气生成于"文为人所创"与"人赋有气禀"二者的有机统一

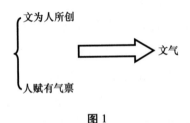

图1

所谓有机统一，即是二者有机混融，共同参与，完成了文气的形成（下文有机统一之义，皆从此解）。文章是人为的，人生而有气，而论文是以论人为中心（见"人创造文章"一节），故而文气就产生了。而这里的"人赋有气禀"之"气"，有两种内涵：一是德气；二是才气。为明确德气和才气俱是文气，从而推出文气的生成于"图1"所示两要素的有机统一，笔者需要引例为证。

（1）德气

德气，又指创作者因修身养性、笃行仁义而形成的浩然之气。德气作为体气生而有之的一种，在上文"气与伦理观"中已有详述。《论语·述而》："有德者必有言。"创作者有了浩然之气，心如璞玉、襟怀坦荡，又因为身体力行而出语坚定，下笔成文，发为德言，无苟且、无虚浮，言之有物，不容置疑。

朱文公于当世之文，独取周益公，于当世之诗，独取陆放翁。盖二公之文，气质醇厚也。

——宋·罗大经《鹤林玉露》丙编卷五[1]

武叔卿曰：石韫玉而山辉，水怀珠而川媚。文字俗浅，皆因蕴藉不深；蕴藉不深，皆因涵养未到。涵养之文，气味自然深厚，丰采自然朗润，理有徐趣，神有徐闲，词尽而意不穷，音绝而韵未尽…程明道谓子长著作微情妙旨寄之笔墨蹊径之外。此无他，惟其涵养到，蕴藉深，故其情致疏远若此。

——清·唐彪《家塾教学法》卷一

罗大经以及唐彪都注重创作者自身的道德涵养，这样写出来的文章才能气质淳厚，优游有余。韩愈《答李翊书》："仁义之人，其言蔼如也"，又说"气，水也，言浮物也；水大而物之浮者大小毕浮。气之与言犹是也，气盛则言之长短与声之高下者毕宜"。由于正气浩荡，据理成说，故而使读者听来，有如沐清风的快感，于君子则意气相投，于中人以下则平服其心，正孔子所谓"君子之德风，小人之德草，草上之风，必偃"。

（2）才气

才气，又指创作者因独特的思想情性而形成的特有的气质。

文以气为主，气之清浊有体，不可力强而致。譬诸音乐，曲度虽均，节奏同检，至于引气不齐，巧拙有素，虽在父兄，不能

---

[1] 《宋元笔记小说大观》卷四，上海古籍出版社 2001 年第 1 版，第 5366 页。

以移子弟。

——曹丕《典论·论文》

刘祯：卓荦偏人，而文最有气，所得颇经奇。

——谢灵运《拟魏太子邺中集·刘祯》

季弟文气清爽异常，喜出望外，意亦层出不穷。

——曾国藩《曾国藩家书·劝学篇》

曹丕的"文以气为主"，首倡气质论文，注重作者的才气，是学术界公认的文学自觉的先声，开拓了文气说的疆界。谢灵运论刘祯，以"卓荦有气"概之；曾国藩于其季弟，以"清爽"目之。"卓荦有气"和"清爽"，都是指不同于人的才气，皆由气质立论。

创作者的"德气"和"才气"，都是文气的内涵，都是文气说的范畴，都是体气生而有之的两翼。不同的是，"浩然之气"是人所共有，且能够通过后天涵养而得；"才气"却是天赋独禀，不可力强而致，曹丕所谓"虽在父兄，不能移其子弟"，正是此意。

2. 文气生成于"文章显现世界"与"世界气化流行"二者的有机统一

图 2

世界气化流行，生生不息，这在前文气与宇宙观中已有说明。大千世界，是一个生机勃勃的世界。生物的足迹遍布世界的角落，至少在我们人类繁衍生息的周围，飞鸟展翅天际，游鱼潜鳞水中，春临花开，夏至蝉唱，风云变幻，阴晴番替；寒来暑往，岁月更迭，或静或动，代谢生新……到处都有生物，时刻都在变化。大凡生物，皆有气息。人类既是生物的一员，自然也不例外。世界的变化，生物的气息，我们都眼观耳闻，用心感受，至于产生悲喜悦郁诸多情感。

> 气之动物，物之感人，故摇荡性情，形诸舞咏。
>
> ——钟嵘《诗品序》
>
> 登山则情满于山，观海则意溢于海。
>
> ——刘勰《文心雕龙·神思》

因此作者写作文章，抒发情感，泄导郁结。或者人类主动地效法天地，遗形取神。但如大山之峻伟雄奇，长河之奔腾浩荡，碧天之深邃莫测，沧海之广阔无涯，又如啸虎之威猛，苍鹰之凌厉，奔马之神隽，走兔之矫捷……不但音乐家、画家等注重体物传真，作家也将它们纳入写作的视野，行文自是非凡怪奇，不同寻常。关于这点，明代文坛之初祖宋濂有他精辟的论述：

> 九天之属，其高不可窥，八柱之列，其原不可测，吾人之量得之。规毁魄渊，运行不息，棊地万荧，躔次勿紊，吾文之焰得之。昆仑元圃之崇清，层城九重之严邃，吾文之峻得之。南桂北瀚，东瀛西溟，杳渺而无际，涵负而不竭，鱼龙生焉，波涛兴焉，吾文之深得之。雷霆鼓舞之，风云翕张之，雨露润泽之，鬼神恍惚，曾不穷其端倪，吾文之变化得之。上下之间，白色自形，羽而飞，足而奔，潜而泳，植而茂，若洪若纤，若高若卑，不可数计，吾文之随物赋形得之。
>
> ——宋濂《文原》①

---

① 郭绍虞、王文生：《中国历代文论选》第3册，上海古籍出版社2003年第1版，第51页。

　　《论语·泰伯》："孔子曰：'大哉，尧之为君！惟天为大，惟尧则之，荡荡乎，民无能名焉！'"卓越的政治家则天理民，实现政通人和；同样，优秀的创作者参天地之造化，其文章也可涵括万有，备四时之气象。陆机说"赋体物而浏亮"，大而言之，文章体物，不仅色彩斑斓，形态万千，其文气也与风物互通消息，与之肌理相合，混融为一，形成文章的气象，能给人一种总体上的印象，而读者往往据此作出整体评价。这气象，作为文章给读者带来的总体感受，不仅指创作者个人，还指一邦国一地域一朝代一时期的总体文气（或作文风）。纵观传世古籍中卷帙浩繁的文学评论，我们可以发现，关于"气象"这一类文章总评，是个绝对的高频词：

　　　　有治世之文，有衰世之文，有乱世之文……饶录云："《国语》说的絮，只是气衰"……楚汉间文字真是奇伟，岂易及也……陵夷至于三国两晋，则文气日卑矣……司马迁文雄健，意思不帖帖，有战国气象……人老易衰，文亦衰。欧阳公作古文，力变旧习。老来照管不到，为某作序，又四六对偶，依旧是五代文习。东坡晚年文虽健，不衰，然亦疏鲁……
　　　　　　——朱熹《朱子语类》卷第一百三十九《论文上》①
　　　　秦文雄奇，汉文醇厚。大抵"越世高谈"，汉不如秦；"本经立义"，秦不如汉。
　　　　　　　　　　　　　　——刘熙载《艺概·文概》六七则②

　　所谓司马迁文有战国气象，指他的文气宏阔，有战国纵横捭阖的大气。这是指作者个人文章的气象。楚汉间的文气，以"奇伟"二

　　① （宋）黎靖德：《朱子语类》卷五，中华书局 1988 年点校本第 1 版，第 3297 页。
　　② （清）刘熙载、袁津琥：《艺概注稿》，中华书局 2009 年第 1 版，第 53 页。

字以蔽之，实是相对中原文气的质朴而言。这是指一地域文章的气象。秦文与汉文的总体气象不同，前者雄奇，后者醇厚。这是指一朝代文章的气象。这所有的论文用语，都指的是文章给人的总体印象，或叫作文章的气象，都属于文气的内涵。

3. 文气生成于"文章讲声律"与"声与口同气"二者的有机统一

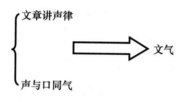

图3

"刻为文，言为辞。辞之与文，一实也。民刻文，气发言。民之与气，一性也。"（《论衡卷二十二纪妖篇》）[①] 气发为言，言文一致，文是言的延伸，故而文亦有气，是为语气。

> 陆宣公奏议，妙能不同贾生……故激昂辩折有所难行，而纤余委备可以巽入。且气愈平婉，愈可将其意之沈切。故后世进言多学宣公一路，惟体制不必仍其排偶耳。
>
> ——刘熙载《艺概·文概》一四零则[②]

陆宣公，即唐人陆贽，他的散文大有儒风，温柔敦厚，语气委婉，故而被一时推重，且为后世立法。贾谊辞气纵横，锋芒毕露，是

---

① 黄晖：《论衡校释》第2册，中华书局1990年第1版，第929页。
② （清）刘熙载、袁津琥：《艺概注稿》，中华书局2009年第1版，第98页。

以才不见用，郁郁而终。"纡余委备""气愈平婉"，都是就行文的语气论文，则语气属于文气的一种，判矣明矣。

尤其是我国古代文学特别注重声律节奏，先秦的诗歌韵文，如《诗经》《楚辞》等，莫不以韵行文，其情也真，其啸也歌，心口一如，以手写口，文辞即是心语，歌声即是心声，心内曲折缭绕，歌声也回环往复，因而使诗文中充斥着一种自然的韵律。又为便于传播，先秦文章多缀韵语。加以汉语四声分调及乐音为主的特征以及先秦诗乐舞一体的特殊形态，致使讲求声律成了作文的定律。而诗骚是我国传统文学的源头，不仅在文学创作风格上垂范后世，在讲求声律这一点，也是颇有影响的。诗歌且不论，汉代的赋、六朝至于唐人的骈文、明清的古文等，都自觉地追求文章在声律上的自然和谐、朗朗上口，尤其是唐人的四六文，对声律的要求极为严格，句末押韵不算，句中平仄也有规定。可以说，在艺术形式上，骈文是我国传统文学最成熟、最雅尚的文体，这其中，声律是有其贡献的。姑引王勃《滕王阁序》以资薄证：

> 屈贾谊于长沙，非无圣主；
> 仄仄仄平平平，平平仄仄；
> 窜梁鸿于海曲，岂乏明时。
> 仄平平平仄仄，仄仄平平

从上面两例可以看出，骈文的偶对，是有声律的偶对，总体上"一简之内，音韵尽殊；两句之中，轻重悉异"（《谢灵运传论》），相较他类文体，声律严格，非常工整。四六交并参用，音节朗朗上口，文气舒畅，外在的音节（声律）合于作者内在的情绪流动，给读者以双重的震撼。但要做到音节（声律）与情绪流动一致，做到情辞相称，非有大手笔不能为之。不然会使文气违拗板滞，顿失生气。故而骈文备受后人诟病，以为它过于追求形式的华丽，而妨害了内容的表达，以致佶屈聱牙，文气不畅。虽信美而不善，能者鲜少，随着古文的复兴而日渐式微，便不再作为一种文学主流形式而存在。

4. 文气生成于"人类得气而活"与"文章贵有生气"二者的有机统一

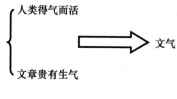

图 4

心理学研究认为，形象思维是人类思维的基础。当人利用他已有的表象解决问题时，或借助于表象进行联想、想象，通过抽象概括构成一幅新形象时，这种思维过程就是形象思维。我们描述抽象的事物，总是因近及远，因人及物。正如冰山一角本是指冰山大部隐藏海底，只有极小的山顶浮露水面。但人们遇到抽象的事物初露端倪时，也用冰山一角作恰切的形容。同样，我们最熟悉的莫过于自己，而气与人密切相关，构成了古人的生命观、宇宙观和伦理观，对文学复古思潮与文学活动又有深远影响，所以评论家们谈论文章时，很自然地就会把判断生命生死的"气"移植到评判文章上来，直观上从文章的"气"来判断一篇文学作品是否"活"，是否有生气。当然，文论家所谓的文气，在这里指是否忠实地表现出作者的个性和思想情感。

　　《孟子》之文，至简至易，如舟师执舵，中流自在，而推移
　　费力者不觉自屈。龟山杨氏论《孟子》："千变万化，只说从心

上来"，可谓探本之言。

——《艺概·文概》三十二则①

太史公文，精神气血，无所不具。学者不得其真似而袭其形似，此庄子所谓"非生人之行而托死人之理，适得怪焉"者也。

——《艺概·文概》八十二则②

《孟子》散文，因集义养气而长于论辩、气势浩然，正合韩愈所谓"气盛言宜"，对此刘熙载引"从心上来"来解释。"从心上来"便是指孟子直接地表露了心中所想，故而从容为文，不觉词乏，以致行文风格汪洋恣肆，千变万化。而太史公的文章之所以为后人称道，也是由于具有"精神气血"，灌注了作者的真实情思。刘氏更指出效仿太史公笔法的文章之所以不伦不类，"适得怪焉"，是由于没有领会太史公著作史记的精神。

又如胡适《文学改良刍议》所主张的"八事"，以及王国维孜孜追求的"不隔的境界"等，都是为着摆脱为文的各种陋习和障碍，以独抒性灵、标写风骚。这样的文章，才有血肉，才有个性，才有生气，因之能够感动读者，传习千载而不被湮没于尘埃之中。

文气说是我国传统文论的重要的文论学说，它的形成基于阴阳学说的哲学观。作为我国特有的传统文论，文气说是伴有直觉参与的、对文章主观印象式的领会，注重读者对文章的总体感受。文气的产生，实源于创作者自身以及对天地、对人世的主观整体感受。因此，若要明乎文气的生成，必置之于"气—人—文章"这个有机系统中，方能讨究。据笔者初步分析，文气的生成来源于上述四组关系的有机统一。笔者认为"文气生成"问题的考察与研究，能够为文气说提供坚实而可靠的理论基础。对于因理论涵养不足，材料分析不确，而

---

① （清）刘熙载、袁津琥：《艺概注稿》，中华书局2009年第1版，第32页。
② 同上书，第62页。

致论文或有武断及不够完整之处，笔者将加以砥砺精善，务使立论稳重而无偏颇。至于文气的内涵，不属本书论述的对象，虽已涉及，特未明达，有待笔者后时深入考索、另造专论。

（万文奇，辽宁师范大学文学院 2010 级本科生；修改：徐大威）

十二　论神

——以《楚辞》中景物描写的审美形态特征为例

　　《楚辞》中景物描写具有三个审美形态特征：一是自然山水对诗人心灵的舒泻与治疗，加深了诗人对自然景物的亲和，使景物描写初步呈现为对象化的特征；二是诗人在面对人生困境时，总是不断通过空间的转换来缓释心灵，又使景物描写呈现为流动化的特征；三是受楚地巫觋文化的影响，自然景物与诗人感伤的心境互渗映衬、缱绻缠绵，使景物描写呈现为神灵化的特点，从而使诗歌生成为一种独特的天地神人共舞的审美境界。《楚辞》的景物描写虽总体上仍服从于诗人主体的抒情言志，尚不具有独立的审美地位，但却有其独特的审美形态价值，显示了古人山水审美意识的端倪。

　　景物描写在《楚辞》中占有很大的比重，钱锺书先生就曾指出《楚辞》改变了《诗经》有"物色"而无"景色"的局面，"开后世诗文写景法门，先秦绝无仅有"，"《三百篇》涉笔所及，止乎一草、一木、一水、一石……《楚辞》始解以数物合布局面，类画家所谓结构、位置者，更上一关，由状物而写景。"① 那么，《楚辞》在景物描写方面的审美形态特点是什么呢？从人与自然关系的角度看《楚辞》中的景物描写，具有以下三个美形态特征。

---

① 钱锺书：《管锥编》，中华书局 1979 年版，第 613 页。

（一）江山之助与景物描写的对象化

王逸在《天问序》中曾指出屈原因受谗被疏而放逐自我于自然山水之间，而自然山水则对诗人的心灵具有一定舒泻与疗治的功能，"屈原放逐，忧心愁悴，彷徨山泽，经历陵陆，嗟号昊旻，仰天叹息。……以渫愤懑，舒泻愁思"。山的崇高和水的奔泻能够让人产生一种洗涤心神的力量，对诗人的心灵起到一定舒愁疗忧的慰藉，我们来看：

> 《九歌·湘君》："望涔阳兮极浦，横大江兮扬灵。"……"采芳洲兮杜若，将以遗兮下女。时不可兮再得，聊逍遥兮容与。"
>
> 《九歌·河伯》："登昆仑兮四望，心飞扬兮浩荡；日将暮兮怅忘归，惟极浦兮寤怀。"
>
> 《九歌·哀郢》："登大坟以远望兮，聊以舒吾忧心。哀州土之平乐兮，悲江介之遗风。"
>
> 《九章·思美人》："开春发岁兮，白日出之悠悠。吾将荡志而愉乐兮，遵江、夏以娱忧。"

自然山水对诗人心灵的疗治与安顿，加深了诗人对自然景物的亲和：

> 《九章·橘颂》："愿岁并谢，与长友兮。"
>
> 《九章·悲回风》："眇远志之所及兮，怜浮云之相羊。"
>
> 《远游》："餐六气而饮沆瀣兮，漱正阳而含朝霞。保神明之清澄兮，精气入而粗秽除。顺凯风以从游兮，至南巢而壹息。见王子而宿之兮，审壹气之和德。……嘉南州之炎德兮，丽桂树之

冬荣。"

　　《离骚》："饮余马于咸池兮，总余辔乎扶桑。折若木以拂日兮，聊逍遥以相羊。"

　　诗人对自然景物的亲和使景物描写初步呈现为对象化的特征。所谓景物对象化，就是将自然景物作为独立的审美对象加以描写。《楚辞》中的景物描写整体全面、细致入微，自然山水的形、声、色、味一应俱全。如：

　　《九章·橘颂》："绿叶素荣纷其可喜兮，曾枝剡棘圆果抟兮。青黄杂糅文章烂兮……"诗人对橘树上扶疏的绿叶、纷繁的白花、尖锐的刺、圆满的果实，以及青黄交错灿烂的色彩，观察细致入微。

　　《九歌·少司命》："秋兰兮麋芜，罗生兮堂下。绿叶兮素华，芳菲菲兮袭予。……秋兰兮青青，绿叶兮紫茎。"诗人对于秋天兰草的颜色、香味描写逼真如画。

　　《九歌·湘君》："桂棹兮兰枻，斫冰兮积雪。……石濑兮浅浅，飞龙兮翩翩。"诗人将船桨划开水波描写比喻为凿冰堆雪状，十分鲜明生动，直启苏轼《念奴娇·赤壁怀古》的写景名句"……乱石穿空，惊涛拍岸，卷起千堆雪。江山如画……"

　　《楚辞》对于秋景的描写尤为传神，成为后世写景文学的典范与原型。明胡应麟评《九歌·湘夫人》和《九辩》时说："'袅袅兮秋风，洞庭波兮木叶下'，形容秋景入画；'悲哉秋之为气也'，'憭栗兮若在远行，登山临水兮送将归。'摹写秋意入神。皆千古言秋之祖。六代、唐人诗赋，靡不自此出者。"

　　比较而言，《诗经》中的景物描写在普遍性意义上讲，多是状景物之形貌的，即便是像《秦风·蒹葭》《小雅·采薇》这样情景结合得非常紧密的诗作，其景物描写也是服务于全诗的情感氛围的，景物地位并不独立、纯粹，描写单一、简略。另外像《周南·桃夭》"桃之夭夭，灼灼其华"、《卫风·淇奥》："瞻彼淇奥，绿竹猗猗"；《郑风·溱洧》"溱与洧，方涣涣兮。……溱与洧，浏其清矣。……"；等等，尽管花与河水的景物形象非常美丽动人，能够兴发诗人的某种联想和情感，但是对这些单一景物的描写尚未上升到一种成熟的、整体的对山水景物的审美赏爱上来。《诗经》较少有刻意地纯粹描写景物的诗句，多是有所兴寄或是为了渲染气氛，如：

描写山的《小雅·渐渐之石》："渐渐之石，维其高矣，山川悠远，维其劳矣。武人东征，不皇朝矣。"用"高""悠远"等词来状山川的高远貌，言简意赅，旨在比兴行军劳役之苦。

描写水的《周南·汉广》："汉之广矣，不可泳思。江之永矣，不可方思。"只用"广"与"永"两个单词来状江水宽广漫长貌，并无过多的具象描写，旨在渲染忧伤的情感氛围。

与《诗经》比较，《楚辞》用简言短语来写山水景物的个别形状，已不足以寄托情感，必须写自然景物的整体形貌，正如刘勰《文心雕龙·辨骚》对之概括："论山水则循声而得貌，言气候则披文以见时。"与自然亲和的不同程度，直接导致了景物描写水平的高低。《楚辞》以此为基础，带来了景物描写上的进步。

《楚辞》对于自然景物的对象化描写，除了客观的白描之外，诗人主体的理性卷入，对宇宙自然所进行的时间和空间的形上体验与感悟，也体现出了诗人"感物"的深度。

《楚辞》中经常流露出对宇宙自然在时间变化、流逝上的焦虑和悲哀，伤春、悲秋、怜红、惜花、草木零落等形上体验常常在诗中流露出来。

如《离骚》："汨余若将不及兮，恐年岁之不吾与。朝搴阰之木兰兮，夕揽洲之宿莽。日月忽其不淹兮，春与秋其代序。惟草木之零落兮，恐美人之迟暮。"诗人对日月的流转、季节的推移进行了深入的觉解，由景即人，产生了对时光一去不复返的焦虑、惶恐与悲哀。

又如《招魂》："湛湛江水兮，上有枫。目极千里兮，伤春心。魂兮归来，哀江南！"这首诗可视为是后世文学伤春主题的滥觞，唐司空曙《送郑明府贬岭南》中的名句"青枫江色晚，楚客独伤春"诗意即脱胎于此。

再如《九辩》："悲哉秋之为气也！萧瑟兮草木摇落而变衰。憭栗兮若在远行，登山临水兮送将归。泬寥兮天高而气清。寂寥兮收潦而水清……靓杪秋之遥夜兮，心缭悷而有哀。春秋逴逴而日高兮，然惆怅而自悲。四时递来而卒岁兮，阴阳不可与俪偕。白日晼晚其将入兮，明月销铄而减毁。岁忽忽而遒尽兮，老冉冉而愈弛。"诗人从秋天的景色中感喟个体生命在时光流转中好像秋天一样走向了年岁尽头，在感性的天地自然中感悟到了超感性的形上意义。

《楚辞》对自然景物的空间感悟，也使得景物描写极具深度，较之于《诗经》的感兴，景物与情感结合得更为紧密。

如《九歌·云中君》："览冀州兮有余，横四海兮焉穷。思夫君兮太息，极劳心兮忡忡。"诗人俯览中原目光及于九州之外，横行四海奔波的踪迹无穷无尽，在这种景物空间展示的背后，包孕的是诗人主体忧心忡忡的乡愁。

又如《离骚》："览相观于四极兮，周流乎天余乃下。"诗人不断巡游，来探寻人生存在最终的皈依，景物描写较之于《诗经》的单个小景，视野非常的开阔、宏大。

再如《九歌·湘夫人》："荒忽兮远望，观流水兮潺湲"，尤其能使我们联想起李白《送孟浩然之广陵》"孤帆远影碧空尽，唯见长江天际流"那诗意深远的宇宙境界。

（二）诗意游居与景物描写的流动化

诗人在面对人生困境时，总是不断通过空间的转换来缓释心灵，使景物描写呈现为流动化的特征，体现在诗中就是用楚地山水景物诗意地描写自我旅程，使景物描写具有流动性。这种独特的构思为后世的诗歌创作提供了一种经验模式。

例如关于描写羁旅之思的纪行诗，我们会很自然地想到马致远的《天净沙·秋思》："枯藤老树昏鸦，小桥流水人家，古道西风瘦马，夕阳西下，断肠人在天涯。"我们可以想见诗人（断肠人）骑着（瘦）马，沿途很多景物流动地呈现诗人的眼前：枯藤、老树、昏鸦、小桥、流水、人家……诗人诗意地游居于自然景物之中，而自然景物也借诗人之美的眼睛而流动化地显现——这种诗歌经验，其实早在《楚辞》中就已大量存在了。

如《九章·哀郢》："发郢都而去闾兮，怊荒忽其焉极？……望长楸而太息兮，涕淫淫其若霰。过夏首而西浮兮，顾龙门而不见。心婵媛而伤怀兮，眇不知其所跖。顺风波以从流兮，焉洋洋而为客。……将运舟而下浮兮，上洞庭而下江。去终古之所居兮，今逍遥而来东。羌灵魂之欲归兮，何须臾而忘反。背夏浦而西思兮，哀故都之日远。……当陵阳之焉至兮，淼南渡之焉如？……心不怡之长久兮，忧与愁其相接。惟郢路之辽远兮，江与夏之不可涉。"在这里，诗人以细腻的笔触刻画了离郢都愈来愈远，而对它的思念亦愈来愈深的情景，真是一步一回头，肝肠寸断。诗中写沿途风物，提及一连串地名："夏首""龙门""洞庭""夏浦""陵阳"……这些景物随着诗人流放的行程而成为一个流动的背景，景物描写具有整体性。

又如《离骚》："朝发轫于天津兮，夕余至乎西极。……忽吾行此流沙兮，遵赤水而容与。……神高驰之邈邈。奏《九歌》而舞《韶》兮，聊假日以媮乐。陟升皇之赫戏兮，忽临睨夫旧乡。仆夫悲余马怀兮，蜷局顾而不行。"多么像马致远的《天净沙·秋思》中的那个浪迹天涯的主人公啊！诗人早晨从天河渡口出发，晚上到了西面极远之地，忽然又来到流沙地带，沿着赤水河徘徊，当已决心离去，忽然在太阳升起时，猛然瞥见那楚都故乡，我的仆从悲伤马也怀念，屈身回望再也不肯前行，景物地点的流动变迁诗意地呈示了诗人心灵延宕的历程。

再如《招魂》："增冰峨峨，飞雪千里些……冬有突厦，夏室寒些。川谷径复，流潺湲些。光风转蕙，汜崇兰些……坐堂伏槛，临曲池些。芙蓉始发，杂芰荷些。紫茎屏风，交绿波些……皋兰被径兮，斯路渐。湛湛江水兮，上有枫。目极千里兮，伤春心。魂兮归来，哀江南！"诗人依次描写了景物的流动：千里冰封，万里雪飘；山谷溪流，微风拂草，兰草芳香；荷花芰菜，风生水起；山径铺满兰草，水流潺潺，枫林一片。然而诗人纵目望尽千里之地，春色是多么引人伤心，伤春之思透过景物的流动诗意地传达出来。

屈原的这种流动不居的写景手法，创造出了一种新的诗歌情景交融的抒情方式。具体来讲，《楚辞》并非是简单地反映楚地山水的自然地理环境，也并非是将主观之情投射到自然景物中，使自然山水成为抒情言志寄托的对象，而是诗人主体心理于楚地自然山川中不断徘徊游动的结果。"路漫漫其修远兮，吾将上下而求索"，诗人通过各种方式的游走，来寻找生命最终的皈依。诗意地游居带来景物描写的多层次、多角度、整体化，类似于电影的蒙太奇手法，情与景都在流动变化，给读者带来一种前所未有的新奇的审美经验。较之于《诗经》中景物描写的单一化，《楚辞》景物描写的流动性特征是一个显在的进步。

对于屈原的这种流动不居的写景手法，宋范温《潜溪诗眼》曾评论说："（《楚辞》）语或似无伦次，而意若贯珠"，清刘熙载《艺概·赋概》也评论说："《离骚》东一句，西一句，天上一句，地下一句，极开阖抑扬之变，而其中自有不变者存"——实际上，这种流动不居的写景手法，是诗人对于自然景物诗意想象的结果，审美想象使景物描写具有奇幻性、跳跃性，比如《九章·涉江》："入溆浦余儃徊兮，迷不知吾所如。深林杳以冥冥兮，猿狖之所居。山峻高以蔽日兮，下幽晦以多雨。霰雪纷其无垠兮，云霏霏而承宇。"一会儿描写山下黑暗又多阴雨，一会儿又描写雪珠雪花纷飞无边无际，浮云流动低垂下接屋宇，景物描写超越时空，具有奇幻性。

《九章·悲回风》："冯昆仑以瞰雾兮，隐岷山以清江。惮涌湍之碣碣兮，听波声之汹汹。"昆仑山、岷山和长江，都是地理上可考的真实山水，却非诗人身历其境的山水，而是诗人心烦忧乱之余，想象名山大川的壮观形式来舒展身心，因此才能在上句依靠着昆仑山俯瞰云雾，下句又飞越至岷山细览长江，景物描写具有跳跃性。

（三）景心互渗与景物描写的神灵化

受楚地巫觋文化的影响，自然景物与诗人感伤的心境互渗映衬、缱绻缠绵，使景物描写呈现为神灵化的特点，从而使诗歌生成为一种独特的天地神人共舞的审美境界①。

楚国巫觋文化非常发达，直接影响到了诗人的山水观念与审美经验。山岳河川之神原来是楚人祭祀的对象。神、人虽分属两个不同的世界，但是由于楚人信巫、善幻想，经过巫觋的媒介和祭礼时神秘气氛的熏陶，人们认为人心和山水神灵是可以相沟通的。正如有的学者所指出的那样："楚人以一种既是宗教的又是艺术的情绪来看待山水自然，所以屈原《九歌》中的山水自然既有'神'的灵通，又有'人'的心灵，而且不失自身所象征的自然事物的特征"②——自然景物在屈原的笔下兼具对象化、本体化与神灵化的特点，景物描写既体现出早期诗人诗性智慧的特点，又能使景物保持原样，"貌其本荣，如所存而显之"。

人心之"灵"与自然之"神"的这种互渗、沟通，一方面带来了景物描写中景物与主体心境的互渗映衬、缱绻缠绵，从而使诗歌极具浪漫主义色彩；另一方面则由"景物的神灵化"的特点而带来了

---

①　海德格尔认为"天地神人共舞"（《物》）及"人和存在的共属"（《同一律》），构成了"诗意地栖居"的基本信条。海德格尔：《海德格尔选集》，上海三联书店1996年版，第1181、651页。

②　陶文鹏、韦凤娟：《灵境诗心：中国古代山水诗史》，凤凰出版社2004年版，第23页。

景物主体化（即诗歌意境创造的一个主要特点）的萌芽。这两方面都使诗歌呈现出天地神人共舞的审美境界。

首先，我们来看景物描写中诗人之心境与自然景色、山水神灵三者互渗交融的诗句。

《九歌·湘夫人》："帝子降兮北渚，目眇眇兮愁予。袅袅兮秋风，洞庭波兮木叶下。登白薠骋望，与佳期兮夕张。鸟何萃兮苹中，罾何为兮木上？沅有芷兮澧有兰，思公子兮未敢言。荒忽兮远望，观流水兮潺湲。"美丽的湘江"女神"降临北岸，诗人"忧愁满怀"极目远眺，绵长不绝的"秋风"阵阵吹来，洞庭湖波浪翻涌"树叶"飘旋，纵目四望一片空阔苍茫，只见清澈的潺潺"流水"。飘然而至的湘江"女神""心境"缠绵的诗人与清凉的"秋天"共同构成了清渺幽远的审美境界。"袅袅兮秋风，洞庭波兮木叶下……与佳期兮夕张"几句，将诗人落寞惆怅的心境，融八百里洞庭的波风落叶与缥缈、神妙的神话中写来，情、景、神灵，天地、神、人三者交融、互渗、共舞，浑然一体。

《九歌·山鬼》："表独立兮山之上，云容容兮而在下。杳冥冥兮羌昼晦，东风飘兮神灵雨。留灵修兮憺忘归，岁既晏兮孰华予。采三秀兮于山间，石磊磊兮葛蔓蔓。怨公子兮怅忘归，君思我兮不得闲。……雷填填兮雨冥冥，猿啾啾兮狖夜鸣。风飒飒兮木萧萧，思公子兮徒离忧。"幽深的竹林、崎岖的山石、弥漫的云雾、晦暗的天色、飘零的细雨、萧瑟的风声、轰隆的雷电及啾啾猿啼交织在一起，展现了极为凄凉的山林"夜景"。主人公孤身一人伫立在高高的山巅上期盼，而神灵最终没有降临，更烘托出"山鬼"惆怅凄苦的"心情"，营造出一种凄艳的诗境。以景衬情，情因景现，情景互渗，而空灵缥缈的"山鬼"则既是人们寂寞忧伤、渴望爱情之少女的变形，又是天地自然之美的化身。

《九歌·湘君》："君不行兮夷犹，蹇谁留兮中洲？美要眇兮宜修，沛吾乘兮桂舟。令沅湘兮无波，使江水兮安流。望夫君兮未来，吹参差兮谁思！……横流涕兮潺湲，隐思君兮悱恻。"这是一幅望断秋水的佳人图，思君如流水，主人公盼望湘君到来，祈祷沅湘风平浪静，让江水缓缓而流，倾吐了对湘君的无尽思念，眼泪纵横滚滚而下，想起湘君悱恻伤神，湘君既是自然之神，又是诗人心灵理想的镜像，真是情与景一，真与幻合。

《九章·抽思》："心郁郁之忧思兮，独永叹乎增伤。思蹇产之不释兮，曼遭夜之方长。悲秋风之动容兮，何回极之浮浮。数惟荪之多怒兮，伤余心之忧忧。"诗人心中忧愁万分，反而埋怨秋风和香草的急躁和撩人，从而将景物拟人化了。

其次，由"景物的神灵化"的特点而带来了景物主体化的萌芽。所谓景物主体化，是指诗人赋景物以人情，使得景物好像具有了人的情感而主体化，进而能与诗人的心灵情感相互沟通、缱绻、缠绵。我们熟知的李白的《月下独酌》便最具此特点："举杯邀明月，对影成三人。月既不解饮，影徒随我身。暂伴月将影，行乐须及春。我歌月徘徊，我舞影零乱"，月亮好像具有了人的意识，紧紧地跟随着"我"，缠绵缱绻、难舍难分，诗人虽然独酌却并不孤独，空中显灵，诗意盎然。景物描写的主体化手法在唐代达到了巅峰，成为诗歌意境创造的特质与标识。

在《楚辞》中，我们首次发现了景物主体化的萌芽，比如《九歌·湘夫人》："九嶷缤兮并迎，灵之来兮如云。"景物与神灵一体（九嶷山众神），如流云般迎接神灵的到来，景物因神灵而具有人格化、主体化的特点。以山川来迎接人，这一构思影响后世极为深远，比如林逋的"吴山青，越山青，两岸青山相送迎，谁知离别情"（《长相思》）；范成大的"山川相迎复相送，转头变灭都如梦"（《荆渚中流，回望巫山，无复一点，戏成短歌》）等便是如此。

再如《九歌·河伯》："……流澌纷兮将来下。子交手兮东行，送美人兮南浦。波滔滔兮来迎，鱼鳞鳞兮媵予。"波浪滔滔而来迎接我河伯，为我送行的鱼儿排列成行。河水波浪、鱼儿景物人格化、主体化了，好像具有了人的感情，为"我"迎送。梁诗人任昉的《济浙江》"或与归送波，乍逐翻流上"，诗意与之几多相似，江波兴奋地涌起仿佛要迎送诗人一程，船儿也不甘落后，追随着翻滚的江流而上，李白的名句"仍怜故乡水，万里送行舟"（《渡荆门送别》），其构思也如出一辙。

我们在《楚辞》中发现了一句真正意义上的景物主体化诗句，景物描写未受神灵的凭附，而是景物自身直接主体化。

《九章·涉江》："乘舲船余上沅兮，齐吴榜以击汰。船容与而不进兮，淹回水而疑滞。"船只慢吞吞不能前进，在逆流中凝滞、彷徨。船只仿佛是诗人的化身，在人生困境中彷徨、徘徊。景物人格化、主体化成为诗人情感的具体镜像。

郭沫若也曾评价过屈原景物描写的这一主体化特征："他（屈原）爱南方的山川风物，而仿佛沉潜到它们的神髓里去了。他利用着民间的信仰，每每把山水风物人格化了，而且化得非常优婉。"[①] 景物借神灵而与诗人心灵交流、沟通、对话，情景缠绵悱恻、天地神人共舞，形成了《楚辞》独特的审美造境。

总之，源于楚地"民神杂糅""民神同位"的原始巫觋自然观，在诗歌中被屈原创造性地提升到了审美境界的、浪漫主义的高度，而不单单具有宗教的、实用的现实功能。在巫觋文化影响下，《楚辞》中自然景物与诗人感伤的心境互渗映衬、缱绻缠绵，所生成的独特的天地神人共舞的审美境界更是屈原对诗歌创造的独特贡献，从中更是隐在地产生了诗歌意境创造之景物主体化的萌芽。

先秦时代，景物描写服从于诗人主体的抒情言志，尚不具有独立的审美地位。《楚辞》中的景物描写总体上也属于这种情况。但也有诗人的人生原因，屈原的山水隐遁是为情势所逼，虽离世而不能忘

---

① 郭沫若：《伟大的爱国诗人屈原》，载《楚辞研究论文集》，作家出版社1957年版，第12页。

世，因此始终不能自适于山水之间，由此也导致了一些景物描写的功利化、意识形态化，而不能以自然景物作为审美观照的主位。《楚辞》中最执着的情绪就是一份流连不去的伤感，景物描写因之呈现为悲情的感伤色彩。例如《九章·怀沙》："浩浩沅湘分流汨兮，修路幽蔽道远忽兮。曾唫恒悲兮，永慨叹兮。"沅水浩荡奔流不止，路途幽暗遥遥而无尽，正是诗人彷徨悲哀心境下的景物形象。尽管如此，《楚辞》仍具有着独特的审美形态价值，显示着古人山水美感意识的端倪，具有重要的美学意义。

从审美心理学的角度来看，《诗经》中的景物描写基于感兴，即在于诗人主体对自然景物的审美感知，目的在于起情，因此只达到了"状物"的层面。而《楚辞》对自然景物的描写则融入了诗人主体的情感、想象、理性诸心理要素，初步具有了一定的山水审美意识，而达到了"写景"的层面。在《楚辞》中，正是因为诗人审美心理的成熟与多元化，而使得景物描写呈现为多样性的特征，这正如清恽敬在《游罗浮山记》中所说："三百篇言山水，古简无余词，至屈左徒而后，瑰怪之观，淡远之境，幽奥朗润之趣，如遇子心目之间。""如遇子心目之间"，显然超越了《诗经》状物的感知层面，显示了古人审美心意能力的发展。

十三　论意境

　　本节旨在从意境创造的思维方式——即"灵性直观"问题入手，来探讨"意境如何可能"和"意境是什么"这两个问题，从而为作为中国审美形态的意境问题的研究提供新的理论思考。借助于对"灵性直观"的研究，可将意境概括为："意境是在妙造自然的过程中所表现出来的灵性直观。"诗歌意境的创造，正是人在与自然打交道的过程中，借由灵性直观而直达心灵，所生成、创造出的一种天地神人共舞的审美意蕴。然而，意境这种审美意蕴的本质，在根本上乃是人的心灵境界、人生境界的审美生成与转换。总之，意境应当是一个以"人与自然关系"为本源、为本体；以"灵性直观"为机制、为功能；以"人生境界"的审美生成为理想、为目的的审美创造。

（一）意境的研究现状评析

　　意境的性质，是中国的审美形态。对于意境的研究属于审美形态学的范围。上面讲到的一般审美形态学研究的缺失也一定程度上影响到了对于意境的研究。下面我们围绕本书写作的主题即"思维方式"问题，从审美形态学的角度，来对意境研究的学术史作一回顾与反思。

　　将"意境"作为一个独立的主题进行专门的学术研究，当肇端于20世纪初，尤其是肇端于中国现代美学的发生。"美学"作为一门新学科的引入，王国维《人间词话》在 1908 年《国粹学报》上的连载，及其他相关文章的发表，标志着对"意境"进行"知识学"意义上研究的开始，并且达到了相当的学术高度。中国现代美学的起点，在某种意义上，堪称是从对"意境"（境界）的研究开始的，此起点不可谓不高。

从概念术语来说，"意境"是由诗论家发明出来的，盛唐之前并未有此概念。署名王昌龄的《诗格》，最早使用了"意境"的概念。"意境"概念的提出，并非偶然，乃是对于时代审美创造趣尚的概念性总结。其后，由皎然、刘禹锡、司空图等人加以发挥，遂形成规模，而成为具有普遍性的诗学话语。但是，尽管如此，"意境"在古代，总体上只是一个与风骨、滋味、空灵、神韵、兴趣、境界等相平行、并列的风格概念。古人对"意境"的把捉，并未有一个明确的民族美学史上的价值判断。

从审美形态来说，"意境"最早则是由王国维提炼（"拈"）出来的。他是如何提炼的呢？其一，王国维在《人间词话》中运用中西比较美学的方法、运用大量的美学范畴群、从美学史的高度，将"境界"（意境）确立为诗歌美学的本体性概念（"词以境界为最上"，"然沧浪所谓兴趣，阮亭所谓神韵，犹不过道其面目，不若鄙人拈出'境界'二字，为探其本也"）；其二，在王国维的其他文章里，"意境"更是被扩大为是整个文艺创作的本体性概念："元剧最佳之处，不在其思想结构，而在其文章。其文章之妙，亦一言以蔽之，曰有意境而已矣。……古诗词之佳者，无不如是。元曲亦然"[1]；其三，不限于诗词艺术创作，"境界"还指人生境界："古今之成大事业、大学问者，必经过三种之境界"，"境界有二：有诗人之境界，有常人之境界"，等等。总之，王国维据中学而融汇西学，由诗学而沟通美学，将诗词创作拓展至人生实践，从而将"境界"（意境）的概念，

---

[1] 王国维：《宋元戏曲史》，商务印书馆 1915 年版，第 124 页。

从古代诗学风格概念转换而为中国美学的核心审美形态。经由王国维的话语转换创新，"意境"（境界），已然成为中国美学理论建构的基础性话语，为我们所绕不过去的"权力话语"。表面上看，王国维的概念网络较为混乱，实际上显示了其非常深刻的建构审美形态学的学理意识，非常富于启发性，使人感慨其研究起点之高。

在王国维之后，宗白华先生在《中国艺术意境之诞生》（初稿刊于《时事潮文艺》创刊号，1943 年 3 月）一文中认为，"意境"是中国美学的最高范畴，它代表了中国人的宇宙意识和生命精神。

以上简括了"意境"（境界）研究的最初状况，对于意境研究现状的综述，当从这里开始。从中我们看到，人们对于"意境"的理解，经由了一般的诗学风格概念到中国美学的核心形态、范畴上的演变。经由王国维、宗白华的奠基，"意境"论已成为"中国美学"（而非"美学在中国"）理论建构的一块基石。"意境"或意境本体论，是中国美学对世界美学的一大贡献，一如当代"实践本体论"美学理论的建构与贡献。但是"意境"论的独特意义更在于，它是"土生土长"的，是"中学为体"的，是民族美学在新时代的传承与阐扬。

"意境"（境界）论何以在现代美学研究中彰显出来，并成为中国美学研究的一大主题，应当与当时的时代精神有莫大关系。本书就此不拟多谈，仅关注其研究审美形态的方法论意义。同样的，因为在王、宗之后，学界对于意境的研究可谓汗牛充栋、成果斐然，对此现状，本书也仅围绕着审美形态学的建构，而对其研究方法与致思取向，作一"反思的判断力"批判，这正如苏格拉底的格言："认识你自己"，我们也要反思我们自身是怎样看问题的。

本着对中国诗歌意境进行审美形态学的理论建构这一目的，本书将学界目前对于意境的研究角度，梳理、归纳为以下七个方面或七大出发点。

1. 从人生境界出发，自上而下的研究方法

此种思路，主要以王国维《人间词话》的"有境界则自成高格，自有名句"的美学观点和"人生三境界"说为代表。

在本书看来，对于王国维《人间词话》的研究，不能局限于其文字本身，要对其进行"穿透性阅读"，即从《词话》文本所呈示的诸多概念网络中、从对概念来源的考据中超越出来，紧紧把握王国维《词话》所提出的核心性美学思想。王国维《人间词话》的研究对象是词之美感特质（境界/意境），其研究路径则是探讨人生境界与诗词境界的关系问题，即研究人生境界如何向审美、诗词境界生成转换。所以王国维特别重视以"不隔""真感情""真景物"，来作为衡量诗词创作有无境界的标准。所谓"不隔"，即是说人生境界向诗词审美境界的无碍转换。他认为这种转换的心理机制是"直观"，"语语都在目前（按《手稿》本作："语语可以直观"），便是不隔"。

王国维"有境界则自成高格，自有名句"的美学观点，突破了古代诗学意境研究的情景论思路，揭示出了诗词审美境界生成的根本原因，从而上升到了艺术哲学的高度。

其著名的"人生三境界"说，实际上揭示了人生境界审美生成的三种不同层次。其提出的意义在于，它指出了人生境界审美生成的过程，是主体的内在精神世界不断被塑造、充实和提升的过程，是由"望尽"到"消得"再到"蓦见"的修养过程，是由"入"到"出"的过程，是"以我观物"到"以物观物"的过程，是主体摆脱功利物质欲望，最后达到主客相融的过程。词人在与宇宙人生打交道的过程中，随着其人生境界的不断超越与提升，最终便会实现自然而然的、"不隔"的、"语语都在目前"对于宇宙人生意义的"直观"，便会创造出"真景物"和"真感情"，从而达到"言情也必沁人心脾，其写景也必豁人耳目。其辞脱口而出，无矫揉妆束之态"的诗词境界。

王国维的此种研究路径是自上而下的，是一种人生境界决定论。其优点在于它发现了意境创造背后所包孕的深厚的人生境界底蕴。其不足之处则在于，过于强调了对于主体人生境界的真实再现，而忽略了主体心灵对于审美对象的能动创造。其不是以形态为中心，从形态出发；而是以人生境界为中心，从结论出发，来倒推意境的审美本质。一味求"真"，反而遮蔽了意境形态的多样性审美风格。如其对姜夔的批评，他认为姜夔的"数峰清苦，商略黄昏雨"、"高树晚蝉，说西风消息"等词，是有"隔"的。实际上，在我们看来，姜夔的这几句词，恰恰是很有意境的，是"景物主体化"、"情景主体间性"的典型表现，体现出了主体心灵的自由构造。

2. 从诗歌美学史的角度出发，以史出论的研究方法

仍以王国维《人间词话》为代表。

王国维不仅从人生境界出发去研究诗词境界，还进一步指出了"境界"在中国人美感心理结构中的地位。他援引了严羽和王士祯关于"盛唐诸公"的美感心理"唯在""兴趣"、"神韵"的观点，但在他看来，这些都太流于表面，他认为词之美感特质的根本在于有"境界"，有了境界，"而二者随之矣"。王国维在这里的目的很明确，他要提炼出"境界"二字来"探本"，"探本"，即规定了"境界"在中国人美感心理结构中的本体地位。《人间词话》在一定程度上堪称是"境界"作为词体美感形态的里程碑。在第九则之后，王国维紧紧围绕着"有境界则自成高格，自有名句"这条主线，也即以"高格"和"名句"为纲，来纵写唐五代词、北宋词、南宋词中"境界"形态的演变，并在与"气质"、"格调"、"格韵"的横向比较中，凸显"境界"的本体地位。这样，《人间词话》便突破了传统词话的研究视野，而达到了艺术哲学与历史的纵深度。

在这里，王国维提出了从"美学史"出发研究审美形态的问题与思路，尽管其没有展开过多的阐发，仍然初步显示出了一定审美形态

学建构的理论意识。其优点在于对意境系统做了诗歌美学史的系统识别，从而将意境确定为中国诗歌美学的核心形态。

叶嘉莹先生曾在《〈人间词话〉境界说与中国传统诗说之关系》①一文中认为，王国维"境界"说是对传统诗学的"兴趣"说、"神韵"说的"一次重要的演进"。此种解释非常精深入微，不过叶先生是从"说""论""学（统）"出发，而非从"形态"出发来理解"境界"说的，因此并非是王国维美学方法论的原旨与精要。本书后面则尝试从感性的审美形态出发，来论证这个审美创造的规律，即高级审美形态的包容性与超越性规律（详见正文第四章第一节）。

关于以上王国维《人间词话》对审美形态研究的这两大方法与思路，后来李泽厚先生也曾简略地谈到。李泽厚先生曾在 1985 年的一篇文章中讲："我想，如果让我今天再写这个题目（按：意境），大概会不同一些，看法和说法大概都会有些改变②。……大概会从人生境界的角度来谈论它们，也会注意从中国人的文化心理结构的整体背景上来考虑它的内容、意义和地位。……没有时间去重写它。……先作这个声明吧。"③ 实际上，王国维对此早已孤明先发，只是学界未能穿透其优美的文字与复杂的概念网络，从而忽略了其蕴含在文字与概念之后的深刻的审美形态学思想。

3. 从古代"意境论"出发，理论先行的研究方法

这是学界对意境研究之最主要的一种思路，大多数成果都集中于此。

据本书不完全统计，新时期以来至今，国内相继出版过如下"意境学"专著：刘九洲《艺术意境概论》（1987）、林衡勋《中国艺术

① 叶嘉莹：《王国维及其文学批评》，广东人民出版社 1982 年版，第 313—354 页。
② 李泽厚：《意境杂谈》，载《光明日报》1957 年 6 月 9 日、16 日。
③ 李泽厚：《走我自己的路》，生活·读书·新知三联书店 1986 年版，第 136 页。

意境论》（1993）、蒲震元《中国艺术意境论》（1995）、夏昭炎《意境概说：中国文艺美学范畴研究》（1995）、蓝华增《意境论》（1996）、薛复兴《东方神韵：意境论》（2000）、成远镜《意境美学》（2001）、古风《意境探微》（2001）、陈晓娟《作为"元审美判断"的意境》（2009）、孙志宏《生生不息——论中国古典诗歌意境》（2010）。

　　这种研究思路的一个共同取向在于，都是立足于古代意境论，以古代意境论作为起点来建构"意境学"。其优点在于，古代意境论是古人最直接审美经验的记录，今人的研究要能够符合古人的原意。但是，我们不要忽略一个事实，即比古人审美经验更为本源的是，意境创造与意境形态本身。因此，如从既有的古代意境论出发，再进行新的理论建构，即是一种"学之学"，而与感性的"意境"形态"隔"了一层。由此可见，从古代意境论出发，并不能达到"物自身"，即意境形态本身。

　　以古风先生的《意境探微》一书为例，该书对于"意境论"的梳理与总结最为系统全面，被誉为"这是百年'意境'研究史上一部具有总结性和前瞻性特点的论著"，然在其书中，一面讲"情景交融"，一面却又讲"上阳人，苦最多"诗句的"意境还是鲜明的"①，所论便是矛盾的，曾引起学界的争议②。这确实是值得我们深入反思的。

4. 从道禅哲学、美学思想出发，对意境创造进行思想上的影响发生学研究

　　这是目前学界研究意境的重要进路之一。很多学术大家都从这个角度来入思，写出了很多经典性的学术文章，影响很大，已然构成了

① 古风：《意境探微》，百花文艺出版社2001年版，第187页。
② 王振复：《对〈意境探微〉一书的四点意见》，载《复旦学报》2004年第5期。

意境研究之不可绕过的"学统"。大致可以分为两种研究倾向。

一是以道家美学思想为主，兼及禅宗美学思想来谈对意境创造的影响。这方面的研究以宗白华、叶朗和叶维廉三家成就为最高。

宗白华先生在其《中国艺术意境之诞生》等文章中，认为"中国艺术意境的创成，既须得屈原的缠绵悱恻，又须得庄子的超旷空灵"，"中国自六朝以来，艺术的理想境界是'澄怀观道'"，"道、舞、空白是中国艺术意境结构的特点"，"中国人对'道'的体验，是'于空寂处见流行，于流行处见空寂'，唯道集虚，体用不二，这构成中国人的生命情调和艺术意境的实相"。

叶朗先生在其《说意境》《再说意境》等文章中，认为"意境"蕴含着带有哲理性的人生感、历史感和宇宙感。"意境"给予人们一种特殊的情感体验，就是康德说的"惆怅"，也就是尼采说的"形而上的慰藉"。

叶朗先生又针对意境出自道家的"有无"说和出自佛家的"境界"说之争，提出了"禅宗在道家基础上"的"强化""结晶"说①。

此外，于民、韩林德先生也曾提出过意境的发生，就其哲学基础言，"道家（元气论）孕其胎，玄学助其成，禅宗促其生"②的说法。

叶维廉先生在《中国古典诗中山水美感意识的演变》《空故纳万境：云山烟水与冥无的美学》《语言与真实世界——中西美感基础的生成》等文章③中，强调道家美学"以物观物"的"抒情的纯粹境界"，认为"道家因为重视'指义前的视境'，大体上是要以宇宙现象未受理念歪曲的直观方式去接受、感应、呈示宇宙现象。这一直是中国文学和艺术最高的美学理想，求自然得天趣是也"。

二是以禅宗美学思想为主，来展开对意境的影响发生学研究。这

---

① 叶朗：《胸中之竹》，安徽教育出版社1998年版，第56—57页。
② 韩林德：《境生象外》，生活·读书·新知三联书店1995年版，第62页。
③ ［美］叶维廉：《叶维廉文集》（壹），安徽文艺出版社2002年版。

方面的研究，以张节末先生为代表。

张节末先生的代表性文章有《比兴、物感与刹那直观——先秦至唐诗思方式的演变》《意境的古代发生与近现代理论展开》《纯粹看与纯粹听——论王维山水小诗的意境美学及其禅学、诗学史背景》《从陶潜的"化"到王维的"空"——晋至唐诗人自然观变迁的个案分析》《论禅宗的现象空观》《中国诗学中的大传统与小传统——以中古诗歌运动中比兴的历史命运为例》《中古美学围绕着意境的立与破》。此外，他还著有《禅宗美学》一书。

其对意境的主要研究思路基于禅宗的现象直观美学思想；其研究方法是历史与逻辑的统一，重视从比兴、物感到刹那直观的"诗思方式"的演变，重视诗歌创作传统的变迁。其主要观点有二，一是认为"从先秦至唐，诗思方式经历了从类比联想渐次向刹那直观演变的过程"；二是认为意境的生成在于禅宗的"现象空观"——"纯粹现象的产生，标志着中国人感性经验的重大转型，从而为意境的萌生铺平了道路。"

此外，北京大学作为意境研究的学术重镇，2000 年以来相继有三篇博士论文专论意境：王德岩《止观与意境》（2000）、马奔腾《论禅对诗歌意境和意境理论的影响》（2004）、李昌舒《意境的哲学基础——从王弼到慧能的美学考察》（2004）。其整体研究路径是从佛禅的哲学、美学思想出发来看其对意境的影响。

另外，笔者 2010 年主持的《道禅美学与中国意境型诗歌的演变》课题，也是从道家（兼及道教）和禅宗美学思想出发来看意境的历史生成与演变的问题。本课题的核心观念是认为禅宗美学思想对于意境生成的影响，具有逻辑在先的"突破"性地位，而道家美学思想则起到了时间在先的"积淀"性作用。禅宗不仅发现了山水，创造了"境"的概念，而且认为"心灵"是人的本质、自性，这样就在根本上解除了儒、道、佛所预设的形而上的"仁"本体（道德）、"道"本体（自然）、"涅槃"本体（宗教）对"心灵"的束缚，发挥了人之为人的"心灵"本体的主体性。而以中晚唐为界，中国诗歌意境又发生了形态上的演变，即发生了由盛唐诗的自然"心灵化"形态，发展而为宋诗的自然"意理化"形态。这一转变的思想关键也在于禅宗强调主观精神主体性的"顿悟"说。总之，意境形态的生成与演变，与禅宗之强调精神主体性的心性哲学、美学思想密不可分。这些观点在后文中还会具体涉及、展开。

总之，从道禅哲学、美学思想出发来看其对意境生成与演变的影响，是一个较为重要的研究思路。其优点在于能够见出传统美学思想、审美精神对于意境创造的统摄。

如从审美形态学的角度来看，其不足之处则在于：一是强调哲学、美学思想上的影响与统摄；相应的便对于意境生成的本源，即人与自然关系的研究不够深入，而人与自然的实践存在性关联之于意境的发生，又是一个比哲学、美学思想的影响更为本源、更为基础的问题；二是对于诗人个体的自由创造，以及随之而来的意境的审美风格多样性问题的研究，尚嫌单一化，而意境所包孕的深广的个体人生境界底蕴，更是道禅哲学、美学思想所不能够完全涵盖的；三是在意境创造思维方式的问题上，仍然不够具体，更多的是基于哲学、美学思想的影响研究，而未能从思维本质上来界定意境的内涵，有待进一步具体化。

5. 从西方哲学、美学出发，对意境进行阐发研究

此种研究角度，大致有两种倾向。一是侧重于从审美心理学的角度来阐发意境的创造；二是中西美学的互相阐发。

从审美心理学的角度来研究意境，最早应始于王国维的《人间词话》。王国维借鉴了叔本华的"直观"论美学思想。在他看来，人生境界向审美、诗词境界生成转换的中介机制是审美直观。在《词话》中，他提出了"语语可以直观，便是不隔"的命题（"隔"与"不隔"的问题，实际上是讲人生境界与诗词境界的关系问题，而非是朱

光潜所讲的"显"与"隐"①的关系问题，不是诗论的问题，而是美学的问题）。如果作家能在和宇宙人生打交道的过程中，直观、觉解（"蓦然回首"）到宇宙人生的意义，在作品中真实而自然地表现出来（"真景物""真感情"），那么其词作便是有诗词境界的（"高格""名句"），便实现了从人生境界向审美、诗词境界的生成转换。

其后有朱光潜的《诗论》。"意境"说或"诗境"说，是《诗论》的核心观点之一。然而其"诗境论的框架却是依靠克罗齐的'直觉'说建构起来的"，"运用了中西互证的方法，即用直觉说、移情说、内模仿说与顿悟说、情景说等互证、互释，使中西不同的诗学理论得以沟通、交流，各自都获得了与以往不同的新解，从而增添了新的活力。"②

叶嘉莹先生《从现象学到境界说》③（1986），认为古代诗学中的"心物交感之关系"，即"境界"说，与西方现象学，如其所言"现象学所研究的既不是单纯的主体，也不是单纯的客体，而是在主体向客体投射的意向性活动中主体与客体之间的关系以及其所构成的世界"，二者"大有相似之处"。

此外，徐复观、刘若愚、杜国清、叶维廉、王建元、萧驰、张节末等先生皆用西方现象学诸理论来研究中国（诗歌）美学，所论往往非常精到，灵活运用而不落痕迹，予后学以深刻启发。

中西美学的互相阐发，则以台湾学者赖贤宗《意境美学与诠释学》（2009）为代表，其基本思路是"参照海德格尔的诠释学与存有思想，来建构意境美学的本体诠释，进行以诠释学为核心的中西美学对话"。该书被誉为"是一项跨世纪与跨哲学、跨文化的重要思想成

---

① 朱光潜：《诗的显与隐——关于王静安〈人间词话〉的几点意见》，载《朱光潜全集》第3卷，安徽教育出版社1987年版，第356页。
② 朱光潜：《诗论·朱立元导读》，上海古籍出版社2001年版，第14页。
③ 叶嘉莹：《词学新诠》，北京大学出版社2008年版，第6页。

果"①。书中除了展开对禅宗美学、道家美学意境说的系统研究之外，也对禅画、当代书法美学、当代水墨与抽象山水的实作予以考察。从而该书对于意境审美形态学研究的意义即在于其文艺本体论的研究视野，通过打通不同的文艺门类，来研究意境创造所包孕的普遍规律。

总之，从西方审美心理学出发来阐发意境，其优点在于能够深入到意境创造的心理活动中。但是正如任何理论都筑基于某种特定的现象，我们要注意用西方哲学、美学理论来阐发意境的有效性及其限度，不能过度诠释。在本书看来，审美现象学（审美直观）理论，对于道家的虚静美学，对于分析陶渊明、王维"思与境偕"式的诗歌意境形态具有一定的理论参考意义。但其对于主体心灵的能动创造，对于意境妙悟心理机制的研究，对于禅宗的"观想念佛"的戏剧性审美等更为丰富多样的审美心理现象的研究，理论阐释的有效性便不免有所局限，因而此种研究并不能解决意境多样的审美风格问题。

6. 从"文本中心论"出发，自下而上的研究

此种研究方法，基本上沿用了古代诗学情景论的研究路数。它一般不关注诗人、世界，而只关注诗歌意境的形式、风格等要素。

李泽厚先生曾写过《意境杂谈》（1957）一文，他认为，"意境"应与小说戏剧中的"典型"一样，可以看作是美学中平等相等的两个基本范畴，是比"形象"更高一级的美学范畴，是"形""神""情""理"四要素的统一，是客观景物与主观情趣的统一。

此种研究中最有代表性的学说，当属童庆炳先生主编的《文学理论教程》教材，侧重对于意境构成要素的分析，指出意境创造具有情景交融的表现特征，虚实相生的结构特征和韵味无穷的接受效果。

这种研究方法的优点在于，它以意境的审美特征为中心，运用了

① 赖贤宗：《意境美学与诠释学》，北京大学出版社 2009 年版，第 1 页。

描述与分析相结合的审美形态学理论的研究方法，所论精到而富有概括力。但因其关注的焦点是意境的本质问题，未及全面论述意境的生成流变和意境创造的思维方式等问题。

7. 从人与自然关系出发，探寻本源的意境生成论研究方法

此种研究，以王建疆先生《自然的空灵——中国诗歌意境的生成和流变》① 一书及其他相关文章为代表。

该书源于其在 2004 年所主持国家社科基金项目"从人与自然关系的嬗变看意境型诗歌的生成流变"的写作，是研究"意境生成理论"的专著。除此之外，王建疆先生近年来还集中发表了《自然的玄化、情化、空灵化与中国诗歌意境的生成》②、《人与自然关系的嬗变与文学发展的影响》、《中国诗歌史：自然维度的失落与重建》、《意境理论的现代整合与内审美的视域超越》、《景物的工具化、对象化、主体化、意理化与诗境之生成流变》、《诗歌意境中哲学智慧的结构分析》、《人与自然关系中的诗歌景物流变》等文章，学术反响较大。

王建疆先生"意境生成理论"的核心观点有三。一是认为中国诗歌意境的生成和流变与中国古人的自然观息息相关。表现在将自然玄化、情化和空灵化上。玄化为诗歌意境的生成提供了情景交融的本体。空灵化为诗歌意境的生成提供了言有尽而意无穷的空灵效果。二是其将人与自然的关系引入诗歌中的情景关系研究，得出进一步结论，认为中国诗歌意境的生成流变经历了先秦诗歌中景物描写的工具化、魏晋南北朝诗歌中景物描写的对象化和唐宋诗歌中景物描写的主

---

① 王建疆：《自然的空灵——中国诗歌意境的生成和流变》，光明日报出版社 2009 年版。

② 王建疆：《自然的玄化、情化、空灵化与中国诗歌意境的生成》，载《学术月刊》2004 年第 5 期，被《新华文摘》2004 年第 16 期全文转载、《中国社会科学文摘》2004 年第 5 期全文转载、《人大报刊复印资料》（中国古代、近代文学）2005 年第 10 期全文转载。

体化三个阶段。这三个阶段代表了中国古代诗歌中人与自然和谐的三种高度。三是其在对诗歌景物流变与诗歌生成流变研究的基础上，进一步全面考察中国诗歌史，提出了中国诗歌发展七个阶段的理论，从而印证了关于"人与自然关系的嬗变是文学发展的中轴"的重要结论，为"重写中国诗歌史"奠定了思想基础。

在《自然的空灵》一书中，笔者作为王建疆老师的学生而参与了其中对于宋诗创作中人与自然关系的研究与考察，在导师研究成果的基础上，提出了"景物意理化"的概念，认为与唐诗意境相比，宋诗的创作虽沿着"景物主体化"方向进一步发展，但最终背离了景物本体性存在，将景物当成了工具，其实质则是"景物意理化"。宋诗以此而走向了唐诗的反面，最终导致了诗歌意境形态的异化与式微。

从人与自然关系出发，来研究意境形态的生成与流变，这种研究方法的优点在于，其从意境创造的本源出发，探索人与自然的亲和性存在关联，这样便为意境的研究奠定了发生学的基础，从而真正将审美形态学的"从形态出发"的精神落在了实处。其探索的焦点是意境的生成与流变的原因和规律，也已经涉及了意境生成过程中的思维方式问题，如互渗思维、超越思维、对话思维等问题。但如何从思维本质来界定意境，尚待进一步展开研究。

以上七个方面，构成了当前学界对于意境研究的最主要、最有代表性的方向。这七个方面的研究都取得了重要的学术成就，是本书研究的基础与前见。

经由上面的研究综述，我们能够看到，尽管古往今来人们对于意境问题的研究，成果斐然，成就卓著，但仍存有一定的可开拓性的空间，尤其是对关于"意境如何可能"，"意境是什么"这两个问题的理解，还有进一步深化的可能。这也是本书选题的依据所在。在本书看来，意境在"思维方式"的问题上仍存有进一步的开拓空间。这是因为，意境的特点在于"言有尽而意无穷"的"意蕴"，在于其那呈现给人的回味无穷的"想象空间"。因此，提出意境创造的"灵性直观"的思维方式问题，是立足于意境本身的研究。总之，我们要从意境创造与意境形态本身出发，建构符合意境形态本身的中国美学审美形态学理论。

（二）中国诗歌意境中的灵性直观问题

意境如何可能？——"空"与"灵"的辩证结构决定了意境的"情景交融""思与境偕""虚实相生""境生象外""言有尽而意无穷""不著一字，尽得风流""含蓄蕴藉"等审美特征的可能。

1. 灵性直观在中国诗歌意境中的表现

对于"灵性直观在中国诗歌意境中的表现"，即"狭义灵性"问题的探讨，我们在这里先结合具体诗例，来简单对比一下其和广义"灵性"的区别。然后再概括出"狭义灵性"的含义与特点。

如前文所述，广义的"灵性"，是一种本体认知，或存在认知，诗人借由灵性直观而发现了景物对象的"本体性""自性"的意蕴。南朝宗炳说："圣人含道应物，贤者澄怀味象。至于山水，质有而趣灵。"[1] 这是说圣人体物，能够使山水景物的内在"趣灵"呈现出来。清田同之也说："山川草木，花鸟禽鱼，不遇诗人则其情形不出，声臭不闻，诗人之笔，盖有甚于画工者。即如雪之艳，非左司不能道；柳花之香，非太白不能道；竹之香，非少陵不能道。诗人肺腑，自别具一种慧灵，故能超出象外，不必处处有来历，而实处处非穿凿者。固由笔妙，亦由悟高，乌足以知此！"他认为，诗人具有灵性直观（"慧灵"）的能力，而能超出为耳目视听感官等所及的物之外在表

---

[1] 《画山水序》，载俞剑华《中国古代画论类编》（第2版），人民美术出版社 2000 年版，第 583 页。

象，从而把捉住对象的内在意蕴（"情形"）。司空图所讲的"超以象外，得其环中"，也讲的正是这个意思。

我们看李白描写"瀑布"的名句："飞流直下三千尺，疑是银河落九天"，韩愈描写抽象"春天"的名句："天街小雨润如酥，草色遥看近却无"，林逋咏"梅"的名句："疏影横斜水清浅，暗香浮动月黄昏"，这些名句的特点都在于将自然景物的"趣灵"与"神韵"，完整"不隔"地呈现出来，而"宜使后人搁笔也"。这正如王国维在《人间词话·五一》中所说的那样："明月照积雪""大江流日月""中天悬明月""长河落日圆"，此种境界可谓是"千古壮观"。《人间词话·三六》又云："美成《苏幕遮》词：'叶上初阳乾宿雨。水面清圆，一一风荷举。'此真能得荷之神理者。"梅尧臣也说诗人作诗要能"状难写之景如在目前"。如此等等，都是在于强调对于感官的超越，而将对象的内在"神理"本样所存地完整呈现出来，"貌其本荣，如所存而显之"。

广义上的"灵性"，是一种创造性的直观，它以发现、揭示对象自身的"本体性"意蕴为目的。它不是看到了一般的非本质的现象（感性直观），也不是透过现象看本质（理性直观），而是看对象是如何显示自身的本性的。灵性直观的过程，一方面是人直观对象的过程；另一方面也是对象本身生成自身和成为自身的过程。只有在灵性直观中，"景物"对象才开始自己发生，"景物"的意蕴才开始生成，而在瞬间之中敞开了自身的"趣灵""风神""神韵"。这是我们前面所讲的一般意义上的、广义的"灵性"。

然而广义的"灵性"对于诗歌意境的创造而言，只揭示了意境审美本质的一半，即揭示了意境创造的基础层面。诗歌意境的创造，不仅仅在于对景物本体性、空间形象的反映与镜照，更主要的是要打通"有"限与"无"限，而"与天地精神相往来"。在宇宙茫茫造化之中，在与景物的交流中，伸展了灵性，虽是一心，却与造化同流。

因此，狭义的、意境中的"灵性"，便指的是在广义"灵性"

— 201 —

（灵性直观）之重视"本体性"意蕴基础上，侧重于表现景物"主体性"的意蕴，使景物也具有和人一样的"主体性""灵性"。人不仅能够觉解"景物"，景物也能以其具有"主体性"，而能够善解人意，成为诗人的"知音"。这正如李白诗云："春风知别苦，不遣柳条青"，李德裕诗云："青山似欲留人住，百匝千遭绕郡城"，杜牧诗云："蜡烛有心还惜别，替人垂泪到天明。"意境中的"灵性"显现的标志，就是"景物主体化"，以及在此基础上的"景物主体"与"诗人主体"所生成的"主体间"的交流与互动。我们来看下面几首诗。

王维的《送沈子福之江东》：

> 杨柳渡头行客稀，罟师荡桨向临圻。
> 惟有相思似春色，江南江北送君归。

诗人在和友人依依惜别之际，那"春色"仿佛也具有了人的"相思"之情，充分"主体化"了，在江南江北护送着、跟随着友人一同归去。在这里，诗人状难写之景抒发无形之情，情、景主体间妙合无垠，造成一种既写离情别绪又深婉含蓄，哀而不伤的审美接受效果。钟惺《唐诗归》评之曰："相送之情，随春色所至，何其浓至！末两语情中生景，幻甚。"所谓的"幻"，是灵性的创造，又是心灵的真实。"景物"，不仅仅是物理化的存在。

比较而言，同样写景，王绩的《野望》：

> 东皋薄暮望，徒倚欲何依。树树皆秋色，山山唯落晖。
> 牧人驱犊返，猎马带禽归。相顾无相识，长歌怀采薇。

"树树皆秋色，山山唯落晖"诚可谓是"诗中有画"——诗人举目四望，到处是一片秋色，光与色，远景与近景，静态与动态。景物

"趣灵化"、本体性的意蕴呈现。可是，诗人与景物是分离的。诗人是"旁观者"，是景物的"记录者"、"镜子"。"相顾无相识，长歌怀采薇"——诗人还不能从大自然中找到心灵的慰藉。怀揣着孤独感而无以释怀，只好追怀古代的隐士，和伯夷、叔齐那样的人交朋友了。

再如王缙的《别辋川别业》：

山月晓仍在，林风凉不绝。殷勤如有情，惆怅令人别。

诗人离开辋川别业时，"山月"与"林风"对"我"依依不舍，殷勤含情来相送。俞陛云《诗境浅说》评之曰："山月林风，焉知惜别，而殷勤向客者，正见己之心爱辋川，随处皆堪留恋，觉无情之物都若有情矣。"[1] 此处诗人对于自然的理解，已然告别了曹操《观沧海》诗中那"水何澹澹，山岛竦峙""秋风萧瑟，洪波涌起"的对象化、本体化的景物呈现了。

再如李白的《长门怨》：

天回北斗挂西楼，金屋无人萤火流。月光欲到长门殿，别作深宫一段愁。

黄叔灿《唐诗笺注》："'别作'、'一段'四字，令人体味不尽。"本是宫人见月生愁，或是月光照到愁人，但这两句诗却不让人物出场，把愁说成是月光所"作"，运笔空灵，设想奇特。前一句妙在"欲到"二字，似乎月光自由运行天上，有意到此作愁，如果说"照到"或"已到"就寻常，索然无味了。后一句妙在"别作"二字。比较而言，沈佺期、张修之的《长门怨》也写到月光，沈诗云：

---

[1]　俞陛云：《诗境浅说》，中华书局2010年版，第124页。

"月皎风泠泠，长门次掖庭"，张诗云："长门落景尽，洞房秋月明"，尽管二诗都一定程度上显现了景物"本体性"，但是，景物与人情是分明的。

意境中的"灵性"，则是一种主客完全融合的存在，是对象性消弭后的主客体合一，是一种存在意义上的审美境界。正如王建疆先生所指出的："只有在客体消弭，主客混同的情况下，景物才具有了主体的意味。审美主体不仅能够在审美对象上'直观自身'，审美对象本身包含着可被审美主体领悟、认同的意蕴，而且审美对象本身也能领悟和认同主体。这样，主体与物质实存间的距离就消失了，景与情之间的隔阂也虚化了，而是变成了主体间的心心相印、不分彼此，从而产生多质多层次的共鸣。"①

总之，意境中的"灵性"表现为一个浓缩的景物"意象体"。其实质在于意境的创造，以直观"心灵"（感知、情感、想象、理解等）本体为审美对象，而在诗境中转换、呈现为高度虚灵的景物"意象体"。这正如王夫之所说的："情景虽有在物在心之分，而景生情，情生景，哀乐之触，荣悴之迎，互藏其宅。""灵性"是在情景主体间的交流与对话中生成的，是真正意义上的天人合一，达到了人与自然的高度和谐。

"景物主体化"是唐诗意境的重要识别标志，我们来看，储光羲《江南曲》："落花如有意，来去逐轻舟"，张泌《寄人》："多情只有春庭月，犹为离人照落花"，王勃《山中》："长江悲已滞，万里念将归"，王维《过沈居士山居哭之》："野花愁对客，泉水咽迎人"，李白《下终南山过斛斯山人宿置酒》："暮从碧山下，山月随人归"，戎昱《移家别湖上亭》："黄鹂久住浑相识，欲别频啼四五声"，李商隐《端居》："阶下青苔与红树，雨中寥落月中愁"，罗隐《绵谷回寄蔡氏昆仲》："山牵别恨和肠断，水带离声入梦流"，等等。"化"意味

① 王建疆：《中国诗歌史：自然维度的失落与重建》，载《文学评论》2007年第2期。

着普遍性程度，王建疆先生《自然的空灵》一书对此有过专门的统计与论述。①

总之，狭义的灵性与广义的灵性相比较，"灵"较自然之"妙有"和"实"进了一层，它突出了生命的灵动和智慧的超妙。"空灵"也即是"境意"，意境就是境（"空"，空故纳万境）中之意（意蕴、"灵"）的呈现。那么，景物主体化如何可能呢？其源于意境的"空灵"结构。我们下面来看。

2. "灵性直观"与意境的"空灵"结构

从思维方式上说，诗歌意境的创造，是人对自然万物进行"灵性直观"的结果。然而，"灵性直观"又具体是怎样一个思维过程呢？其思维结构是什么？灵性直观的结构是"空灵"。灵性直观的思维结构为空灵结构，把对象看空，使其内在的"灵"呈现出来。看空，意味着两个方面。第一方面，是存在认知、整体认知，与宇宙造化（本体），结合起来。第二方面，是透过灵来思、悟本体。

诗人如何将心灵世界中难以言传的细微感受传达出来，说不可说之神秘，如何将"心中独喻之微""轻安拈出"，使之"不隔"地、"不著一字，尽得风流"地呈现出来，是意境创造的关键性环节。——其实现，乃是在于意境创造之独特的"空灵"结构。"空灵"中的"灵性"，是诗歌意境的独特魅力之所在，堪称是"意境的灵魂"②，其呈现的正是诗人心灵世界中的这种只可意会不可言传的审美"意蕴"。

诗歌意境的"空灵"结构，具体来讲，表现为以"真空"来现"有"，由"空"而显"灵"，即通过创造"空"境，来呈现出"景

---

① 王建疆：《自然的空灵——中国诗歌意境的生成和流变》，光明日报出版社2009年版，第220页。

② 王建疆：《自然的玄化、情化、空灵化与中国诗歌意境的生成》，载《学术月刊》2004年第5期。

物"主体性的"灵";再用"景物"的形象来呈现出我心中那无形的、不可言说的意蕴。这样,"无形"的、难以言传的心灵境界便化为"有形"的景物形象,"有形"的景物形象,亦因此而包孕有了人的情感,而具有主体性。这正是王夫之所讲的"有形发未形,无形君有形"①。"灵"以"空"为目的,"空"以"灵"为依托,二者相互依存,辩证统一,"以空显灵"又"以灵显空","空则灵气往来"。中国诗歌意境的创造所具有的是这样一个有无虚实相生的"空灵"结构。刘禹锡的"境生于象外"说、司空图的"象外之象,景外之景"说等,都强调诗歌应具有超越实象的虚象,以便给读者以广阔的想象空间。

"空灵"结构,是"意境如何可能"的根据。一般来说,我们将意境的审美特征表述为"情景交融""思与境偕"等,但是,为什么"情景交融""思与境偕"就是有意境的?——对此,我们认为,结构决定功能及其特点,意境的这几个标志性的审美特征,正是由其"空灵结构"所决定的。我们下面结合具体的诗例来分析。

(1) 灵性直观与"思与境偕"。

诗歌意境"思与境偕"的审美特征如何可能?

在诗歌意境的创造过程中,诗人对自然造化进行"灵性直观",透过自然景物的"灵""有""动",去觉解、去"思"那宇宙本体之永恒的"空""无""静"。"灵"是宇宙造化的"生机"、大化的"流行"。只有通过"灵"才能悟到形而上的"空",反过来,领悟到"空"才能真正珍惜和享受"灵"的美。这就是意境的超越,不离此岸,又超越此岸。在"空"与"灵"的张力中生成诗歌意境之亹亹难尽的意蕴。"灵性"就是从这"有"中体验"无"的永恒。"灵"是当下,"灵"又是永恒。在变动不居的外在景象中,又超越了外在景物,成为某种奇妙感受、某种愉悦心情、某种人生境界。这种觉

---

① 王夫之:《古诗评选》卷二,上海古籍出版社1980年版,第96页。

解、"思"，是"无形"的，是心灵境界的显现，即"意境"。

王维的诗歌最为典型，可谓是"画中有诗""诗中有画"，"画"就是"灵性"的不隔呈现，"诗"就是"空"，就是对宇宙的本体、永恒之思，画即是诗，诗也即是画。

> 木末芙蓉花，山中发红萼。涧户寂无人，纷纷开且落。(《辛夷坞》)
> 空山不见人，但闻人语响。返景入深林，复照青苔上。(《鹿柴》)
> 空山新雨后，天气晚来秋。明月松间照，清泉石上流。(《山居秋暝》)
> 人闲桂花落，夜静春山空。月初惊山鸟，时鸣春涧中。(《鸟鸣涧》)

一切都是动的，但其所传达出来的意味，却是永恒的静。空即色，色即空。合为一体，不可分割。在纷繁的现象中获得的本体，在瞬间获得永恒，在实景中获得虚境。在对自然的片刻顿悟中，感到了不朽的存在。那永恒似乎就在这自然风景之中，然而似乎又在这自然风景之外。思与境偕，心灵与自然合为一体，在自然之中得到了停歇，心似乎消失了，只有大自然的缤纷绚烂、景色如画。后者则是这种超越——"象外之象"，缤纷绚烂的自然景色展示的，是永恒不朽的本体存在。

王维特别喜欢创造介乎"色空有无之际"的诗境："白云回望合，青霭入看无"，"山路元无雨，空翠湿人衣"，"江流天地外，山色有无中"，"行到水穷处，坐看云起时"，等等，以山空林静衬映人的静寂默然，一动一静中反映宇宙本体上的空寂，一有一无中再现自然的灵机。

柳宗元的《江雪》，"千山鸟飞绝，万径人踪灭。孤舟蓑笠翁，独钓寒江雪。"于寥阔空寂、寒江凝雪之际独现孤舟渔翁的冷寂，是一种"寂而生，生而灵，灵而空、空而生"的境界。

韦应物的《滁州西涧》，"春潮带雨晚来急，野渡无人舟自横"。于无人空旷之境再现幽草鸣禽的灵性，仿佛与自横空舟构成了一种人与自然的对话，一种期盼、一种空寂，真正深入到了天地万物之心。而这一切又都包含在了"空"中；所谓"韵外之致""味外之旨""羚羊挂角，无迹可求"是对这种空灵超旷境界的写照[1]。

"思与境偕"，就是要超越有限和无限、瞬间和永恒的对立，把永恒引到当下、瞬间，要人们关注当下，珍惜瞬间，在当下、瞬间体验永恒，从永恒的本体来观照当下。青原惟信："老僧三十年前未参禅时，见山是山，见水是水，及至后来，亲见知识，有个人处。见山不是山，见水不是水。而今得停止休歇处，依前见山只是山，见水只是水。"在这里，青原惟信所讲的重点，并非是如很多学者所讲的"天人合一"，而是说，"悟了同未悟"，"悟空"，强调要对于"此在"的珍惜，因为，此在即是空，空即是此在。

总之，"境"要求"不睹文字"，境要求"思"既在境中而又不见"思"，是诗"非关理也"的走向。诗歌意境的创造要能够"状思象之无形于有形"。王维在《酬张少府》的尾句中写道："君问穷通理，渔歌入浦深。"如同禅宗的问答，"如何是佛法大意"——"春来草自青"一样，将无形的思理化为有形的自然景象，化空为灵，含蓄蕴藉，发人深思。

（2）灵性直观与"情景交融"。

诗歌意境的"情景交融"审美特征如何可能？

诗人的心灵体验是无迹无形的，难以捉摸的，正如薛媛《写真寄外》："泪眼描将易，愁肠写出难。"诗歌意境的创造，常常将无形

---

① 王建疆：《自然的空灵——中国诗歌意境的生成和流变》，光明日报出版社 2009 年版，第 14 页。

（空）的情感世界——"人情"一般不出场——借景物的"灵性"而显露出来。正如王夫之所讲的是"有形发未形，无形君有形"。如：

李白的《玉阶怨》：

> 玉阶生白露，夜久侵罗袜。却下水晶帘，玲珑望秋月。

此诗虽题目为"怨"，但全诗无一"怨"字，完全通过人物、景物而将无形的心灵境界呈现出来，能将读者引到诗情之最幽深处，诚所谓"不著一字，尽得风流""空谷传音""此处无声胜有声"。

张继《枫桥夜泊》：

> 月落乌啼霜满天，江枫渔火对愁眠。姑苏城外寒山寺，夜半钟声到客船。

在一个空寂的夜晚，诗人怀揣着羁旅之思，一声"钟声"传来，既衬托出夜的静谧、清寥，又富有生命的"灵机"。将诗人卧听钟声的种种难以言传的感受直观地呈现出来。

刘长卿《逢雪宿芙蓉山主人》：

> 日暮苍山远，天寒白屋贫。柴门闻犬吠，风雪夜归人。

诗人在苍茫、荒凉、凄冷的山路中行进，刚到家门口，忽然传来一阵"热闹"的狗叫声，迎接着主人的归来，顿时使诗人倍感亲切与温暖，超越了荒寒凄冷的生存之境，正是"空"中有"灵"。

总之，诗人通过对自然景物进行"灵性直观"，具体来讲，在诗歌意境的创造中，对自然景物进行空灵化处理，从而使人能够真切地感受到诗人微妙的心理活动。以实为虚，以形传神，使抽象的情感融会于自然景物而转化为具体可感的形象，因此，意境创造的情景交融特征得以实现。

（3）灵性直观与"内通感"。

一般所谓"通感"，是指文学艺术创作和鉴赏中各种感觉器官间的互相沟通。尤其指视觉、听觉、触觉、嗅觉等等各种官能可以沟通，不分界限。最典型的例子就是宋祁的"红杏枝头春意闹"、张先的"云破月来花弄影"等等。

而诗歌意境创造中的灵性直观，则能够产生一种独特的"内通感"现象。如：

李白《与史郎中钦听黄鹤楼上吹笛》：

一为迁客去长沙，西望长安不见家。

黄鹤楼中吹玉笛，江城五月落梅花。

诗人听到黄鹤楼上吹奏《梅花落》的笛声，感到格外凄凉，仿佛五月的江城落满了梅花。诗写听笛之感，却并没按闻笛生情的顺序去写，而是先有情而后闻笛。前半部分捕捉了"西望"的典型动作加以描写，传神地表达了怀念帝都之情和"望"而"不见"的愁苦。后半部分才点出闻笛，从笛声化出"江城五月落梅花"的苍凉景象。蒋仲舒评之曰："无线羁情，笛里吹来，诗中写来。"

郎士元《听邻家吹笙》：

凤吹声如隔彩霞，不知墙外是谁家。

重门深锁无寻处，疑有碧桃千树花。

"凤吹声"即为笙声，诗人以"隔彩霞"来形容笙乐之音，是化听觉为视觉感受。诗人以天上彩霞的色彩来描写笙乐之美妙。最后诗人以"疑有碧桃千树花"来进一步描写这音乐之声。此句与前面的"隔彩霞"遥相呼应，诗人再次运用视觉感受表达听觉，用千树碧桃竞发鲜艳之花的景色来表现笙乐的引人入胜。诗人在美妙的笙乐中飘飘欲仙，似在人间而实在仙界。如"隔彩霞"表达的是这笙乐之音似天上彩霞飘然而降，犹如杜甫所言"此曲只应天上有，人间能得几回闻"？而诗中的"碧桃"，即王母娘娘的仙桃，自然是天上才有。诗人通过通感手法把有形的笙乐之音转化为无形的天上仙乐，同时也把自己身处的人间转化为仙界，借助笙乐从现实世界进入自己的理想世界。

钱起《省试湘灵鼓瑟》：

> 善鼓云和瑟，常闻帝子灵。冯夷空自舞，楚客不堪听。
> 苦调凄金石，清音入杳冥。苍梧来怨慕，白芷动芳馨。
> 流水传湘浦，悲风过洞庭。曲终人不见，江上数峰青。

诗人在倾听妙曲时，想见伊人，直指美丽而神秘的湘江女神："曲终人不见"，只闻其声，不见伊人，给人一种扑朔迷离的惆怅。然而，更具神韵的是，结句"江上数峰青"，回到了现实世界，山依然还是山，水依然还是水，只是，一江如带，数峰似染，景色如此恬静，给人留下悠悠的思恋。

"内通感"是可能的。玻尔兹曼曾评述麦克斯韦气体动力理论文章的特点："一个音乐家听出几个小节就能认出莫扎特、贝多芬还是舒伯特，同样，一个数学家读几页就能看出是柯西、高斯、雅可比、赫姆霍慈还是基尔霍夫。法国数学家以形式优雅超群，而英国人，特别是麦克斯韦，则具有戏剧性的感觉。例如，谁不知道麦克斯韦关于气体动力学的论文？……首先是对速度变化的庄严壮丽的论述，然后状态方程从一边进入，有心场中的运动方程从另一边进入。公式的混乱程度越来越高。突然，我好像听到定音鼓，鼓槌四击'敲定 $N = 5$'。邪恶的精灵 V（两个分子的相对速度）；就像在音乐中一样，一直突出的低音突然沉寂了，似乎不可超越的东西好像被魔术一般的鼓

— 211 —

鸣超越了……这不是问为何这个或那个代之而起的时候。如果你不能与那音乐一道同行同止，那就把它放在一边吧。麦克斯韦不写注释的标题音乐……一个结果紧随另一个结果，连绵不断，最后，像一阵意外的旋风，热平衡条件和迁移系数的表示式突然出现在我们面前，紧接着落幕了！"①作者能在科学家的笔下发现音乐性的感受，也是一种独特的妙悟——"灵性直观"。

总之，不同于一般意义上的感官性通感，"内通感"的性质更多的是一种情感性的想象，都是由"灵性直观"的特点所决定的。如杜甫《捣衣》：

> 亦知戍不返，秋至拭清砧。已近苦寒月，况经长别心。
>
> 宁辞捣衣倦，一寄塞垣深。用尽闺中力，君听空外音！

"空外音"者，正是秋风传送的捣砧的声响，这捣砧声响一阵紧似一阵，一阵响似一阵，冲破瑟瑟秋声，透出捣衣妇女关怀丈夫的一片深情。清代吴昌祺评道："结言君亦能听此空外之音否乎？"则此"君听空外音"乃捣衣妇女发自内心的一句呼问，一声咏叹：我于此尽力捣衣，这"空外音"能否传到边塞令我夫君听到呢？这又是捣衣者相思深切的一种奇想！

3. "灵性直观"与意境的审美效应

意境的"韵味无穷"审美特征如何可能？

在诗歌意境中，诗人的情感不是直接抒发的，而是透过对自然景物的"灵性直观"，来委婉含蓄地表现内心深处的复杂感受。读者所直接感受到的，是被人格化了的自然景物的特殊感情。从表达诗人的

---

① 参见宋建林等《智慧的灵光——世界科学家名家传世精品》，改革出版社1999年版，第275页。

情感来看，这就多了一层曲折，诗意也随之深化了一层。王维《过沈居士山居哭之》："野花愁对客，泉水咽迎人"；杜甫《春望》："感时花溅泪，恨别鸟惊心"，这些诗句，看起来所写是自然景物的悲愁，实际上是深一层地表现了人的悲愁。施补华《岘佣说诗》曾说"感时"二句是"加一倍写法"。诗人通过"平时可娱之物"的花、鸟，更进一层地表达了"感时""恨别"的沉痛心情。正所谓物犹如此，人何以堪。我们来看下面几首诗例。

张若虚《春江花月夜》：

> ……不知江月待何人，但见长江送流水。……可怜楼上月徘徊，应照离人妆镜台。玉户帘中卷不去，捣衣砧上拂还来。……

月光怀着对思妇的怜悯之情，在楼上徘徊不忍离去。它要和思妇做伴，为她解愁，因而把柔和的清辉洒在妆镜台上、玉户帘上、捣衣砧上。岂料思妇触景生情，反而思念尤甚。她想赶走这恼人的月色，可是月色"卷不去"，"拂还来"，真诚地依恋着她。这里景物"卷"和"拂"两个痴情的动作，生动地表现出思妇内心的惆怅和迷惘，真是情景契合无间。

再如张说的《蜀道后期》：

> 客心争日月，来往预期程。秋风不相待，先至洛阳城。

"秋风不相待，先至洛阳城"——诗人有意把人的感情隐去，绕开一笔，埋怨起"秋风"来了："你"这秋风，也真够无情的，"你"就不肯等"我"一等，一个人径自先回洛阳城去了！通过景物主体化的手法，而避开了直抒胸臆的情绪流露，诚所谓"含不尽之意见于言外"。《唐诗摘抄》评："'后期'者，不果前所期也。此何于秋风，而怨其不能相待。"《唐诗别裁》："以秋风先到，形出己之后期，巧心浚发。"

再如罗隐《绵谷回寄蔡氏昆仲》："芳草有情皆碍马，好云无处不遮楼"诗句为例，说"本来自己留恋春色不愿离去，却说芳草有意绊着马蹄，不让离去。明明是自己被'好云'吸引，却说美丽多情的云彩，为了挽留自己，有意把楼台层层遮掩。这里的'碍'和'遮'，其笔法的迂回曲折之妙全赖景物的主体化功能。"①

再如贾至《春思》："草色青青柳色黄，桃花历乱李花香。东风不为吹愁去，春日偏能惹恨长。"不说自己愁深难遣，而怪东风不为吹愁。"'惹'字妙绝。'不为吹愁'。发而'惹恨'，埋怨东风，思柔语丽。"

再如李商隐《忆梅》："定定住天涯，依依向物化。寒梅最堪恨，长作去年花。"自己滞留他乡，欲归不能，却责咎故乡的寒梅不等自己归来先已开花。不说"思发在花前"，而说"寒梅最堪恨"，意极曲折。

再如李白的《劳劳亭》：

天下伤心处，劳劳送客亭。春风知别苦，不遣柳条青。

一般古人有折柳送别的习俗，然而，"春风"却不作美，却故意不吹到柳条，故意不让它发青，为什么呢？原来，春风深知人的离别之苦，不忍看到人间折柳送别的场面。李锳《诗法易简录》评："若直写别离之苦，亦嫌平直，借春风以写之，转觉苦语入骨。其妙在'知'字'不遣'字，奇警无伦。"

诗歌意境的创造，又常常"借物见意"而，使物"理性化"，且使其与人情相背离。在诗中，被赋予某种理智和意志的自然景物，并

---

① 王建疆：《自然的空灵——中国诗歌意境的生成和流变》，光明日报出版社 2009 年版，第 31 页。

未改变其自然属性，而是作为人情的对立面出现的。因而，人往往迁怒、迁怨于物。如崔国辅《渭水西别李嵩》："陇右长亭堠，山深古塞秋。不知呜咽水，何事向西流。"《唐诗解》评之曰："人思东归，水乃西去，所以恨之也。"又如戴叔伦《湘南即事》："卢橘花开枫叶衰，出门何处望京师？沅湘尽日东流去，不为愁人住少时。"诗人身在湘南，怀念京师，而目前沅湘之水却不解人意，尽日无语东流，故诗人迁怨于水。施补华《岘佣说诗》："怨湘水怨得妙，可悟含蓄之法。"所抒发的感情不是直说出来的，而是依凭想象、联想等心理活动，多一层曲折。

总之，诗歌意境之含蓄蕴藉的审美效应，是诗人经由对自然的灵性直观而反观内心的结果，正是因为反观内心，而产生了与景物灵性的张力、"冲突"，从而使诗意的表达更为宛转曲折。

（三）中国诗歌意境的审美本质

柏拉图曾在《大希庇阿斯篇》中反复辩论"美是什么"与"什么东西是美的"，是两个不同的问题。他说"美"不是漂亮的小姐、漂亮的母马、美的汤罐、美的竖琴，美就是"美本身"。这是讲，从审美对象到审美本质，是不同层次的问题，不能混为一谈。柏拉图认为，美不是具体的审美对象，而是具有普遍性的美的理式。黑格尔在《美学》中称赞说："柏拉图是第一个对哲学研究提出更深刻的要求的人，他要求哲学对于现象（事物）应该认识的不是它们的特殊性，而是它们的普遍性。"①

关于意境的审美本质，本书下面从意境创造的本源，意境创造的心理机制，意境创造的目的三个角度来言说。

---

① ［德］黑格尔：《美学》第1卷，朱光潜译，商务印书馆1979年版，第27页。

1. "为天地立心"——"心灵"与"自然"的本体（主体）间性

《诗纬·含神雾》云："诗者天地之心。"

清代戴醇士说："画以造化为师，何谓造化，吾心即造化耳。"

王阳明说："天地万物原本是一体，其发窍之最精处是人心一点灵明。""我的灵明便是天地鬼神的主宰。……天地鬼神万物离却我的灵明，便没有天地鬼神万物了。我的灵明离却天地鬼神万物，亦没有我的灵明。"

以上是说，人与世界万物的关系是内在的，天地本无心，天地本无意义，天地自然万物乃因人的"灵性"而成为有意义、意蕴的自然万物。"灵性"是人与天地自然万物关联、交融的"聚焦点"，悟即是佛，不悟即是众生。

"灵性"是对于人生存在的意义、意蕴的觉解与领悟的一种认识能力，是心灵的"智慧"的形态。在"灵性直观"看来，"心"是一个主体范畴，但它不是与自然相对论的"孤立主体"，或"相对主体"，而是与自然界完全统一的统一主体。人心与自然，不是感知与被感知的关系，或认识与被认识的关系，而是存在意义上的"本体—本体"或"主体—主体"的关系。意境的创造，就可以说是心灵与自然的本体（主体）间性。情景的真正交融就在于主体间的不分彼此，浑然一体，景被情所化，情被景所浸，情感获得了形象而景物化，景物具有了人的情感而主体化，景物的主体化形成了主体间的对话和交往。

孟浩然诗云："野旷天低树，江清月近人"，王维诗云："深林人不知，明月来相照"，李白诗云："月光欲到长门殿，别作深宫一段愁"，刘禹锡诗云："淮水东边旧时月，夜深还过女墙来"，苏味道诗云："暗尘随马去，明月逐人来"，等等，在日常现实生活中，我们如果说"月亮"具有人感情，会被认为是唯心主义的、虚幻不实的。但是我们的这个日常说法，却是对象化思维的，是主客二分的。而

"灵性直观"则是一种存在认知、本体认知。它以爱的眼睛，而不是以欲的眼睛来看世界、看自然，世界、自然对人的心灵来说是"本体—本体""主体—主体"的"我"与"你"的关系，而非"我"与"他"的关系，也非"人"与"道"（"神"）的关系。"我"看"山"是如此，"山"看我也是如此，我们之间"相看两不厌"。心灵与自然是平等的，心灵即是自然，自然即是心灵。

"灵性直观"与"感性直观""理性直观"的不同之处在于，"灵性直观"的审美对象是心灵，而非外在的自然物质实存；其审美方式是内审美，而非感官型审美。它是以"心灵的智慧"即"灵性"去观照、照亮自然存在，去爱自然，去想象自然，去理解自然，然后借以反观自我心灵。这正如宗白华先生所讲的："以宇宙人生的具体为对象，赏玩它的色相、秩序、节奏、和谐，借以窥见自我的最深心灵的反映；化实景为虚境，创形象以为象征，使人类最高的心灵具体化、肉身化，这就是'艺术境界'"①。

"外师造化，中得心源"，心源和造化是合为一体的，不能作分别解。在心源（"灵性"）中，方能发现自然造化的意义。脱离心源而谈造化，造化只是纯然外在的色相；以心源融造化，造化则是心源的实相②。

总之，意境根源于人与自然的"实践—存在"性关联，所谓的"实践"就是一个为天地自然之存在而"立心"的过程。"人与自然关系"是意境创造的本源、本体。

2. "性灵出万象"——"天地神人共舞"的审美造境

高适《答侯少府》诗云："性灵出万象，风骨超常伦。"

方士庶《天慵庵随笔》："山苍水秀，水活石润，于天地之外，

---

① 宗白华：《美学散步》，上海人民出版社1981年版，第70页。
② 朱良志：《中国美学十五讲》，北京大学出版社2006年版，第41页。

别构一种灵奇。"

郭若虚《图画见闻志·论气韵非师》："本自心源，想成形迹，迹与心合，是之谓印。"

苏轼曾作《古木怪石图》，黄庭坚题曰："东坡老人翰林公，醉时吐出胸中墨。"

米芾《画史》："子瞻作枯木，枝干虬屈无端，石皴硬，亦怪怪奇奇无端，如其胸中盘郁也。"

倪瓒《题自画墨竹》："余之竹聊以写胸中逸气耳。"

戴熙《习苦斋题画》："画本无法，亦不可学，写胸中之趣而已。"

佛陀跋陀罗译《大方广华严经》卷十云："心如工画师，画种种五阴，一切世界中，无法而不造。"

意境如何是"主体间性"？意境创造的关键在于"直观心灵"。整个意境创造的中心与目的，都在于"说心灵之不可说之神秘"，在于将心灵境界"不隔"地呈现出来，因此其是"状难写之心如在目前"而非"状难写之景如在目前"。意境的表现形态是一种"天地神人共舞"的审美造境。试看：

刘禹锡《石头城》：

山围故国周遭在，潮打空城寂寞回。
淮水东边旧时月，夜深还过女墙来。

诗人以激动的心灵敏锐地捕捉着情感滋味的直觉与直感，使"超感观的意象"（景物主体化）生于笔下，跃然纸上。"夜深还过女墙来"，是写直觉。"潮打空城寂寞回"，是写直感。直感与直觉交织成趣，无不鲜明地表现着对情感、心灵的感知真实。而作为"感知真实"对应物的"山""故国""空城""淮水"等意象，又真切地生发着"直观心灵"的触媒效应。为了更精确地"直观心灵"，诗人不把自然景物当作"修饰""工具"，而是把灵性直观到的景物当作"语言""镜子"。为此，诗中比喻的系词在日常的意义上，都被删掉了（正常描写应该说，那月亮仿佛也具有了人的情感，深夜还来照看这久已残破的古城）。由于省略了"象"或"仿佛"之类的系词，所以诗人就巧妙地隐去了意境之中的修饰与被修饰，或推导与被推导的关系，有力地突出了具体意象之间的对等共存或对应叠加关系，从而达到了抽象的心灵奥秘与可观的具体景物之间的完美契合，正所谓"不著一字，而尽得风流"。纵览这首诗歌，诗人之所以运用这些"超感官的意象"来构成诗歌的情感境界，正是为了"直观心灵"，以精确展示微妙的思古之幽情。这些"超感官的意象"正是一种灵性直观所创造的"天地神人共舞"的审美造境。

再如绪论所引面对着同一与诗人亲和性存在的自然山水，李白诗云："山随平野尽，江入大荒流。月下飞天镜，云生结海楼。仍怜故乡水，万里送行舟"；杜甫诗云："星垂平野阔，月涌大江流。名岂文章著，官应老病休。飘飘何所似，天地一沙鸥"；王维诗云："江流天地外，山色有无中。郡邑浮前浦，波澜动远空。襄阳好风日，留醉与山翁。"三首诗含义、境界、风格全然不同。同一自然存在，便引发了不同诗人心灵中的或生想象、或生情感、或生理解。然而，想象、情感、理解这些心灵活动，已然完全景物化了，景物本身就是想象、情感、理解等微妙心灵境界的"不隔"呈现。

因此，我们认为中国诗歌意境的创造，不是叶维廉先生讲的"物物关系未定、浑然不分"时的自然物理运动："让视觉意象和事件演出，让它们从自然并置并发的涌现代替说明，让它们之间的空间对位与张力反映种种情境与状态来表出原是物物关系未定、浑然不分的自然现象的方式"，[①] 而是诗人"直观心灵"的结果。"自然是心灵的镜子"，而非"心灵是自然的镜子"。意境的创造，重点不在"自然"

---

① ［美］叶维廉：《中国诗学》（增订版），人民文学出版社 2006 年版，第 5 页。

或悬在自然之上的"道"，而在于是人的"心灵"，尽管心灵已然化为了自然。

何谓"天地神人共舞"的审美造境？本书在这里借用的是海德格尔的"天地神人共舞"说，用以说明意境的创造的"超感官性"特点。海德格尔在其《物》中讲：①

……在倾注之赠品中，同时逗留着大地与天空、诸神与终有一死者。这四方（Vier）是共属一体的，本就是统一的。它们先于一切在场者而出现，已经被卷入一个唯一的四重整体（Geviert）中了。

……

天、地、神、人之纯一性的居有着的映射游戏，我们称之为世界（Welt）。世界通过世界化而成其本质。……四重整体之统一性乃是四化（Vierung）。……四化作为纯一地相互信赖者的居有着的映射游戏而成其本质。四化作为世界之世界化而成其本质。世界的映射游戏乃是居有之圆舞（der Reigen des Ereignens）。因此，这种圆舞也并不只是像一个环那样包括着四方。这种圆舞乃是环绕着的圆环（Ring, der ringt），因为它作为映射而游戏。它在居有之际照亮四方，并使四方进入它们的纯一性的光芒中。这个圆环在闪烁之际使四方处处敞开而归本于它们的本质之谜。世界的如此这般环绕着的映射游戏的被聚集起来的本质乃是环化（das Gering）。在映射着游戏的圆环的环化中，四方依偎在一起，而进入它们统一的、但又向来属己的本质之中。如此柔和地，它们顺从地世界化而嵌合世界。

① ［德］海德格尔：《海德格尔选集》，孙周兴译，生活·读书·新知三联书店1996年版，第1173—1183页。

在海德格尔看来，"天、地、神、人"原本是一体，是世界的本质。但是在日常生活中这种人与世界共属的本质被遮蔽了。而人与自然的平等的、和谐、互为主体的互映游戏中，世界被照亮了，归本于其本质，"物"的意蕴世界澄明地涌现出来了。"天地神人共舞"的审美境界，最为典型的例子就是李白的《月下独酌》：

> 花间一壶酒，独酌无相亲。
> 举杯邀明月，对影成三人。
> 月既不解饮，影徒随我身。
> 暂伴月将影，行乐须及春。
> 我歌月徘徊，我舞影零乱。
> 醒时同交欢，醉后各分散。
> 永结无情游，相期邈云汉。

意境创造的心理机制是"灵性直观"。严羽在《沧浪诗话》中讲："大抵禅道惟在妙悟，诗道亦在妙悟。……惟悟乃为当行，乃为本色。"正是"妙悟"，不同于一般理性认识的"悟"，使得意境生成为"天地神人共舞"的审美造境的。

"妙悟"，就是对于心灵的"灵性""自性"本身的自我观照、自我显现，是通过一种精神上的根本转变而实现对心灵境界、意义的觉解与领悟。并不存在一个实体的"心"可以被识，也不是有一个实体的"性"可以被"见"，而是就指自心向这个本源性状态的回归。心在它的本源性状态中，才能完整地显现真如佛性（"灵性"）。古人讲的"心源"，就是指心的本来状态。心源之"源"，是万法的"本有"或者说是"始有"，世界的一切都从这"源"中流出，世界都是这"源"之"流"，因此，它是通过人心的妙悟所"见"之"性"，是世界的真实展露。

宗白华先生讲："意境是艺术的独创，是从他最深的'心源'和

'造化'接触时突然的领悟和震动中诞生的。"意境是由整全的心体（心源）与宇宙本体（造化）的合一而产生，它们的合一正是由"妙悟"而实现的。

意境创造正是"灵性直观""妙悟"的结果，它能超越周围事物之所"是"，发现其所"不是"。杜甫的《发潭州》："岸花飞送客，樯燕语留人。"这"送""语""留"，便是诗人的创造。如按"理性直观"的主、客相符的创作，则一般会说，"岸花临水发，江燕绕墙飞"（梁何逊《赠诸旧游》），把花、燕子作为渲染气氛的背景。这是为理性直观所发现的"是"，而"灵性直观""妙悟"则发现了其所"不是"，即"飞送""语留"的意境。这意境既不能说是客观的东西，也不能说是主观的东西，但它又是确实的、真实（real、reality）的东西。

这正如李泽厚先生所讲的："由于'妙悟'的参入，……非概念的理解－直觉的智慧因素压倒了想象、感知而与情感、意向紧相融合，构成它们的引导。"[1]他所讲的"非概念－直觉的智慧因素"，就是本书这里所说的"灵性直观""妙悟"。"灵性"是对于感性、理性的提升与扬弃，其所获得的形象是一种本体的感性、存在的感性，而非对象的感性；其所获得的觉解与领悟，是一种"新理性"或"超理性"，而非概念的理性，是一种心灵的智慧。

由"妙悟"所恢复的人的"灵性"与"心源"能生万象。高适《答侯少府》诗讲："性灵出万象，风骨超常伦。"刘禹锡《董氏武陵集纪》讲："心源为炉，笔端为炭。锻炼元本，雕斲群形，纠纷舛错，逐意奔走，因故沿浊，协为新声。"

禅宗有很多顿悟的修行法门。其神奇的"观想念佛""止观""寂照"等，还有刘勰所讲的"窥意象以运斤"等，都是"直观心灵"、灵性直观的结果，都表现为内审美的形式。

---

[1] 李泽厚：《华夏美学》，中外文化出版公司 1998 年版，第 173 页。

李白就有过"止观"生象的审美经验,其《同族侄评事黯游昌禅师山池》:"花将色不染,水与心俱闲。一坐度小劫,观空天地间。"《庐山东林寺夜怀》:"宴坐寂不动,大千入毫发。湛然冥真心,旷劫断出没。"

总之,意境的创造是以"灵性直观"为心理机制,为功能的"天地神人共舞"的审美造境。这正如宗白华先生所讲的:"澄观一心而腾踔万象,是意境创造的始基。"

3."人生的诗化"——"心灵境界"向"天地境界"的审美生成

意境的创造,在根本上是以"人生境界"的审美生成为理想、为目的的。意境的创造是一个"有目的的合目的性"。这就是说,诗人通过创造"自然景物"而"不隔"地呈现出其难以言传的深邃、神秘的心灵境界。意境可说是心灵境界的自然景物呈现。

作为心灵境界的自然景物呈现,自然景物因心灵化,而具有了基于本体意义上的主体性;人之无形的心灵世界亦因景物化而生成为有形的意境。这正是王夫之所说的"有形发未形,无形君有形"。李白的"日照香炉生紫烟,遥看瀑布挂前川"与谢灵运的"池塘生春草,园柳变鸣禽",便是两种不同类型的诗歌。前者是意境型诗歌;后者是意象型诗歌。前者是景物的心灵化、主体化,是"情"的流露;后者是景物的物理化、自然化,是"道"的揭示。意境创造所追求的是宇宙人生的真谛,它不是在对象认识、理性直观中获知的,而是在灵性直观中妙悟的。因此,意境创造与一般所理解的现象学的"本质直观"决然不同,而毋宁称之为是一种心灵境界的现象学。

上面所说的"心灵境界",是诗人对于宇宙人生的觉解与妙悟;所说的"自然景物""自然造化",常常呈现为一种"宇宙境界""天地境界"。因此,意境的创造实则是一种"心灵境界"向"天地境界"的审美生成。意境的创造是对人生境界的诗化凝聚和提升。诗人主体的心灵境界、人生境界融彻于宇宙天地当中而"不隔"地显现、兴现。王国维所说的"不隔",就是古人所讲的"不著一字,尽得风流""不涉理路,不落言筌"。前面所讲的"为天地立心",其实质就是天地的"心灵化""人生境界化"。在意境的创造中,人与自然是一体圆融、双向建构的实践存在关系,心灵境界天地境界化了;宇宙、自然天地也心灵化、境界化了。

王国维所讲的"有境界则自成高格,自有名句",正是谓此,"高格""名句"正是诗人心灵境界、人格境界的审美呈现,有境界的诗词,即便是"淡语"也"有味","浅语"也皆"有致"。王国维还引昭明太子称赞陶渊明诗"跌宕昭彰,独超众类,抑扬爽朗,莫之与京",王无功称赞薛收赋"韵趣高奇,词义旷远,嵯峨萧瑟,真不可言",指出词中少有这两种人生境界,只有苏轼和姜夔"略得一二"。

意境创造的结构,乃是通过对"境"的自然呈露而传达出对"心"的超越。可以将"妙悟"的过程概括为是由"借境观心"到对"心"超越的一种"对境无心"的境界。

什么叫作对"心"的超越呢?这主要是讲要超越生存、生命上的情绪、功利、占有欲等在心灵上的蔽障,这也即是佛禅所讲的要破除"我执","于诸境上心不染曰无念,于自念上常离诸境,不于境上生心",使"境"自然呈现,然后"心"由反观内省而获得超越,实现对于形而上的意义、意蕴的觉解,从而达到"思与境偕""境生于象外"的"妙悟"境界,获得精神境界、人格情操的纯化与提升。李清照的"酒醒熏破,惜春梦远""知否,知否?应是绿肥红瘦"等词,就太执着于物,而缺少形而上的心灵超越。

诗歌意境的创造是对于已然心灵超越了的、诗化了的人生境界的美感性呈现,我们试结合几首诗来看。

杜甫《绝句》:"两个黄鹂鸣翠柳,一行白鹭上青天。窗含西岭千秋雪,门泊东吴万里船。"这是一首"无题"诗,并没有什么明确的主旨,只是将心灵的妙悟境界呈现出来。前两联纯粹写景,后两联，诗人没有驻留于此情此景，而是超越、拉伸了心灵、想象空间，思接千载，视通万里，胸怀、境界非常开阔。

　　李白《黄鹤楼送孟浩然之广陵》："故人西辞黄鹤楼，烟花三月下扬州。孤帆远影碧空尽，唯见长江天际流。"前两联纯粹叙事写景，后两联也似乎是写景，但实际上是诗人心灵境界的"不隔"呈现，阔大的江水背后有诗人的向往、想象、期待、超脱，"境"是诗人心潮起伏的象征，饱含有对友人的一片深情，超越、纯化、提升了离情别苦。它不同于王勃《送杜少府之任蜀川》"儿女共沾襟"那种少年刚肠的离别，也不同于王维《渭城曲》"劝君更尽一杯酒，西出阳关无故人"那种深情体贴的离别，其呈现出来的是一种空灵飘逸的人生境界。

　　王维《鹿柴》："空山不见人，但闻人语响。返景入深林，复照青苔上"，《辛夷坞》："木末芙蓉花，山中发红萼。涧户寂无人，纷纷开且落"，《竹里馆》："独坐幽篁里，弹琴复长啸。深林人不知，明月来相照"，诗人透过流转不已的自然景色，而悟到"动即静""色即空"乃宇宙人生真谛的思绪，刹那间进入个体本体（灵性）与宇宙本体（佛性）圆融一体的无差别境界，从而获得瞬间即永恒（我即佛）的直观感受。

　　王之涣《登鹳雀楼》：

　　　　白日依山尽，黄河入海流。
　　　　欲穷千里目，更上一层楼。

　　前两句，景象壮阔，气势雄浑。这里，诗人运用极其朴素、极其浅显的语言，既高度形象又高度概括地把进入广大视野的万里河山，收入短短十个字中，令人胸襟为之一开（又王维"大漠孤烟直，长河落日圆"——王国维谓"千古壮观"）。这两句诗合起来，就把上下、远近、东西的景物，全都容纳进诗笔之下，使画面特别宽广，特别辽远。次句，诗人身在鹳雀楼上，不可能望见黄河入海，句中写的是诗人目送黄河远去天边而产生的意中景，增加了画面的广度和深度。缩万里于咫尺，使咫尺有万里之势。诗笔到此，看似已经写尽了望中的景色，但不料诗人在后半首里，以"欲穷千里目，更上一层楼"这样两句即景生意的诗，把诗篇推引入更高的境界。诗人向上进取的精神、高瞻远瞩的胸襟。

与康德所讲的"崇高"相比，"意境"同样是对于对象物质实存的否定，但它凭借的不是"理性直观"，而是"灵性直观""妙悟"，不是"生命力的喷射"，而是"人生境界"的审美生成与转换。其所获得的美感，不是"消极的快乐"，而是"悦性悦灵""悦志悦神"的"悦乐"美感体验，是人生境界的诗化凝聚、引导与提升。

王国维的"境界"说，是从人生境界的角度，审美与人生相互贯通的角度来论意境的创造的。其著名的"人生三境界"说，实际上就是人生境界审美生成的三种不同层次。其提出的意义在于，它指出了人生境界审美生成的过程，是主体的内在精神世界不断被塑造、充实和提升的过程，是由"望尽"到"消得"再到"蓦见"的修养过程，是由"入"到"出"的过程，是"以我观物"到"以物观物"的过程，是主体摆脱功利物质欲望，最后达到主客相融的过程。词人在与宇宙人生打交道的过程中，随着其人生境界的不断超越与提升，最终便会实现自然而然的、"不隔"的、"语语都在目前"对于宇宙人生意义的"直观"，便会创造出"真景物"和"真感情"，从而达到"言情也必沁人心脾，其写景也必豁人耳目。其辞脱口而出，无矫揉妆束之态"的诗词境界。

总之，意境创造的根本目的乃是对于人生境界的诗化凝聚与提升。而不是为了那先验的、为人所预设的心外之"道"。对此，我们来看一下叶朗先生的观点：

中国美学要求艺术家不限于表现单个的对象，而要胸罗宇宙，思接千古。要仰观宇宙之大，俯察品类之盛。要窥见整个宇宙、历史、人生的奥秘。中国美学要求艺术作品的境界是一全幅的天地，要表现全宇宙的气韵、生命、生机，要蕴含深沉的宇宙感、历史感、人生感，而不只是刻画单个的人体或物体。所以，中国古代的画家，即使是画一块石头，一个草虫，几只水鸟，几根竹子，都要表现整个宇宙的生气，都要使画面上流动宇宙的元气。这就是"意境"。①

　　其实，这并非是中国诗歌意境创造的目的。中国诗歌意境的本质与重点在于如何透过景物呈现出人的心灵境界。意境中所展现的"宇宙的生气""元气""生命"等，不是物理的、生态的，而是心灵的创造，要表现我心灵境界的"生气"，是所说的"于天地之外，别构一种灵奇"。意境的创造必须要借助于宇宙造化、天地自然。但再现、镜照宇宙造化与天地自然并非是意境创造的目的。意境创造的根本目的在于人生境界的诗化凝聚与提升。意境的创构："是使客观景物作我主观情思的象征。我人心中情思起伏，波澜变化，仪态万千，不是一个固定物象轮廓能够如量表出，只有大自然的全幅生动的山川草木，云烟明晦，才足以表象我们胸襟里蓬勃无尽的灵感气韵。"② 总之，意境的创造在于心灵之境界；不在自然之"道"。在于"借境观心"，不在"澄怀观道"。在根本上讲，要区别灵性直观与理性直观。

　　现在我们来总结一下，意境的审美本质是什么？我们认为，"意境是在妙造自然的过程中所表现出来的灵性直观"。诗歌意境的创造，正是人在与自然打交道的过程中，借由"灵性直观"而直达心灵，所生成、创造出的一种天地神人共舞的审美意蕴。然而，意境这种审美意蕴的本质，在根本上乃是人的心灵境界、人生境界的审美生成与

---

① 叶朗：《中国美学史大纲》，上海人民出版社 1985 年版，第 224 页。
② 宗白华：《美学散步》，上海人民出版社 1981 年版，第 72 页。

转换。总之，意境应当是一个以"人与自然关系"为本源、为本体；以"灵性直观"为机制、为功能；以"人生境界"的审美生成为理想、为目的的审美创造。

经由灵性直观，人回到了人与自然的本源性和谐；在意境中，人与自然之间实现了平等、和谐的交流与对话；诗人借由直观自然造化，而直观心灵，从而发现了心灵的本源状态，超越了物欲之心，瞬间觉解到了人生的意义。意境的创造是人的人生境界、精神情操纯化的过程；在意境创造的过程中，人直观到了宇宙自然的本体，借由充满生机的、纯净无欲的自然存在，而将心灵境界诗意地、圆满地转换、呈现出来，最终实现了人生境界的审美生成。意境的创造是对于人的人生境界的诗化凝聚与提升。

（四）中国诗歌意境的发展与演变

《淮南子·泰族训》：

> 凡人之所以生者，衣与食也。今囚之冥室之中，虽养之以刍豢，衣之以绮绣，不能乐也；以目之无见，耳之无闻。穿隙穴，见雨零，则快然而叹之，况开户发牖，从冥冥见炤炤乎？从冥冥见炤炤，犹尚肆然而喜，又况出室坐堂，见日月之光乎？见日月光，旷然而乐，又况登泰山，履石封，以望八荒，视天都若盖，江河若带，又况万物在其间者乎？其为乐岂不大哉！[①]

一层一层渐进大自然，一层一层打破心灵上的蔽障，从封闭的自我世界中伸展出来，从世俗的物质生活中超越出来，心灵境界渐进提升——"快然而叹""肆然而喜""旷然而乐""大乐"。

---

① 《淮南子》，载《吕氏春秋》，岳麓书社 2006 年版，第 428 页。

人类在长期生存发展的漫长岁月中，一直以无限广阔、生机无限的自然为伴。自然四季循环往复，年复一年地消长变化，长期反复地刺激着人的感官，陶冶着人们的心灵，使人们逐渐感悟到宇宙自然的运化节奏，体悟到主体自身的内在心灵节奏和情感韵律，从而获得物我的协调和共鸣。这使得自然不仅作为人们的生命家园而存在，而且作为精神家园而存在，超越具体的形质，滋养着人们的灵性。随着自然对主体的不断感发，主体对自然的不断体悟，自然造就了主体对自然的审美心灵。

意境的创造根源于人与自然的"实践－存在"性关联。这种人对自然的"实践"，是一个长期的历史积淀过程，是人与自然长期亲和性交往的结果。意境的生成见证了心灵主体化的审美历程，最终诗人发现了深蕴内心中的灵性，意境由是而诞生。意境的生成标志着民族审美能力的巨大提升。

在历史上，意境是伴随"灵性直观"而历史地生成的。遵循历史与逻辑相统一的原则，从历史中来具体考察"灵性直观在诗歌中的流变"与"意境生成"的关系问题。

1. 先秦：灵性直观的萌芽

先秦时期，是灵性直观的萌芽阶段。这种"萌芽"的初始状态，主要表现为《诗经》中"兴"的手法的运用及其所具有的审美功能。"兴"的手法本身是无法用感性直观、理性直观代替的。在功能上，具有灵性直观的特点，造成含蓄蕴藉的审美效应。正如有学者称"兴"为"中国诗歌的根本大法"。① "兴"为意境的生成积淀了在审美功能上的含蓄蕴藉与自然而然的特点。

什么是"兴"？

对于"起"作为"兴"的原始义，向无异议。而对兴诗中自然

---

① 胡晓明：《中国诗学之精神》，江西人民出版社1991年版，第3页。

景物性质的漠视，致使人们对兴的理解至今尚无定论。在本书看来，自然景物的性质应是理解与阐释兴的焦点。关于兴诗中的自然景物，传统诗学是从修辞学而非美学的角度，将其理解为"譬喻""寄托"和与赋、比相并列的"先言他物"的创作手法。而从美学的角度看，兴诗中的自然景物，则具有本体意义上的审美性（景）及其功能意义上的主体性（起）。传统诗学以"义"为焦点，将"景"的主体性作为工具性（寄/借）来研究，从而导致了兴与比的混用，对其审美本性的忽略，其实是本末倒置的。对兴的阐发首先要对其进行审美上的去蔽与还原：兴，即诗人对人与自然存在关系的审美感知状态。在审美感知的过程中，诗人直观到了自然美本身，而"景"则将诗人的情感唤"起"、勃发，自然天成为诗，并生成为含蓄蕴藉的审美境界。

兴，即诗人对人与自然存在关系的审美感知状态，包含有三层含义。一是指景物自身的本体性、整体性显现；二是指兴具有起发情感、想象的功能性特点；三是兴导致了诗歌意蕴的生成而非意义的生成。

首先，兴的第一层含义，即景物自身的本体性、完整性显现（见前文第十章）。

从哲学的高度看，主体对于景物的审美感知在审美活动中的意义在于，它使审美主体与对象之间出现了一种物我不分、主客统一的混沌状态。审美感知的这种原初状态，使景物自身得以去蔽、敞亮。表面上，从形式的角度来看，兴仅仅是个渲染气氛的背景，兴与正义、情与景是主客二分的；但从内在的审美感知角度来看，则是情景合一的。正是这种情景合一之兴，构成了主体审美情感和审美想象生成的触媒与动机。

"兴"从美感上讲，是一种审美惊讶。对于原始先民来说，世界本是一个自然与人混沌契合的整体，在这个整体中，自然的意蕴是无穷的。然而原始社会的生存环境，要求人们对于生存、生命、物质欲望的基本满足，人们习惯性地以主客关系的态度看待自然，把自然当作生存之"物"。可是某一天，忽然人在"闲"的状态下，发现了那"关关雎鸠"的声音，好像是平生第一次听到、见到一样。这是一种非常快乐的美感，一如康德在《判断力批判》中所讲的"无利害的快感"，也就是一种无缘由的愉悦。在这种"兴"发状态中，"主体"没有形成对事物的一般概念；"对象"只是"形象对象"，即对象只以生动的形象向"主体"显现。在这种状态中，主体和对象是密不可分的，因而是一种基础的、本源性的情景交融。情景交融时的美感体验，在原始义上说是迷狂的，是手之舞之足之蹈之的，但景物的形象却是澄明的、清晰的。这种情景交融是初步的、浅层次的，没有进一步交融为意象，而是作为对情思兴发的引子，表明了先民审美能力的有限性。但这种情景交融却又是最为基础的，具有存在论的意义。

审美感知消融了主客之间的界限，泯灭了各种生存上的、生命上的、物欲上的思虑。在兴诗中，主体作为"客体的镜子"，审美感知让自然景物在其中如其所是地显现自身。"关关雎鸠，在河之洲"，"风雨凄凄，鸡鸣喈喈"，"野有蔓草，零露漙兮"，天地万物只有在审美感知中才会显得如此生机盎然、自适其适。感性直观在审美经验中的主要功能在于，它使审美主体与对象之间出现了一种物我不分、主客统一的混沌状态，是对原初景物世界的无遮蔽显现。

其次，兴的第二层含义，即兴具有起发情感、想象的功能性特点。

兴诗的情景交融是初步的、浅层次的，没有进一步交融为意象，而是作为对情思兴发的引子。审美感知所呈现出来的"物色"，激发了诗人的潜意识或前意识，而变为显意识。引出诗人心中之郁结、愿望、企慕等。审美感知总是与情感活动紧紧地交织在一起，人们往往是由于对象激起了强烈的情感体验。英伽登认为，审美活动是从这种

— 231 —

强烈的原始情感才真正开始的①。审美感知使得景物自身的本体性、完整性显现；同时，这种鲜活生动的景色又与人的情感具有同构对应关系，所谓"随物宛转，与心徘徊"，因此景物具有起发情感和想象的功能。

兴诗创作的中心在于言情达意，自然景物在诗中的功能是"引子"。兴诗的景物描写，为诗歌意境的创造积淀了"不涉理路"的传统，一种追求表情达意含蓄蕴藉的传统，这是民族审美的特色。清人李重华就说："兴之为义，是诗家大半得力处。无端说一件鸟兽草木，不指明天时而天时恍在其中；不显言地境而地境宛在其中；且不实说人事而人事已隐约其中。故有兴而诗之神理全具也。"② 兴诗中的景物描写，成为一种"有意味的形式"。

再次，兴的第三层含义，即兴导致了诗歌意蕴的生成而非意义的生成。（见第十章）

总之，从形式的角度来说，兴作为审美感知，去掉了不会影响诗歌意义的生成，但却会影响到诗歌意蕴的生成。从审美发生角度来说，兴作为审美感知去掉了，不会影响诗人先在情感的存在，却会影响、延迟、阻碍情感的发抒。

但同时，话又说回来，兴毕竟只是发端于审美活动的感知层面，这就决定了其所具有的两面性的特点。即一方面它使《诗经》的创作在审美感知层面，达到了一个后人难以企及的高度；另一方面，兴又处于审美活动的较低层次，当人的心灵境界、审美境界提升到一个新的高度时，兴这种手法、境界便会消融在更高级的审美形态中。当兴、义呼应的结构被虚实相生或空灵结构所取代时，重章叠唱、一唱三叹的手法和境界便会被更富意蕴的手法和境界所超越。唐诗中的景

---

① ［波兰］英伽登：《对文学的艺术作品的认识》，陈燕谷译，中国文联出版公司1988 年版，第 194 页。

② 李重华：《贞一斋诗说》，载《清诗话》下册，上海古籍出版社 1978 年版，第 930页。

物描写，不必与情感、正义相绕行，不必将写作过程带入诗中。越过审美感知，景物直接从主体的心灵中开显、透亮出来。

"兴"对意境的影响，在于其初步具有了"灵性直观"的审美功能，为唐诗意境的生成积淀了含蓄蕴藉、自然而然的诗歌创作传统。景物的比兴手法和对象化描写，有时与景物的主体化描写浑然一体，在这种多手法交织的意象中，情与景既相互映衬，又虚实相生。虚，就是情感的景物化，从而与情感的直抒拉开了距离，避免了"言征实而寡味"（王廷相）的尴尬，使情多有所寓而又无定格，从而朦胧含蓄，其佳妙处"透彻玲珑，不可凑泊"（严羽），从而扩大了读者的想象空间和阐释空间，取得"不着一字，尽得风流"（司空图）和"言有尽而意无穷"（严羽）的接受效果①。

2. 魏晋：灵性直观的普照

魏晋南北朝时期是中国诗歌意境生成的准备阶段。这一阶段的特点是，在道家美学思想的影响下，诗人们发现了自然本体、自然自身的奥秘，也即发现了自然美。魏晋时期，主要是"广义的灵性直观"，即侧重于对于对象存在"意蕴"的审美直观，但同时其不足则在于，诗人的心灵主体创造性还较弱，还没能实现真正意义上的"情景交融"、情景主体间性。所谓"灵性直观的普照"，是说在"广义的灵性直观"的层面上达到了对于自然进行审美直观的普遍性。

南朝宗炳说："圣人含道应物，贤者澄怀味象。至于山水，质有而趣灵"②。这是说圣人体物，能够使山水景物的内在"趣灵"呈现出来。清田同之也说："山川草木，花鸟禽鱼，不遇诗人则其情形不出，声臭不闻，诗人之笔，盖有甚于画工者。即如雪之艳，非左司不

---

① 王建疆：《自然的空灵——中国诗歌意境的生成和流变》，光明日报出版社 2009 年版，第 14 页。

② 《画山水序》，载俞剑华《中国古代画论类编》（第 2 版），人民美术出版社 2000 年版，第 583 页。

能道；柳花之香，非太白不能道；竹之香，非少陵不能道。诗人肺腑，自别具一种慧灵，故能超出象外，不必处处有来历，而实处处非穿凿者。固由笔妙，亦由悟高，乌足以知此！"他认为，诗人具有灵性直观（"慧灵"）的能力，而能超出为耳目视听感官等所及的物之外在表象，从而把捉住对象的内在意蕴（"情形"）。

由满足自然景物的外在形式，到探究山水的内在意蕴和意趣。山水所蕴含的意趣，是自然景物焕发出的生机与灵气。在魏晋诗中，不光铺陈描写大自然的美景，而且更注意探究自然山水的"趣"，自然的奥秘。谢赫："若拘以体物，则未见精粹；若取之象外，方厌膏腴，可谓微妙也。"（《古画品录》）袁宏道："世人所难得者唯趣。趣如山上之色，水中之味，花中之光，女中之态……夫趣得之自然者深，得之学问者浅。……山林之人，无拘无缚，得自在度日，故虽不求趣而趣近之。"（《叙陈正甫会心集》）汤垕《画论》："山水之为物，禀造化之秀，阴阳晦暝，晴雨寒暑，朝昏昼夜，随形改步，有无穷之趣。"趣是自然界勃发出的盎然生机，是山川灵气回荡吐纳、舒卷取舍所呈现的律动，同时也是作者诗心观照澄映自然而流露出的律化情调，在表现自然美时，所努力追求的一种更深的艺术境界，在欣赏和表现自然时，如果"拘以体物"，就不能得物之"精粹"深趣；若能取之象外，"度物象取其真"（荆浩《笔法记》），即可华奕照耀，动人无际。

道家美学思想认为美在于"道"，或者更明确地表达为：美在于"自然"。当然，"美在自然"具有两重意义：一方面它指自然界，是自然的天地、山水和草木，所谓"天地有大美而不言"；另一方面它指自然而然的本性，即自然界之所以美，是因为它合于自然的本性。

道家所说的美感是对于"道"的经验。要达到对于道的经验，人必须通过心灵的否定才能完成。否定就是去蔽，去掉心灵的蒙蔽。"心斋""坐忘"。由此心灵处于"虚静"境界。这样它才能"静观"和"玄览"，"与道为一"。

道家预设了一个形而上绝对的精神本体"道"，认为万事万物即

"器"，都是"道的体现"。因此，道家的"道"与"器"，实际上是一种本体与现象的关系，象中寓道，所谓"无逃乎物，至道若是"，物是道的载体，故而"目击而道存"。道虽无象，却决定世界意义的根本。孙绰提出的"山水是道"，宗炳提出的"澄怀观道"、"山水以形媚道"、"山水有质而趣灵"等美学命题，可以视为是当时文艺创作所普遍流行的审美观念。

由是可见，魏晋时期自然美的被发现，其实质可以概括为是自然本体与道本体的合一。这一特点又自有其规律。

其优点在于对自然美、自然本体的无碍显现。这种无碍显现，具体来讲是解决了言意之间的矛盾，使言意合一，道器合一，"道"即"自然"即"语言"即"意象"，几者在诗歌中相契无间而"不隔"。下面我们结合具体的诗作来看。

陆机《招隐》：

> 轻条象云构，密叶成翠幄。激楚伫兰林，回芳薄秀木。山溜何泠泠，飞泉漱鸣玉。

左思《招隐》：

> 白云停阴冈，丹葩曜阳林。石泉漱琼瑶，纤鳞或浮沉。

谢灵运《过始宁墅》：

> 山行穷登顿，水涉尽洄沿。岩峭岭稠叠，洲萦渚连绵。白云抱幽石，绿筱媚清涟。

谢灵运《登江中孤屿》：

江南倦历览，江北旷周旋。怀新道转迥，寻异景不延。乱流趋正绝，孤屿媚中川。云日相辉映，空水共澄鲜。

在这些诗句里，自然景物完全作为诗人审美观照的主位。山光或水色，都未曾经过诗人和知性介入或情绪的干扰，保持了对山水之本然面目。诗人在"虚静""忘我"的心理状态之下虚己待物，使物我之间不再有任何隔阂，物我两忘、主客合一，由此可以直接循耳目所及去感应自然的万物万象，从而把握了自然的本体。自然山水在这种直观之下，可以自适其性，自得其所、自陈其貌。"白云抱幽石，绿筱媚清涟"，"云日相辉映，空水共澄鲜"已然隐现意境的端倪了！山水诗中不以诗人主观情绪或者知性去干扰自然山水的原状本貌，正符合道家美学思想所谓还物之"自然"。

然而，当我们读到谢灵运"池塘生春草，园柳变鸣禽"这两句清新明快的佳句时，不是能够直观到宇宙自然的"生""变"运动规律吗？自然景物本身即是道的显现。

王羲之《兰亭诗》，追求的不也是景中所寓的"道"吗：

仰视碧天际，俯瞰禄水滨。寥阒无厓观，寓目理自陈。
大矣造化工，万殊莫不均。群籁虽参差，适我无非新。

即便是陶渊明的诗歌，我们发现，"采菊东篱下，悠然见南山。山气日夕佳，飞鸟相与还"——这几句诗真是情景交融，契合无间，与李白的"相看两不厌，唯有敬亭山"之意境浑然相似；可是末句"此中有真意，欲辨已忘言"，其审美方向却仍然是向外的，去追求那作为宇宙之秘的"道"。

叶维廉先生非常推崇这一类型的山水诗，他说："山水自然之值得浏览，可以直观，是因为'目击而道存'，是因为'万殊莫不均'，因为山水自然即天理，即完整"，"事实上，那个时期的山水诗，'山水如何自成天理'的考虑是隐伏在诗人的意识中的"①。

　　由于强调悬置诗人主体的情绪与知性介入，主体便没有了任何先入之见，而成为纯粹的主体，自然万物也成了纯粹的本体。以去除了各种知性、情绪的主体直观去除了各种背景缠绕的纯粹的自然，所获得的便是一种具有普遍性的、本质性的"道"。表现在诗歌创作中，便是以景物、实景代替说明、解说，去掉因果系词，使言意合一。"语言"即"意象"即"自然"即"道"，使自然美、自然本体与道本体契合无间。

　　现代批评家吕恰慈（I. A. Richards）曾把隐喻（metaphor）的结构分为 vehicle 和 tenor 两部分，即朱自清所谓的喻依和喻旨。喻依者，所呈物象也；喻旨者，物象所指向的概念与意义。庄子和郭象所开拓出来的"山水即天理"，使得喻依和喻旨融合为一：喻依即喻旨，或喻依含喻旨，即物即意即真，所以很多的中国诗是不依赖隐喻不借重象征而求物象原样兴现的，由于喻依喻旨的不分，所以也无须人的知性的介入去调停。是故庄子提供了"心斋""坐忘""丧我"，以求虚（除去知性的干扰）以待物，若止水全然接受和呈示万物具体、自由，同时并发而相互谐和的兴现②。

　　我们试看，谢灵运的"解作竟何感？升长皆丰容。初篁苞绿箨，新蒲含紫茸。海鸥戏春岸，天鸡弄和风"。用自然景物、自然意象来代替因果解说，化哲理为景物，化"道"为"自然"。这样，魏晋诗人们成功地解决了先秦两汉以来的言意之间的矛盾，既获得了"意"与"道"的多样性，同时也兼顾、保留了"言"与"自然"的本体性，使语"言"在表"意"时获得了巨大的空间与自由。

　　魏晋南北朝时期的诗歌创作，有以下几个特点。

　　一是人与自然的亲和性关系进一步加深。钱锺书先生说："诗文

————————————

① ［美］叶维廉：《中国诗学》（增订版），人民文学出版社 2006 年版，第 89—90 页。
② 同上。

之及山水者，始则陈其形势产品，如《京》、《都》之赋，或喻诸心性德行，如《山》、《川》之颂，未尝玩物审美。继乃山水依傍田园，若茑萝之施松柏，其趣明而未融。……终则附庸蔚成大国，殆在东晋乎。"① 与此相应的是，人们对于自然山水的态度发生了变化。"自然"再不只是仅供描摹的客观对象或"道德的象征"，而是"道"或"真"的体现。诗人们不仅仅要去写景抒情，更重要的是要在自然山水中感受道或本体。他们在诗歌中不再停留在简单的感物起兴和借物抒情，而是进一步去悟理和体道。有学者曾通过对于谢灵运、鲍照和谢朓三家诗集的统计，指出早期山水诗在内容和结构上"有一种井然的推展次序：记游—写景—兴情—悟理"②。

二是魏晋南北朝诗歌对于自然的审美观照，还有一定的感官性。刘勰提出"神思"说，而"神思"又是以源远流长的"心物感应"论为基础的。所谓"登山则情满于山，观海则意溢于海"，"写气图貌，既随物以宛转；属采附声，亦与心而徘徊"，说明这种"神思"活动是始于物而又终于物，不局限于物而又不脱离于物的。宗炳也讲："夫以应目会心为理者，类之成巧，则目亦同应，心亦俱会，应会感神，神超理得。"对"道"的"悟"需要"应目会心"，所谓"寓目理自陈"，对于感官、对于"目"的需要。魏晋时期的诗歌创作，基本上限于"流连万象之际，沉吟视听之区"，是以感官验证为基础的。

三是为意境的创造积淀出一种模式，即自然景物如何"不隔"地呈现"道"。为意境的心灵境界、人生境界如何"不隔"的生成、转换为山水形象，奠定了诗思结构上的基础。

值得注意的是，宗白华、叶朗、叶维廉等先生非常重视道家美学

---

① 钱锺书：《管锥编》，中华书局1996年版，第1037页。
② 林文月：《中国山水诗的特质》，载《山水与古典》，台北：纯文学出版社有限公司1976年版，第23页。

对于诗歌（意境）创作的影响。如叶朗先生在其《说意境》一文中就说："意境"说的思想根源是老子的哲学。老子哲学中有两个基本思想对中国古典美学后来的发展影响很大：第一，"道"是宇宙万物的本体和生命，对于一切具体事物的观照（感兴）最后都应该进到对"道"的观照（感兴）。第二，"道"是"无"和"有"、"虚"和"实"的统一，"道"包含"象"，产生"象"，但是单有"象"并不能充分体现"道"，因为"象"是有限的，而"道"不仅是"有"，而且是"无"。就"道"具有"无"的性质来说，"道"是"妙"。

在老子这两个思想影响下，中国古代的艺术家一般都不太重视对于一个具体对象的逼真的刻画，他们所追求的是把握（体现）那个作为宇宙万物的本体和生命的"道"。为了把握"道"，就要突破具体的"象"，因为"象"在时间和空间上都是有限的，而"道"是无限的。

中国古典美学认为，只有这种"象外之象"——"境"，才能体现那个作为宇宙的本体和生命的"道"（"气"）。从审美活动（审美感兴）的角度看，所谓"意境"，就是超越具体的有限的物象、事件、场景，进入无限的时间和空间，即所谓"胸罗宇宙，思接千古"，从而对整个人生、历史、宇宙获得一种哲理性的感受和领悟。

这种意境，它给人的美感有什么特点？或者说，它给人的美感是一种什么样的美感？……意境的美感……往往使人感到一种惆怅，忽忽若有所失，就像长久居留在外的旅客思念自己的家乡那样一种心境。这种美感，也就是尼采说的那种"形而上的慰藉"。①

在叶朗先生看来，诗歌意境似乎先验地存有形而上的宇宙之"道"这个层面，"中国古代的艺术家"追求的都是"作为宇宙万物的本体和生命的'道'"；另外，意境的美感是一种"惆怅"感。

灵性直观可以观道，但毕竟是诗歌的思维属性和思维方式，故应

---

① 叶朗：《说意境》，《文艺研究》1998 年第 1 期。

回到诗的灵性上来。

对此本书以为，中国诗歌意境的创造，并非是去要直观那个外于人心灵的宇宙之"道"，相反，中国诗人所追求的"道"，就在自家心里，它不是一个先验的存在，而就是主体的人生境界。意境的创造不是一个"山水如何表达自己"、"山水如何呈现道"的问题，而是一个"山水如何表现诗人之心灵"、山水如何来"说诗人心灵之不可说之神秘"的问题。

3. 盛唐：灵性直观的蕴藉

盛唐时期，"灵性直观"得到高度发展，在魏晋之重视"本体性"意蕴基础上，更加侧重于表现景物"主体性"的意蕴，使景物也具有和人一样的"主体性""灵性"。人不仅能够觉解"景物"，景物也能以其具有"主体性"，而能够善解人意，成为诗人的"知音"。情景交融，契合无间，其形态特征是"蕴藉空灵"。意境正是在人与自然这种高度的和谐的存在状况之下而生成的。

我们先来比较两组相同题材的魏晋诗和盛唐诗：

第一组：

阮籍《咏怀》之一：

> 夜中不能寐，起坐弹鸣琴。薄帷鉴明月，清风吹我襟。
> 孤鸿号外野，翔鸟鸣北林。徘徊将何见，忧思独伤心。

王维《竹里馆》：

> 独坐幽篁里，弹琴复长啸。
> 深林人不知，明月来相照。

李白《月下独酌》：

花间一壶酒，独酌无相亲。举杯邀明月，对影成三人。月既不解饮，影徒随我身。暂伴月将影，行乐须及春。我歌月徘徊，我舞影零乱。醒时同交欢，醉后各分散。永结无情游，相期邈云汉。

这三首诗，都描写了"明月"，但是形态显然不同。阮籍诗中的"景物"与人的"心灵"是二分的，为什么这么讲呢？按我们的通常经验，阮籍诗显然是主客体统一的，情景交融的，甚至是"物皆着我之色彩"。若按主与客，我与对象——这一"分别见"来说，诚然是主客统一的，情景同构的。但是诗人与"明月"的关系是不平等的，"明月"是诗人的客体与对象，在诗中的功能类似于"比兴"，也即是衬托、渲染情感的背景。而在情感方面，自然景物并未使诗人孤独忧伤的情感有所缓释。王维诗就不一样了，人与自然是平等、亲和的，在一个幽深、空寂的环境里，"月亮"仿佛具有了人的情感，似乎知音，又似乎带着温暖和明亮来捧场、来慰藉诗人的心灵。人与自然此时不再是主客的对象化关系，而是主体间的交往与互动。李白的诗就更神妙了！在一个"一壶酒""独酌无相亲"的孤独氛围中，月亮和诗人一起饮酒、歌舞、结交、邀约，呈现出一个"天地神人共舞"的戏剧化的意境来！诗人与"明月"，不再是"我与他""我与她"的对象化关系、主客关系，而是"我与你"甚或"我"与另外一个"我"的主体间性的关系。三首诗所呈现的人与自然都是对立而分明的，不同者在于，阮诗人与自然对立而未统一，主体压倒、占有了客体，只是主体单方面的"独唱"；而王、李诗则是对立而统一，生成了主体间性，诗歌已是"复调"了。这种主体间性，就是灵性。

第二组：

谢朓《晚登三山还望京邑》：

灞涘望长安，河阳视京县。白日丽飞甍，参差皆可见。余霞散成绮，澄江静如练。喧鸟覆春洲，杂英满芳甸。去矣方带淫，怀哉罢欢宴。佳期怅何许，泪下如流霰。有情知望乡，谁能鬒不变。

李白《渡荆门送别》：

渡远荆门外，来从楚国游。山随平野尽，江入大荒流。
月下飞天镜，云生结海楼。仍怜故乡水，万里送行舟。

杜甫《发潭州》：

夜醉长沙酒，晓行湘水春。岸花飞送客，樯燕语留人。
贾傅才未有，褚公书绝伦。名高前后事，回首一伤神。

这三首诗，都描写了诗人乘船离开时的情景，但是审美形态很不相同。谢诗写景色调绚烂纷繁、满目彩绘，写情单纯柔和，轻情温婉。"余霞散成绮，澄江静如练"更是千古佳句。然而从中我们却能够发现，情与景是二分的，对立的而未统一！诗人的居高临下，意识形态很明显，用"成""如"的比喻系词来描摹景物对象，诗人俨然成为自然的镜子。自然景物描写只是为诗歌的创作提供了形式上的"如画"功能，而与人的心灵情感是有分际、有隔阂的。李白的诗就不一样了！"月下飞天镜，云生结海楼"，诗人完全取消了"如""像""仿佛"等系词，"月"与"云"自然即带有主体化的功能，可以"飞"，可以"生"，更神妙的是，那可爱的"故乡水"，不远万里来为我送行！在一个宇宙洪荒的崇高背景下孤独一人的诗人，心情是何等的温暖、敞亮！自然与人的心灵既是对立的又是合一的。这里面没有对"道"的理性直观，如"池塘生春草，园柳变鸣禽"之"生""变"规律，而是完全对"心灵"的直观，不是客体的真实，而是心灵想象的真实。杜甫的诗歌亦是如此。"岸花飞送客，樯燕语留人。""花""樯燕"也有了人的情感，来"送""挽留"我。不复是白描、镜照，而是景物主体化，而与道家美学的"现象直观"判然有别。

以上，我们比较了两组不同时代的写景诗。可以有一个粗略的印象了，魏晋诗似乎是"诗"中有"画"的，而盛唐诗则是"画"中有"诗"的，有"心灵"的。诗分晋唐，时代不同了，诗歌形态就必然不同吗？其原因何在？其非此不可的质的规定性何在？

这是因为，诗至唐代，中国化宗教禅宗的产生（尤其是南宗禅）突破了道家美学观物的方向。这种突破，具体来讲，是即禅宗美学将道家美学对自然的"道"化，转换为对自然的"心灵"化，是由理性直观"自然"而向灵性直观"心灵"的"向内转"——禅宗发现了人心灵中所蕴藏的"灵性"。

我们知道，禅的核心思想是心灵的觉悟，因此根本问题不是外在的，而是内在的，即对于人自身的佛性（灵性）也就是自性的发现。禅宗主张"心"是世界的本源，认为"一切法皆从心生"，强调"心"的根本地位和作用，如讲："万法从自性生"（《坛经》宗宝本），"一切法皆从心生"（《五灯会元·卷三》），"夫百千法门，同归方寸；河沙妙德，总在心源"（《五灯会元·卷二》），"心生种种法生，心灭种种法灭，故知一切诸法皆有心造"（《断际禅师《宛陵录》），"三界无别法，唯是一心作，当知心是万法之根本也"（玄觉禅师语），"心者是总持之妙本，万法之洪源"（大珠禅师语），"世界即心"（神会禅师语），等等。它肯定个体心灵感受的唯一实在性，坚持"心"所显现的世间一切事物和现象如梦幻泡影，强调唯有个体心灵感受才具有实在性，诸如此类的观点，在哲学认识论上完全是主观唯心主义的。但当禅宗思想渗透在审美、诗词创作领域时，它高扬"心"的地位和作用的思想却从另一个侧面（心灵主体性），为中国诗歌的发展起到了巨大的突破作用。

"灵性直观"是心灵的智慧形态，它是对于人生存在的意义、意蕴的觉解与领悟的一种认识能力。在禅宗美学思想中，"灵性"（"自性"）常常被称为"般若智"，妙悟被称为是"智慧观照"，"当起般若智"是禅宗的习语，"般若"即是智慧的意思。禅宗顿悟（妙悟）成佛的理论根据是它的"自性本自具足"。它认为，众生想要成佛，不能依靠任何外在的力量，而只需"自性顿现"就可获得"涅槃"，进入佛地。在禅宗看来，"佛是自性作，莫向身外求"，"此三身佛从自性生，不从外得"，"心外别无佛，佛外无别心"，总之一句话："自心是佛。"

禅宗的顿悟、妙悟的观照修行方法，要求"灵性直观"是一种"内审美"的审美方式，所谓"物在灵府，不在耳目"，"以心中眼，观心外相"（白居易）；以心灵作为审美对象；以心灵境界的妙悟、觉解，人生境界的审美生成作为其审美活动的目的。

庄、禅都强调要去除心的蔽障，去洞见道（或佛性）。比较而言，道家的"理性直观"的特点是，要"澄怀观道"，要"虚己而待物"，它不特别强调人的心灵主体性，只求能够映照到形而上的"道"即可，人的心灵是"道"的镜子；而意境的"灵性直观"则不然，它不先验地预设在人之外有所谓"道"的存在。它在道家向外"应目"、"寓目"来观"道"的基础上，经由"借境观心"、反观心灵，从而发现了内心中"灵性""心源"之存在的，张璪所说的"外师造化，中得心源"① 正是谓此。人的"心灵""灵性"即"造化"，心灵是世界之"源"头，世界是心灵的支"流"，从而"于天地之外，别构一种灵奇"，再造一种"天地神人共舞"的审美世界。这种再造的"审美世界"，即是诗人将自己"无形"的心灵境界，"不隔"地

---

① 《历代名画记》，人民美术出版社 1963 年版，第 198 页。

生成、转化为"有形"的自然形象。意境是对人生境界的诗化凝聚与提升，是人生境界的审美生成。

以"灵性直观"的内审美的审美方式为主要特点，盛唐诗歌意境的创造放弃了刻意模拟和机械复制客体对象的照相式艺术，追求情景交融、虚实统一犹如"水中月"的艺术。王维《辛夷坞》小诗云："木末芙蓉花，山中发红萼。涧户寂无人，纷纷开且落"，意境中的景物，仿佛是从诗人心灵中透出来一样，完全是一种"水中月""镜中象"，自然景物不仅是现象也是它本身，即真即实，这里完全没有一个超验的绝对精神本体的"道"在，也超越了感官耳目所及的"物""对象"，毋宁说它就是心灵本身。在一个空寂的山中，树根下面一朵不美的丑花，独自开落，它既是真实的，也是空灵的，又包孕有诗人的心灵、思致在。禅宗认为，真如佛性"犹如水中月""亦空亦不空""在声色又不在声色""犹如太虚廓然荡豁"。"玄妙难测，无形无相，……（如）水中盐味，色里胶青，决定是有，不见其形"（《五灯会元·卷二》）。意境的这种虚实统一、虚实相生的审美形态特征在盛唐诗的意境中完美地呈现出来了。

总之，这种突破性的"向内转"，更加偏重于内心感悟，同时它并不偏废自然的"实相"，自然就是心灵，心源即是造化。与魏晋南北朝时期的诗歌创作相比，盛唐诗人们"逐渐把审美的目光从主观与客观的和谐统一，移向内心世界的平衡与和谐。在表现个体的主观能动性与创造性，以及对人生真谛的探求，对宇宙本体的沉思上，却具有前期一味强调主体与客体和谐统一的观点远所不及的思想深度与美学高度"①。借由"灵性直观的蕴藉"，意境审美形态得以生成。

4. 两宋：意境审美形态的变异

以中晚唐为界，中国诗歌意境发生了审美形态上的变异，即发生

---

① 杜道明：《禅宗"顿悟"说与中国古代美学嬗变》，载《文艺研究》2005 年第 9 期。

了由盛唐诗的自然"灵性化""主体化"形态，发展而为宋诗的自然"意理化"形态。这一形态演变的规律是，诗歌创作由以呈示"心灵"为本体，演变而为以呈示"意"为本体。这一形态演变的结果是，以意为本体的诗歌创作，体现为三个特点：即以书本中的自然取代了原始自然；以技巧取代了天然；以意理取代了情思。宋诗的自然意理化，是诗歌意境的异化形态。

禅宗对于人的"心灵"本体的发现，促成了意境的生成。然而当人的主观精神主体性一味地向前发展的时候，心灵主体性便开始向知性（智性、意理）主体性转变。诗人的目光逐渐从外在自然而走向了内心世界。与此相应，原始的、本真的自然便为诗人们所遗忘了。呈现在诗歌中的自然意象，往往是"书本中"的自然，诗人们更以技巧和意理为创作旨趣，张扬着自我主观精神的主体性，从而遮蔽了自然给予心灵的多样性。取消了自然多样性的宋诗，最终走向了唐诗的反面，最终导致了诗歌意境形态的式微。

尽管宋诗中的景物主体化进程在进步和发展，但诗人往往赋景以"意"、以人的行为——意景交融，景物"心灵"化异化为景物"意理"化。景物心灵化、主体化的生成需要充分尊重景物的本体性，而景物本体却最终走向了工具化的存在，这便形成了宋诗的一个悖论，景物主体化的进程在进步发展，同时景物偏离了本体走向了工具，造成了景物的"本体－工具"二元性。

在具体的诗歌创作中，诗人常常赋景物以人文生命，如王安石的《书湖阴先生壁》："茅檐长扫静无苔，花木成畦手自栽。一水护田将绿绕，两山排闼送青来"。"茅檐""花木"与人的活动紧密关联，而水绕绿田、山送青色则饱含着诗人的主观感受。这首诗中的境并非自然地呈露着，而是沾染着诗人的观感、趣味与生命，已经在人文视野的审视下获得了某种转化与提升。前两句以田园风光衬托出清高的隐者形象，后两句拟人手法展示出新奇的自然景色。"护田""排闼"语出《汉书》，但王安石却将校尉"卫护营田"与樊哙"排闼直入"

的人的动态化为"一水""两山"的意识与行为，景物因而主体化了，化为人的心理变迁。而在唐诗中，诗人往往赋景以情，使景物充分地主体化了，主体也充分景物化了，情与景实现了主体间的交往与对话。又如其《夜直》："春色恼人眠不得，月移花影上栏干。"也体现了这个特点。

又通过赋景物以人的行为、动作，来传达某种理性意识，如《江上》："江北秋阴一半开，晚云含雨却低徊。青山缭绕疑无路，忽见千帆隐映来。"第二句中"低徊"本来指人的徘徊沉思，这里却用来表现含雨的暮云低垂而缓慢地移动，情趣横生，静中有动。三四句借此生发哲理意谓人生前途遥远、道路无穷，下启陆游的"山重水复疑无路，柳暗花明又一村"。

苏轼常赋予景物以人的心理意识行为。如《东栏梨花》："梨花淡白柳深青，柳絮飞时花满城。惆怅东栏一株雪，人生看得几清明。"这是一首因梨花盛开而感叹春光易逝、人生如寄的诗篇。首句以"淡白"和"深青"准确地把握住了春末夏初的梨花、柳叶的本体特征，已暗含伤春之感，春天将一去不复返了。第二句同义反复更加强化了审美主体的生命意识，伤春之情更浓。第三句主体的情感更加直露，以"惆怅"显明情感的深浓，末句补足惆怅的内容，由梨花的盛开而感到人生的短促，充满了"人生如寄"之感。又如《海棠》："东风袅袅泛崇光，香雾空蒙月转廊。只恐夜深花睡去，故烧高烛照红妆。"全诗抒写诗人叹良辰之易逝，伤盛时之不再。前二句写海棠的色和香，是实写；后两句采用拟人和借喻手法，暗用典故把海棠比喻为一位身着红装睡美人，想象新鲜奇妙，笔墨轻淡、空灵，是虚写。实写与虚写前后映衬，相互结合，便把海棠美的姿容、美的神态描绘得活灵活现。景物明显具有"本体－工具"的二元性。

所谓宋诗意境的"意"本体，是相对于唐诗意境以"境"为本体的特征而言的，指把审美主体的"意"作为意境锻造的最终实在和根本。

"意"在中国古代哲学中有两层意思：一为意志之意；一为意念之意。在艺术表现中显然是意志的意。《春秋繁露·循天之道》就有"心之所之谓意"，把意看作是由主体内心所产生的行为动机和感情志向。郑板桥在一幅题画竹里说："江馆清秋，晨起看竹，烟光日影霜气皆浮动于疏枝密枝之间胸中勃勃遂有画意。其实胸中之竹，并非眼中之竹也。"其中的"画意"就是由作者所随机生成的审美目的、审美意识。宋人的诗歌创作与意境的营造常常"意"在笔先，形成了一种具有鲜明意识感的审美目的论传统。

在以意为本体的诗境中，虽然意景交融，主体的意充分景物化，景物也充分人性化了，但却未能生成主体间的交流与对话。"月与高人本有期，挂檐低户映蛾眉。只从昨夜十分明，渐觉冰轮出海迟"，"江北秋阴一半开，晚云含雨却低徊。青山缭绕疑无路，忽见千帆隐映来"，"梨花淡白柳深青，柳絮飞时花满城。惆怅东栏一株雪，人生看得几清明"。不似李白《月下独酌》"月既不解饮，影徒随我身"，杜甫《江亭》"水流心不竞，云在意俱迟"那样情景缠绵缱绻，而是景物代人思考，最终得意而忘景，景物本体走向了工具化。

意本体实质上是景物的意理化。它沿着景物主体化方向发展，但最终背离了景物本体性存在，将景物当成了工具，从而由主体化回复到了工具化。景物主体化的前提是景物的本体存在，然后才有景物的情感化、主体化出现。其表形特征是主客间的互动与对话。而意理化却是脱离了景物本体存在，将景物工具化。意理化中的景物不是情人而是雇工。当然，意理化中也有好诗。这些诗以哲理见长，也能警策读者。苏轼、王安石之辈多有此能。但宋诗多体现智，而唐诗多展现灵。智在技巧之中，灵在天地之间。

中国诗歌意境生成与演变的规律与奥秘，正在于由灵性直观向知性（智性、意理）直观的嬗变，由"心灵"本体到"意"本体的嬗变。

总之，与意境生成与流变的历史进程相协又相悖，宋诗在景物主体化的基础上出现了意本体转向，并体现了向景物玄化的回归。虽然它与先秦诗歌景物玄化的侧重不同，却仍体现出了一种历史性的倒退（据对《唐诗鉴赏辞典》和《宋诗鉴赏辞典》的统计，宋诗名句为713 句/1253 首，即 56.90%，较之唐诗名句的 962 句/1105 首，即 87.06%下降了 30 个百分点）。宋诗体现了意境审美形态的变异。就意境而言，由于以意为本体，景物主体化不能纯粹地显现，因而有"隔"。在意境之外，诗人或不写景，情景两无，纯以意胜；或者写景，而景物又成为诗人达意的工具，景物本体存在的合法性被取消了。中国诗歌发展史从先秦到两宋，围绕人与自然的关系，具体来讲，围绕灵性直观问题，已经较完整、较典型地体现出其嬗变的路径。

主要参考文献：

［1］陈鼓应：《老子今注今译》，商务印书馆 2003 年版。

［2］陈鼓应：《庄子今注今译》，中华书局 1983 年版。

［3］丁福保：《历代诗话续编》，中华书局 1983 年版。

［4］郭晋稀：《诗辨新探》，甘肃教育出版社 1991 年版。

［5］（明）胡应麟：《诗薮》，上海古籍出版社 1979 年版。

［6］（清）何文焕：《历代诗话》，中华书局 1981 年版。

［7］（唐）慧能：《坛经校释》，中华书局 1983 年标点本。

［8］（唐）皎然：《诗式校注》，齐鲁书社 1986 年标点本。

［9］（清）纪昀：《纪晓岚文集》，河北教育出版社 1991 年标点本。

［10］（梁）刘勰：《文心雕龙》，人民文学出版社 1958 年标点本。

［11］（唐）刘禹锡：《刘禹锡集》，中华书局 1990 年标点本。

［12］（清）李佳：《左庵词话》，光绪刊本。

［13］李泽厚：《美学三书》，天津社会科学院出版社 2003 年版。

［14］李浩：《唐诗美学精读》，复旦大学出版社 2009 年版。

［15］（清）彭定求等：《全唐诗》，中华书局 1960 年版。

［16］（宋）普济：《五灯会元》，中华书局 1984 年标点本。

［17］钱锺书：《谈艺录》，开明书店 1948 年版。

［18］钱锺书：《管锥编》，中华书局 1979 年版。

［19］（唐）司空图、（清）袁枚：《诗品集解 续诗品注》，郭绍虞校注，人民文学出版社 1963 年版。

［20］童庆炳：《文学理论教程》，高等教育出版社 1992 年版。

［21］（明）汤显祖：《汤显祖全集》，北京古籍出版社 1999 年版。

［22］王建疆：《修养·境界·审美——儒道释修养美学解读》，中国社会科学出版社 2003 年版。

［23］王建疆：《澹然无极——老庄人生境界的审美生成》，人民出版社 2006 年版。

［24］王建疆等：《自然的空灵——中国诗歌意境的生成和流变》，光明日报出版社 2009 年版。

［25］（清）王夫之：《古诗评选》，河北大学出版社 2008 年标点本。

［26］（清）王夫之：《唐诗评选》，河北大学出版社 2008 年标点本。

［27］（清）王士禛：《王士禛全集》，齐鲁书社 2007 年版。

［28］王国璎：《中国山水诗研究》，中华书局 2007 年版。

［29］王国维：《王国维〈人间词〉〈人间词话〉手稿》，浙江古籍出版社 2005 年版。

［30］（唐）王昌龄：《诗格》，明胡氏文会堂刻本《格致丛书本》。

［31］（明）谢榛、（清）王夫之：《四溟诗话 姜斋诗话》，人民文学出版社 1961 年标点本。

［32］（宋）严羽著：《沧浪诗话校释》，人民文学出版社 1961 年标点本。

［33］（明）袁宏道：《袁宏道集笺校》，上海古籍出版社 1981 年标点本。

［34］（明）袁中道：《珂雪斋集》，上海古籍出版社 1989 年标点本。

［35］俞剑华编：《中国画论类编》，人民美术出版社 1986 年版。

［36］叶嘉莹：《王国维及其文学批评》，河北教育出版社 1997 年版。

［37］叶朗：《中国历代美学文库》，高等教育出版社 2003 年版。

［38］（唐）张彦远著：《历代名画记》，上海人民美术出版社 1982 年标点本。

［39］（梁）钟嵘：《诗品译注》，中华书局 1986 年标点本。

［40］宗白华：《美学与意境》，人民出版社 1987 年版。

［41］（宋）赜藏主：《古尊宿语录》，中华书局 1994 年版。

［42］朱良志：《大音希声——妙悟的审美考察》，百花洲文艺出版社 2005 年版。

［43］［德］康德：《判断力批判》上卷，宗白华译，商务印书馆 1964 年版。

［44］［日］弘法大师：《文镜秘府论校注》，中国社会科学出版社 1983 年标点本。

［45］［美］叶维廉：《中国诗学》，生活·读书·新知三联书店 1992 年版。

［46］［德］马丁·海德格尔：《海德格尔选集》，孙周兴选编，上海三联书店 1996 年版。

［47］［美］克里夫·贝克：《优化学校教育——一种价值的观点》，戚万学等译，华东师范大学出版社 2003 年版。

主要参阅论文：

［1］成穷：《美感与灵性——美感性质新解》，《美与时代》2009 年第 11 期。

［2］童庆炳：《"意境"说六种及其申说》，《东疆学刊》2002 年第 3 期。

［3］叶朗：《说意境》，《文艺研究》1998 年第 1 期。

［4］王建疆：《诗歌意境中哲学智慧的结构分析》，《兰州大学学报》2004 年第 2 期。

［5］王建疆：《审美的另一世界探秘——"内审美"新概念再思考》，《西北师范大学学报》（社会科学版）2004 年第 3 期。

［6］王建疆：《自然的玄化、情化、空灵化与中国诗歌意境的生成》，《学术月刊》2004 年第 5 期。

［7］王建疆：《人与自然关系的嬗变对文学发展的影响》，《学术月刊》2005 年第 6 期。

［8］王建疆：《意境理论的现代整合与内审美的视域超越》，《西北师范大学学报》（社会科学版）2006 年第 1 期。

［9］王建疆：《人与自然关系中的诗歌景物流变》，《光明日报》2006 年 7 月 8 日。

［10］王建疆：《中国诗歌史：自然维度的失落与重建》，《文学评论》2007

年第 2 期。

　　［11］王建疆:《审美形态新论》,《甘肃社会科学》2007 年第 4 期。

　　［12］王建疆:《中国美学:从主义出发还是从形态出发》,载萧牧、张伟、韦尔申《新中国美学六十年全国美学大会（第七届）论文集》,文化艺术出版社 2010 年版。

　　［13］张晶:《灵性与物性》,《社会科学战线》2006 年第 2 期。

　　［14］张节末:《比兴、物感与刹那直观——先秦至唐诗思方式的演变》,《社会科学战线》2002 年第 4 期。

十四　论境界
——以王国维《人间词话》境界说对
中国美学的创新为中心

　　本书观点主要针对学界对于王国维《人间词话》境界说的主导性研究模式——"影响研究"而发，尤其是针对罗钢先生所提出的"意境是德国美学的中国变体"、中国古代的意境说是"学说的神话"等基于"后殖民主义影响研究"所推论出的观点而发，——试图提出与之不同的见解来为王国维的境界说做辩护，重点研究境界说的"美学创新"问题。

　　本书认为，正如来源与本质不同、影响与创新不同，不能将二者混为一谈，——对思想家的研究，也不能仅仅做"影响"研究，而更应将重点放在其思想的"创新"上。据此，本书的研究方法便区分于以往的研究，而尝试对《人间词话》及其境界说做"穿透"式解读，即从《人间词话》文本所呈示的诸多概念网络中、从对概念来源的考据中跳出来，紧紧把握其核心思想境界说的思想结构及其精神实质，以此（即思想本身）为基础和出发点，再从美学史的高度来看境界说究竟在哪些层面上为中国美学做出了创新性的探索。

　　依据穿透式的研究方法，可将境界说的思想结构及其精神实质概括为：其研究对象是词之美感特质（"词以境界为最上"）；其研究思路是，探讨人生境界与诗词境界的关系问题；其研究结论是，认为人生境界与审美艺术创造二者是"不隔"的，人生境界向诗词境界审美生成的转换机制是"能观之"与"能写之";其学科性质是形而上的美学,而非形而下的诗学。

以境界说的思想结构作为出发点,再从美学史的高度来审视境界说,我们可以发现,王国维的境界说在三个层面上为中国美学做出了创新。一是在"方法论"上的话语转换创新,王国维把境界从古代诗学的风格概念转换为中国美学的核心范畴;二是在"本体论"上的审美观念创新,王国维提出要以人生境界为本,来统摄人生、审美与艺术创造,以此来超越"文以载道"的功利性;三是在"认识论"上的审美对象创新,王国维强调文艺创造要以对宇宙人生的形上意义和对情感的审美直观作为根本,从而突破了传统诗学的情景论。

王国维境界说的现代意义在于,其以"审美与人生"的关系作为中、西两大美学体系的契合点,提出并建构一种"认识论与人生论相互协调的美学原理"与"审美形态学的研究方法",从而使中国美学在现代发轫期具有了较高的起点和视野;其对如何言说中国审美经验做出了示范;其规定了中国美学的现代走向。

总之,本书从王国维《人间词话》境界说的"思想结构""思想本身"出发,再从美学史的高度来看其对中国美学的创新性探索,最后跳出其思想文本华丽的语言网络,再从今天的学术眼光来看其现代意义,——将其美学思想概括为是以"审美与人生"的关系作为中、西两大美学体系的契合点,提出并建构一种"认识论与人生论相互协调的美学原理"与"审美形态学的研究方法"。由此,我们既"入乎其内",又"出乎其外",从而完成了对境界说的美学思想重构。

学界对王国维《人间词话》境界说的研究诚可谓是汗牛充栋、名家辈出、成就斐然。如影响最大的代表性著述,在新中国成立前有朱光潜的《诗的隐与显关于王静安的〈人间词话〉的几点意见》(1934)、钱锺书的《论不隔》(1934)、唐圭璋的《评〈人间词话〉》(1941)等;自20世纪80年代以来,更是产生了五本影响很大的代表性专著:佛雏的《王国维诗学研究》(1985)、叶嘉莹的《王国维及其文学批评》①（2001）、夏中义的《王国维：世纪苦魂》（2006）、彭玉平的《人间词话疏证》（2011）和罗钢的《传统的幻象：跨文化语境中的王国维诗学》（2015），等等。

然而，与这种对研究状况繁荣相对的却是，似乎有很多问题却并未得到根本性的解决。比如境界说的思想性质是西方的还是传统中国的？《人间词话》境界说的学科性质是诗学还是美学？境界说是学说的"神话"还是学说的"原创"？如此等等，人们仍然是聚讼纷纭，莫衷一是。本书试图在前人已有成果的基础上，向前再迈出一小步、试图在并不新颖的选题中谈出些许新意来。

概而言之，以往学界对于王国维《人间词话》境界说的主导研究倾向，可以概括为是"影响研究"的范式。所谓"影响研究"，即通过跨文化的研究视野来揭示不同思想文本之间的影响关系。具体来讲，学界常常过于重视对王国维及其《人间词话》思想"来源"的辞章、考据研究，以为解决了思想的"来源"问题，就解决了思想"自身"的问题。影响研究又具体表现为以下三个研究方向。

一是"传统诗学－影响"研究方向。以朱光潜、唐圭璋、徐复观、叶嘉莹、缪钺、彭玉平等先生为代表，认为境界说是传统诗学的延续（我们认为，这种研究思路看到了思想的延续性，却忽视了思想的突破性）。

二是"心理－影响"研究方向。主要以夏中义先生及其《王国维：世纪苦魂》为代表。夏中义先生主张对王国维进行"《史记》学案式"的心理动因研究。该书论述极为精彩，影响很大，予后学颇多启发（然而，我们认为这种研究思路具有理想化的色彩，容易流于武断的猜测。这在于，心理世界不仅包括显意识的，更包括远为广阔的潜意识世界；还在于，思想家的心理动因不只表现为是某种被动的、

① 在此基础上，2014年叶嘉莹先生又出版了《人间词话七讲》一书，为作者的讲演稿。见叶嘉莹《人间词话七讲》，北京大学出版社2014年版。

必然的外因影响，可能更多地包含有大量偶然的思想能动创造。如此等等。总之，我们认为，对思想家及其文本的研究不能等同、局限于社会学、心理学影响研究。对思想家的研究，要重点研究思想文本本身）。

三是"后殖民主义－影响"研究方向，以佛雏、肖鹰、潘知常、朱良志①等先生，尤其以罗钢先生为代表。罗钢先生提出了"意境说是德国美学的一种中国变体"②、中国古代的意境说是"学说的神话"③等惊人之语。该研究方向以西方的后殖民理论、文化霸权理论、现代阐释学理论、学术神话理论等为武器，力图证明王国维的境界说不是原创，认为境界说是在西方哲学家如康德、席勒、叔本华、谷鲁斯等人影响下的产物，是西方哲学"思想殖民"的结果（这种研究完全取消了思想家及其思想的独立性，是本书着力辩论的对象）。

总之，我们认为，影响研究将"本源"与"本质""影响"与"创新"混为一谈，事实上却并未切近到思想的"本身"，尤其没有指明思想本身的特质。对思想家的研究不能仅靠考据，不能仅谈来源与影响。从影响发生学研究范式所推理出的结论将是从中学、西学的角度皆可论证、释义《人间词话》境界说。由此而来的便是，对王国维境界说的"独创性""创新性"估计不足，甚至取消了其思想的独立性。我们认为，对思想家的研究不能走"后殖民主义－影响研究"的道路。只进行影响研究，会使对思想家的研究缺少根基，如水上浮萍，任风吹散。

为此，本书尝试对《人间词话》进行"穿透"式解读，即从《人间词话》文本所呈示的诸多概念网络中、从对概念来源的考据中超越出来，紧紧把握其核心思想境界说的思想结构及其精神实质，以

---

① 如朱良志先生认为王国维"将中国美学和艺术理论作为解读西方哲学美学的资料"，见朱良志《中国美学名著导读》，北京大学出版社2004年版，第358页。
② 罗钢：《意境说是德国美学的中国变体》，载《南京大学学报》2011年第5期。
③ 罗钢：《学说的神话——评"中国古代意境说"》，载《文史哲》2012年第1期。

此（思想本身）作为基础和出发点，再从美学史的高度来看境界说究竟在哪些层面上为中国美学做出了创新性的探索。

（一）境界说的思想结构

《人间词话》的核心性美学思想是境界说。表面上看，王国维对境界说的言说沿用了传统词话的诗文评点方式。但如果我们能够跳出其华丽的语言迷雾与概念网络，而从其思想的大处入手，便能发现、进而概括出一个较为清晰的思想结构。

《人间词话》境界说的表层结构是较为清晰的，总体上呈现为一种总分（总）的表述模式。总论（1—9 则）概说境界，分论（10—64 则）围绕总论层层展开表述，既以历史的发展来看词体美感形态的演变，又结合"高格"和"名句"，来以词带史，史论结合，正反对比，最后总结、升华境界说，体现出一定的逻辑理路。

进一步讲，《人间词话》境界说深层的思想结构及其思想内容也是可以把握的。我们可以从研究对象（提出问题）、研究思路（分析问题）、研究结论（解决问题）等三个层面来概括。

首先，《人间词话》的研究对象是作为词之美感特质的"境界"。《人间词话》开篇第一则，就旗帜鲜明地提出："词以境界为最上……五代北宋之词所以独绝者在此。"

其次，从第一则我们还能判断出《人间词话》的研究路径、研究思路是探讨人生境界与诗词境界的关系问题，即研究人生境界向诗词境界的审美生成。王国维说："有境界则自成高格，自有名句"，在他看来，有诗词境界的词，是人生境界的流露与展示，即便是"淡语""浅语"也会"有味""有致"。但是，人生境界并不直接是诗词境界，二者是有"鸿沟"、有"隔"的。这在于，前者往往是有功利的，而后者则常常是无功利的。因此，《人间词话》境界说的研究路径与主线，便是在探讨人生境界是如何向审美、诗词境界的生成转换。

　　也许有人会问，何以此处的"有境界"是指有"人生境界"？这里有一个语法问题，易为人所忽视。即作为宾语的"高格""名句"，显然是指代有"诗词境界"的词，那么作为主语的有"境界"，则当指"人生境界"而非"诗词境界"。主语和宾语应该在称谓上有所区别，否则就会出现以概念定义概念的语法错误。这是在语法层面上讲的。从内容层面上讲，《人间词话》在篇末第五十六则对境界说做了一个总结："大家之作……以其所见者真，所知者深也。……持此以衡古今之作者，可无大误矣。"王国维在此提出了对宇宙人生的感悟与觉解（即人生境界）是有诗词境界之词的衡量标准。作为词之美感特质的"境界"，其生成的根本原因与规律在于，词人在诗词创作过程中通过对对象的审美直观（"所见者真"），觉解到了宇宙人生的本质与形上意义（"所知者深"），在此过程中，伴随着人生境界的审美生成，自然流露（"脱口而出"）为"高格"和"名句"。顾随也曾指出应以"人生"来代"境界"："境界之定义为何？静安先生亦尝言之。余意不如代以'人生'二字，较为显著，亦且不空虚也。"[1]《人间词话》中有很多"人生""人间""血书""人类"等标示"人生境界"的字样，如其第十五则云："词至李后主而眼界始大，感慨遂深，遂变伶工之词而为士大夫之词。……自是人生长恨水长东"，"流水落花春去也，天上人间"，再如其第十八则云："尼采谓一切文学余爱以血书者。后主之词，真所谓以血书者也。宋道君皇帝《燕山亭》词亦略似之。然道君不过自道身世之戚，后主则俨有释迦、基督担荷人类罪恶之意，其大小固不同矣。"

　　再次，其研究结论，即人生境界向诗词境界审美生成的转换机制是什么呢？人生境界与诗词境界二者如何才能"不隔"呢？这主要

---

[1]　顾随：《评点王国维〈人间词话〉》，载《顾随全集·著述卷》，河北教育出版社2001年版，第100页。

体现在第四十则的"语语都在目前，便是不隔"（"隔与不隔"）的命题和第六十则的"出入"说。——人生境界向诗词境界的审美生成转换机制有二：一是"能观之"；二是"能写之"。要注意王国维所提出的"能写"概念。其在第六则中讲："能写真景物真感情者，谓之有境界。否则谓之无境界。"又在第七则中进行例证分析："红杏枝头春意闹"，着一"闹"字而境界全出；"云破月来花弄影"，着一"弄"字而境界全出矣。何谓"能观之""能写之"？"能观之"是说词人对其所写的景物或情思要具有真切、真实、真诚的感受；"能写之"是说，只有真切的感受还不够，词人还要具有对这种真切感受的真切的写作与表现能力。如果在一首词作中，词人具有了真切的感受，而且又能够进行真切的写作与表达，同时使读者也可获得同样真切的感受，这便所谓是"不隔"。如果作家能在和宇宙人生打交道的过程中，觉解到人生和宇宙的意义，在作品中真实而自然地表现出来（"真景物""真感情"），那么其词作就是有诗词境界的（"高格""名句"），便实现了从人生境界向审美、诗词境界的生成转换。王国维在第六十则还提出了著名的"出入"说："入乎其内，故能写之，……故有生气"，"出乎其外，故能观之"，"出乎其外，故有高致"，"……能观之……故有高致"，就是说词人若能"直观"、真切地感受到宇宙人生的意义，便会在诗词创作中展示出人生境界的高致。

以上《人间词话》的研究对象、研究思路、生成转换机制——这三个方面的概括，构成了"境界"说的思想结构。它突破了传统诗话、词话诗词品赏的视野，将人生、审美与诗词创造统一了起来，从而达到了艺术哲学的深度。

这种艺术哲学的深度，最典型而深刻地表现在其著名的"人生三境界"说上。长期以来，人们对其似乎是雾里看花，只觉其美，而不知所云。从文学的角度讲，它确可能是断章取义的，诚如王国维自己所说"然遽以此意解释诸词，恐为晏、欧诸公所不许也"。而从艺术哲学、美学的角度看，这三种境界，实际上表述了人生境界审美生成的不同层次，指出了人生境界向审美、诗词境界生成的过程，是主体的内在精神世界不断被塑造、充实和提升的过程（具体详见下文分析）。"人生三境界"说，在《人间词话》手稿本①中，是第一则，地位非同一般，这是王国维对人生境界与艺术创造关系的最精深的提炼与概括，是《人间词话》的精髓所在。

　　境界说不仅具有艺术哲学的深度，还具有历史的纵度。王国维不仅从人生境界出发去研究诗词境界，还进一步指出了"境界"在中国人美感心理结构中的地位。他援引严羽和王士祯"盛唐诸公"的美感心理取向唯在"兴趣"和"神韵"的观点。那么，什么是"兴趣""神韵"呢？所谓"兴趣"，在诗歌生动形象的背后所包孕的作家绵绵不尽的情趣。所谓"神韵"，指作品的风神气度。进一步讲，"兴趣"是词作诞生前所已经有的，"神韵"是在作品完成之后才具有的。二者都不是诗词的本体。——因此在王国维看来，兴趣和神韵不过"道其面目"，而词之美感特质的根本则在于有"境界"，有了境界，"而二者随之矣"。王国维在这里的目的很明确，他要提炼出，即"拈出""境界"二字，来"探其本"。"探其本"，就是规定了"境界"在中国人美感心理结构中的本体地位。王国维是从美学"史"的坐标系中来定位"境界"的。《人间词话》可以说是一部简要的词体美感的发展演变史。在《人间词话》第九则之后，王国维紧紧围绕"有境界则自成高格，自有名句"这条主线，即以"高格"和"名句"为纲，来纵写唐五代词、北宋词、南宋词中境界形态的流变，在与气质、格调、格韵的比较中，来横显境界的本体地位。

　　关于以上王国维《人间词话》对"境界"研究的这两大方法与思路（即"将审美与人生相互贯通"的研究和"对中国人美感心理结构"的研究），后来李泽厚先生也曾简略地谈到。李泽厚先生曾在

---

　　①　王国维：《〈人间词〉〈人间词话〉手稿》，浙江古籍出版社 2005 年版。

1985 年的一篇文章中讲："我想，如果让我今天再写这个题目，大概会不同一些，看法和说法大概都会有些改变。……大概会从人生境界的角度来谈论它们，也会注意从中国人的文化心理结构的整体背景上来考虑它的内容、意义和地位。……没有时间去重写它。……先作这个声明吧"①。实际上，王国维对此早已孤明先发，只是学界未能穿透其优美的文字与复杂的概念网络，从而忽略了其蕴含在文字与概念之后的深刻的人生境界的美学思想。

以上，对《人间词话》核心思想境界说的思想结构及其精神实质的准确把握，是我们对其客观评价的基础。据此，我们可以认为，境界说的学科性质是形而上的美学，而非形而下的诗学。王国维虽然也谈到了诗词的创作论问题，但是，他的核心思想旨归则是论述审美与人生的关系，因而具有美学思想的性质。在此，我们且举一常见混淆例。"境界"与"意境"是否区别？以笔者浅识，学界中多数观点似认为二者无甚分别②。而在《人间词话》文本中，王国维仅使用"意境"范畴一次，而更多地主要使用"境界"范畴。这在于，"意境"是中国传统诗学特定的范畴。而"境界"虽然也是中国传统诗学的特定范畴，并且被同时代的人广泛运用（如《蕙风词话》），但在《人间词话》中已然增添了新意，"境界"范畴已被王国维将其美学思想化了。当代学者对王国维"境界"说的接受，其实更多地还是沿着传统诗学情景论的思路去研究"意境"（如罗钢先生的书名即是《传统的幻象：跨文化语境中的王国维诗学》），这便在一定程度上偏离了王国维境界说的美学思想性质。总之，对境界说的思想结构及其精神实质、学科性质等的明确把握，构成了研究其创新问题的基础。

---

① 李泽厚先生曾在 1957 年写过一篇《意境杂谈》的文章。原载《光明日报》1957 年 6 月 9 日、16 日。

② 如张少康先生讲："文学艺术中所讲的境界与意境是没有什么区别的"，参见张少康《中国文学理论批评史教程》，北京大学出版社 1999 年版，第 482 页。朱良志先生讲："考其意，'意境'与'境界'二概念并无区别。"参见朱良志《中国美学名著导读》，北京大学出版社 2004 年版，第 354 页。如此等等。

（二）境界说对中国美学的创新

基于上面对《人间词话》文本"思想本身""思想结构"的认识，我们再从美学史的高度来看王国维境界说究竟在哪些层面上为中国美学做出了创新。王国维《人间词话》的写作，处在古今学术的转型时期，面对外来意识的传入，西方学术体系和价值体系的挑战，如何对中国的传统文化进行现代的传承与创新，如何建构、发展中国的现代学术等，对时代的知识分子来说都是刻不容缓的严峻课题。对此，《人间词话》境界说在方法论、本体论、认识论上都对中国美学做出了富于创新性的探索。

1. 在方法论上的话语转换创新

王国维在接受西学的过程中，"受到了西方思维方法的洗礼，特别是在认知论上。他可以说是中国学术转型中第一个认识到'工具概念'的重要性的学者，也是第一个运用概念化理性思维（conceptualization）的学者"①。王国维认为西方学术的科学精神与研究方法，其特质在于"思辨的""科学的"方面，其优点在于"抽象"和"分类"，善于运用"综括"和"分析"的方法来揭示事物的理性本质②。但同时，其缺点却在于过于抽象而脱离具体的实际，而这正是"吾国人之所长"。因此，我国学术要想取得进步，必须吸收西学的新思维、新方法，中西结合，取长补短。

《人间词话》对境界说的研究，即运用了西方科学的新思维、新方法，将境界从古代诗学的风格概念转换为中国美学的核心范畴。王

---

① 张广达：《王国维（1877—1927）在清末民初中国学术转型中的贡献》，载《人文中国学报》，上海古籍出版社2006年版，第99页。
② 王国维：《论新学语的输入》，载王国维《王国维文集》卷三，中国文史出版社1997年版，第40页。

国维既对"境界"范畴做了科学的、抽象的、思辨的分析;同时又沟通了审美与人生,汲取了传统学术研究重视感性经验的长处,因而能够取得突破性的创见。其对"境界"范畴的话语转换,表现在以下几个方面。

首先,《人间词话》的话语表述初具学理性与思辨性,一定程度上概括了"境界"的本质内涵,为境界的话语转换提供了范畴界定上的基础性。

在范畴的界定上,王国维一方面探讨了境界的性质、依据、标准、分类和特点,使"境界"获得了本质性的说明;另一方面,又以"境界"为标准,对历代词人及其名句进行了美学批评,并从多角度描述了境界的美感形态。按照现代修辞学理论,定义(definition)=类(class)+特征(distinctions)①,王国维对于境界本质的各个方面都做了表述。《人间词话》美学思想的系统、论述的严谨,较之传统诗话、词话的印象式批评是一种创新和突破,初具现代思想学说建构的学理性质。传统诗学因为缺少科学的学理论述,所论常常会玄虚、空灵。

为了对境界进行本质性的说明,王国维对境界概念进行了多层面、多角度的"分类"论说,如:根据境界的创造方式,境界可以分为造境与写境;根据物我关系的不同,境界可以分为有我之境与无我之境;根据境界风格的不同,境界可分为优美与宏壮、大境与小境;境界创造的标准(或审美特质)是真(另表述为"自然")与深;体验境界的方式是入乎其内与出乎其外;境界的审美效果是隔与不隔;境界创造的对象可分为真景物与真感情两种;没有境界的作品可分为游词、鄙词和淫词等。

王国维围绕境界说的建构又提出了一系列密集的子范畴群,如:

----

① Richard M. Coe, *Form and Substance*: *An Advanced Rhetoric*, New York: John Wiley & Sons, 1981, p. 260.

高格、名句、造境、写境、理想、写实、有我之境、无我之境、真、气象、神、自然、优美、宏壮、大境、小境、兴趣、神韵、赤子之心、客观之诗人、主观之诗人、血书、人生三境界、神理、格调、格韵、隔与不隔、真与深、能写、能观、入乎其内、出乎其外、生气、高致、游词、鄙词、淫词等。

不仅在话语表述、范畴的界定上运用"综括"与"分析",如前所述,王国维还立足于中国美学史,从美感形态间的关系来说明境界的性质与地位,指出"兴趣"和"神韵",犹不过"道其面目",不如以"境界"为其"本"。在传统的诗话、词话中,境界一般是作为与风骨、兴趣、神韵、格调、气象等相并列的诗学概念来使用的,常常表示某种独特的形象、风格或手法,而非高标独举的文艺本体性范畴。王国维把"境界"提升为文艺的本体及核心性范畴,乃至最高形态,这无疑对于传统的诗学观念是一种创新。

其次,《人间词话》话语表述的学科意识与美学原理视野,为"境界"的现代转换提供了话语建构的普遍性。

王国维不仅运用西学的新思维与新方法去概括、分析境界范畴的本质内涵,还运用在西学历史中所形成的具有一定普遍性、基础性的美学原理来表述传统的美学精神与美感形态,为境界的话语转换提供了话语建构的普遍性,从而开阔了传统诗学的研究视野。

在《人间词话》的话语表述过程中,美学思想、美学精神一以贯之,"境界"既是其出发点,也是其思想的归宿。《人间词话》从体例上看,仍属于传统文论的诗话、词话,但王国维将其上升到了美学的高度,认为"词以境界为最上",把"境界"作为最高审美标准,统摄全篇,"探其本",试图把握艺术的根本问题。他从境界出发,谈批评、谈创作、谈人生,并对艺术形象如何才能达到艺术境界的问题,都进行了美学原理上的分析,而不同于传统诗学诗文评点的研究理路。

在《人间词话》的总论部分,王国维依次从审美主客体关系、审美对象、审美主体等多角度概括了境界的本质特征；在分论部分，又从"自然""人生""气象""神""意境"等多角度来表述境界的美感特质，使之在一定意义上具有了审美形态学的性质。《人间词话》既运用了西学的审美无功利原理，认为对审美对象的创造要能写"真景物""真感情"；又从审美与人生相统一的原理来阐发境界的深层内涵，使境界说上升到了艺术哲学的高度。如此等等，体现了其美学思想的自觉与成熟。

最后，《人间词话》汲取了传统学术研究重视感性经验的长处，将对"境界"作为词之美感形态的论述与对"境界"作为词人对宇宙人生意义的感悟、觉解相沟通，从而在根本上使"境界"获致了由古典通向现代的道路。

在《人间词话》中，王国维将诗词创作的艺术境界与词人现实的人生觉解结合起来表述，并立足于诗歌史来表述这种结合的必然性与普遍性。如其第十五则云："词至李后主而眼界始大，感慨遂深，遂变伶工之词而为士大夫之词。……'自是人生长恨水长东'，'流水落花春去也，天上人间'，《金荃》、《浣花》，能有此气象耶。"在他看来，只有人生境界的提升，即"眼界始大，感慨遂深"，才能在根本上使词的艺术境界得以提高。后面他又结合诗人的"忧生忧世"来谈《诗经》创作的艺术境界及其影响，认为表现人生感悟是中国诗歌创作的优良传统。在《人间词话》的最后，王国维总结指出，艺术境界高的作品，即"大家之作"，其原因在于对人生的感悟与觉解的"真"与"深"。他接着又说"诗词皆然。持此以衡古今之作者，可无大误矣"，这样就把重人生境界与审美实践活动相统一的传统美学精神，上升到了艺术创作的普遍准则的高度，从而使之获得了由古典通向现代的道路。

总之，从以上三个方面来看，《人间词话》的境界说，其思想内核是中国的，其话语思想的表述，则借鉴了现代西学之具有一定普遍意义的美学理论，或理论建构的学术规范，而将"境界"从传统诗学的诸多风格概念中转换出来，成为具有文艺本体性的审美范畴；同时，王国维又汲取了传统学术研究的长处，将审美、诗词创作与人生境界相沟通，从艺术创作准则的高度，把境界转换成一个向现代敞开的范畴。《人间词话》的这种对于古代美学的转换与创新，无疑具有重要的方法论意义。

2. 在本体论上的审美观念创新

如前所述，《人间词话》开篇提出了一个富于创新性的美学命题，"词以境界为最上。有境界则自成高格，自有名句"。王国维提出这个命题有着较强的现实针对性，他以对传统文学尤其是宋明以降"文以载道"的正统观念的批判，来为词人树立起正确的创作观念而奠定基础。

传统文学尤其是宋明以降的正统的"文以载道"观念，是把文学作为卫道的工具，文学创作要为政治、伦理、世俗等功利目的服务，讲求"经世致用"，这样便使文学丧失了自身的独立性。这种不良的观念一直影响到现代："观近数年之文学，亦不重文学自己之价值，而唯视为政治教育之手段。"[①] 这样便导致了诗词创作的艺术境界不高，"诗词之题目本为自然及人生。自古人误以为美刺投赠咏史怀古之用，题目既误，诗亦自不能佳。"[②] 其第五十二则亦云："纳兰容若以自然之眼观物，以自然之舌言情。此由初入中原，未染汉人风气，故能真切如此。北宋以来，一人而已。"其第五十七则亦云："人能于诗词中不为美刺投赠之篇，不使隶事之句，不用粉饰之字，则于此道过半矣。"如此等等。

针对此种状况，王国维提出了以人生境界为本，来统摄人生、审

---

① 王国维：《论近年之学术界》，载王国维《王国维文集》卷三，中国文史出版社1997年版，第36页。

② 王国维：《人间词话·删稿·第三则》，载王国维《人间词话》，上海古籍出版社1998年版，第34页。

美与艺术创造，以此来超越文以载道的功利性。"词以境界为最上。有境界则自成高格，自有名句"这一美学命题包含有两层含义。

第一，"词以境界为最上"——确立人生境界为诗词创作的本体。王国维强调作家要创作出真实地表现宇宙人生的作品，而不要局限于现实的功利性要求。

第二，"有境界则自成高格，自有名句"——在王国维看来，美（诗词境界）是伴随着人生境界的生成而生成的，审美、诗词艺术境界生成的根本上在于人生境界的转化与提升，只有在词人主体人生境界的不断修养提升过程中，才有人生、审美、艺术的统一。诗词审美境界是人生境界的自然展示和流露。王国维非常重视分析诗词境界中所显现人生境界的高致。如第二十八则，王国维引冯梦华的观点："淮海、小山，古之伤心人也。其淡语皆有味，浅语皆有致。"何以淡语、浅语还能有韵致？其原因正在于对于人生感悟与觉解的深切。再如第三十一则，王国维引昭明太子称赞陶渊明诗"跌宕昭彰，独超众类，抑扬爽朗，莫之与京"，王无功称赞薛收赋"韵趣高奇，词义旷远，嵯峨萧瑟，真不可言"，指出词中少有这两种人生境界，只有苏轼和姜夔"略得一二"。

前面曾指出，王国维的"人生三境界"说，实际上就是人生境界审美生成的三种不同层次。其提出的意义在于，它指出了人生境界审美生成的过程，是主体的内在精神世界不断被塑造、充实和提升的过程，是由"望尽"到"消得"再到"蓦见"的修养过程，是由"入"到"出"的过程，是"以我观物"到"以物观物"的过程，是主体摆脱功利物质欲望，最后达到主客相融的过程。词人在与宇宙人生打交道的过程中，随着其人生境界的不断超越与提升，最终便会实现自然而然的、"不隔"的、"语语都在目前"对于宇宙人生意义的"直观"，便会创造出"真景物"和"真感情"，从而达到"言情也必沁人心脾，其写景也必豁人耳目。其辞脱口而出，无矫揉妆束之态"的诗词境界。

王国维"有境界则自成高格，自有名句"的观点，突破了古代诗学的情景论，揭示出了诗词境界生成的根本原因。古代诗学多囿于诗歌文本中所呈现的情景元素，而认为诗词境界生成的原因在于情景的交融与互渗，如说"景乃诗之媒，情乃诗之胚，合而为诗。"（谢榛）"情景虽有在心在物之分，而景生情，情生景，哀乐之触，荣悴之迎，互藏其宅。"（王夫之）等等。王国维则突破了情景论，发现了诗词境界创造的根本原因在于人生境界的审美生成。

在王国维之后，新儒学的徐复观与唐君毅二位先生进一步深化了境界说的美学思想。徐复观先生在《中国艺术精神》一书中指出："完全成熟以后的文学艺术，是直接从作者的人格、性情中流露出来的。文学艺术的纯化与深化的程度，决定于作者人格、性情的纯化与深度的程度。……接触到了中国艺术的根源之地。"①

唐君毅《中国文化之精神价值》对此的认识更为深刻，他在中西文学创作的比较中，指出了诗词境界生成的中国性："西方文学批评家中，亦多持人生之道以评论文学者。西方之天才创作文学艺术时，灵感之来，亦'行乎其所不得不行，止乎其所不得不止'。歌德所谓'非我作诗，乃诗作我'，贝多芬之常忽闻天音，亦即艺术成人格之自然流谓。然西方文学家、艺术家，毕竟常不免以文学艺术之创作，为一贡献精力于客观之美之事。因而西方文学家、艺术家，多有为艺术而艺术之理论。……中国文学家、艺术家精神，多能自求超越于文艺之美本身之外，而尚性情之真与德性之美，正中国文学家艺术家之可爱处与伟大处，而表现中国文学家、艺术家之人格者也。"② 在此我们能够看到两位学者的美学思想是与王国维"境界"说一脉相承的。

对于《人间词话》境界说的研究，还需注意王国维"摘句（境）

---

① 徐复观：《中国艺术精神》，上海书店出版社2004年版，第315页。
② 唐君毅：《中国文化之精神价值》，江苏教育出版社2005年版，第264页。

评词（人）"的审美批评方法。如其第十二则云："'画屏金鹧鸪'，飞卿语也，其词品似之。'弦上黄莺语'，端已语也，其词品亦似之。正中词品，若欲于其词句中求之，则'和泪试严妆'，殆近之欤。"这是讲，温、韦词的艺术境界因缺少人生感悟而流于华丽浓艳，冯词的艺术境界则体现了词人对人生的深切感悟与觉解。这种"摘境评人"的审美批评方法，虽然沿袭了古代诗学的印象式批评传统，但它突破了古代诗学的视野，注重审美、艺术境界与词人主体的人生境界的同一性，因而能有所推进与创新。"境界"与传统诗学的"格调""文如其人"不同，后者只看重作家的个性与艺术境界的联系，所得出的结论往往是现成、固定的美；而境界则强调作家人生境界与审美、艺术境界创造的同步生成。在"境界"说看来，对于人生感悟与觉解的深浅，往往会制约其艺术境界的高下，所谓"南宋词虽不隔处，比之前人，自有浅深厚薄之别"。

总之，王国维不仅用"境界"来标示中国古典诗词的本体及其美感特质，还用"境界"来概括人生境界与审美艺术境界之间的深层关联，从而把审美艺术创造与人生修养实践结合起来加以论述，初步建构了一种人生境界论美学原理，这无疑是王国维对中国古典美学的一大创新，达到了艺术哲学的高度。进而言之，如果说《人间词话》的话语转换创新，集中表现在于其对境界作为美感形态的现代化转换；那么其在审美观念上的创新，则是对境界作为传统审美与人生实践活动相同一的美学精神的现代化转换，经由这种转换，使传统美学精神在现代语境下获得了可持续发展的道路。

这里有一个问题，即王国维的"人生境界"思想到底具有何种性质，是以西方的"人本主义"为本，还是以中国古代的"人生论"为本？这需要我们细加辨析。王国维在《人间词话》中明确提出，"词以境界为最上"，"拈出'境界'二字，为探其本也"，要以"境界"来"探本"。这种鲜明的本体意识，当是来自于西方哲学之"学"的影响。目前有很多研究者据此认为王国维的美学思想乃是受到了西学尤其是叔本华人本主义思想之"内容"的影响，而具有"人本主义"的思想性质①。在本书看来，这种观点其实还可以再探讨。

我们知道，"人本主义"，是与"科学主义"相并举的一种西方现代哲学思潮的特定称谓，它一般是指"从人本身出发来研究人的本质，以及人与自然、人与人之间关系的理论"②。"人本主义"是一个现代概念，西方古代只有"人学"，而没有"人本主义"的概念。在西方，"人学"的发展经历了几个阶段，古代希腊时期是人学的萌芽阶段，如普罗泰戈拉就有"人是万物的尺度"的命题；14世纪文艺复兴时期的思想家反对封建制度和宗教神学，肯定人的价值，要求个性解放，强调人的现世的享受，主张"人文主义"；17、18世纪启蒙思想家从人的"自然权利"阐释自由、平等、博爱的人的本性，主张"人道主义"或"人性论"；19世纪德国哲学家费尔巴哈以人学批判黑格尔思辨理性哲学，以人学取代基督教神学，称为"人本学"或"人本主义"。"现代西方人本主义哲学虽然也是继承了人学的传统，但由于时代不同了，无论其研究的主题还是内容都发生了很大变化"③，"在某种意义上，现代西方人本主义思潮是对古近代人本主义思想的一种否定，是建立在反唯物主义、反理性主义和反乐观主义的基础上，其代表人物和流派如叔本华、克尔凯郭尔、尼采、柏格森、弗洛伊德主义、存在主义、人格主义等"④。

由上可见，西方现代"人本主义"是以反对近代理性启蒙为前提

---

①　代表性的观点，如夏中义先生认为王国维美学是"人本－艺术美学"，见夏中义《王国维：世纪苦魂》，北京大学出版社2006年版。又如杜卫先生认为王国维"创立了具有现代人本主义意义的人生论美学"，见杜卫《王国维与中国美学的现代转型》，《中国社会科学》2004年第1期。

②　魏金声：《现代西方人本主义思潮的由来与发展》，《中国人民大学学报》1994年第4期。

③　杨寿堪：《现代人本主义哲学的几个问题》，《社会科学辑刊》2001年第3期。

④　魏金声：《现代西方人本主义思潮的由来与发展》，《中国人民大学学报》1994年第4期。

的，是要求进一步摆脱理性专制的束缚，以达到更大程度的个人独立和自由。而王国维所要批判的对象则是中国传统文学中"文以载道"观念对作家的桎梏，与"人本主义"相比，其思想更接近于前理性启蒙阶段。王国维试图以西方现代的学术规范来表述中国传统的美学精神，是用理性的视角来审视古代诗词创作中所存在的问题，而不是用反理性或者非理性的观念来启蒙人生。

比较而言，中国古代的"人生论"是以重人生境界的修养为识别标志的，这与西学的"人本主义"在文化内涵和思想性质上存在着诸多差异，二者具有异质性。王国维的美学思想，以其强调人生境界的高度自觉，而在根本上具有中学的人生论性质。张岱年在《中国哲学大纲》中说："中国哲人的文章与谈论，常常第一句讲宇宙，第二句便讲人生。"① 徐复观在其《中国艺术精神》中也指出："儒家一念一行，当下成就人生中某种程度的道德价值，当下在最深的根底中和最高的境界中，把艺术与道德自然而然地融合统一起来；道家较之儒家，虽然更富于思辨的形上学的性格；但其出发点及其归宿点，依然是落实于现实人生之上。"② 王国维境界说的美学思想是具体落实在深厚的现实人生根基之上的。《人间词话》第十八则云："后主之词，真所谓以血书者也。……后主则俨有释迦基督担荷人类罪恶之意"，强调了词人创作要关注人类整体的命运，才能产生出伟大的作品。王国维还曾谈道"若夫真正之大诗人，则又以人类之感情为其一己之感情"③，这就把词人创作观念上升到了人性普遍性的高度，而与"人本主义"所追求的个人独立和自由的思想"内容"不尽相同，他曾批评叔本华"彼之说博爱也，非爱世界也，爱其自己的世界而已"④。

---

① 张岱年：《中国哲学大纲》，中国社会科学出版社 1982 年版，第 165 页。
② 徐复观：《中国艺术精神》，上海书店出版社 2004 年版，第 40 页。
③ 王国维：《人间嗜好之研究》，载王国维《王国维文集》卷三，中国文史出版社 1997 年版，第 27 页。
④ 王国维：《叔本华与尼采》，载王国维《王国维文集》卷三，中国文史出版社 1997 年版，第 354 页。

其实，王国维只是借鉴了西学"人本主义"的主义形式，而代之以
"人生境界"的精神实质，一定意义上更是对人本主义的反拨。为
此，我们认为不能用西方的"人本主义"思想来阐发"境界说"。
"似"与"是"不同，要避免在学术研究上概念运用的泛化。

3. 在认识论上的审美对象创新

在一定意义上讲，中国古代美学的主干可说是以儒、道、释三家
为代表的人生境界修养美学，或者说是关于人生修养的哲学美学。无
论是儒家的内省式精神境界修养，还是道、禅的功夫型精神境界修
养，尽管都是以重内在的精神境界修养实践为标识，可是对于在文艺
领域，人生境界如何落实在审美、艺术创造中，与之相统一，从而达
到很高的艺术境界、诗词境界，中国古代美学则缺少这个方面的文艺
美学思想。古代只有这方面的人生审美实践，而没有这方面的境界生
成理论。王国维《人间词话》借鉴西方审美心理学思想资源（尤其
是借鉴了叔本华的审美直观理论。但是，仅仅是借鉴，其根仍然深深
地扎在中国现实人生的深厚土壤之上），总结概括出在诗词创作领域
中人生境界与审美、艺术创造相统一的这个审美事实与审美规律，这
样就丰富、拓展了中国古代美学的研究领域。具体来讲，在诗词创作
领域中，王国维《人间词话》突出的创新之处就在于，其对审美对
象的认识突破、拓展了古代诗学的情景论，体现在如下三个方面。

一是对宇宙、人生形上意义的审美直观。

王国维《人间词话》对诗词境界的研究，与古代诗学和一般当代
学者对诗歌意境的研究路径不同。一般对诗歌意境的研究，多以诗歌
文本为中心，具体来讲是以构成诗歌的情、景二元素为中心，注重研
究意境的情景交融的表现特征、虚实相生的结构特征、韵味无穷的接
受效果，如此等等。王国维则超出诗歌文本封闭体的限制，而将对
情、景的考察，落实在对宇宙人生形上意义的审美直观中，落实在人
生境界的审美生成中。这种研究路径无疑比古代诗学的情景论更为原

本，更能揭示意境创造的本质。在王国维看来，人生境界在诗歌中的展示，应当是诗歌意境的第一义、根本义，这也是意境之所以具有言外之意，旨外之旨的根本，从而将"韵味无穷"的审美经验具体化落在了实处。

王国维曾在《文学小言》中重新界定过情、景的含义："文学中有二元质焉：曰景，曰情。前者以描写自然及人生之事实为主，后者则吾人对此种事实之精神的态度也。"① 其对于情、景的界定，不再只局限于诗歌的质素，而是扩大到社会人生中去理解。他认为所谓"景"包含着自然与人生，"情"则是一种态度，这样，"情"便不仅仅是一种情感性评价，而且还应包含有某种非概念的理性认识。这种对于古代诗学情景概念的重新界定，意味着在审美活动中宇宙和人生的本质与形而上意义构成了词人审美直观的对象。且看王国维对如下名句的理解：

> 南唐中主词："菡萏香销翠叶残，西风愁起绿波间。"大有众芳污秽，美人迟暮之感。乃古今独赏其"细雨梦回鸡塞远，小楼吹彻玉笙寒"，故知解人正不易得。（十三）

王国维在这首词中直观、觉解到了"众芳污秽，美人迟暮"的人生意义，这完全是对形而上的人生意义的本质解读。对此叶嘉莹先生曾如此评价："南唐中主李璟那首《山花子》所写的绝对是'细雨梦回鸡塞远，小楼吹彻玉笙寒'的思妇怀人之情，但王国维所欣赏的却是开头两句的'菡萏香销翠叶残，西风愁起绿波间'。因为，这两句写出来一种境界，包含有更丰富的 potential effect。王国维所掌握的，是一种感情的本质，而不是感情的事件。……这种感情与'众芳污

---

① 王国维：《文学小言》，载王国维《王国维文集》卷三，中国文史出版社 1997 年版，第 25 页。

秒，美人迟暮'的感情在本质上有暗合之处"①。

上面是写"情"例，再看如下两则写"景"例：

> 美成《苏幕遮》词："叶上初阳乾宿雨。水面清圆，一一风荷举。"此真能得荷之神理者。觉白石《念奴娇》、《惜红衣》二词，犹有隔雾看花之恨。（三六）
>
> 稼轩《中秋饮酒达旦，用天问体作木兰花慢以送月》曰："可怜今夜月，向何处、去悠悠。是别有人间，那边才见，光影东头。"词人想象，直悟月轮绕地之理，与科学家密合，可谓神悟。（四七）

可见，就写"景"而言，王国维重视的是词人对景物形而上的"神理"的直观。相反，他认为姜夔的"数峰清苦，商略黄昏雨"、"高树晚蝉，说西风消息"等词，则是有"隔"的，因为没有直观到宇宙的本质意义。实际上，在我们看来，姜夔的这几句词，恰恰是有意境的，是情景交融的典型表现。是由于思考角度与研究路径不同，所得出的结论便会有所差异。这也就是说，王国维的"境界"概念与"意境"的概念是不完全一致的，如果做比较的话，前者似乎更侧重于意境的本质和形而上意义这一层面，如其在第三十三则中说："美成深远之致不及欧、秦，唯言情体物，穷极工巧，故不失为第一流之作者。但恨创调之才多，创意之才少耳。"

再看对"人生"形上意义的直观。王国维从后主之词中直观了"释迦、基督担荷人类罪恶"之意，并称其为"血书"。从"昨夜西风凋碧树。独上高楼，望尽天涯路"中直观到了诗人的"忧生"，从"百草千花寒食路，香车系在谁家树"中直观到了诗人的"忧世"。从"人间自是有情痴，此恨不关风与月"，"直须看尽洛城花，始与

---

① 叶嘉莹：《迦陵说词讲稿》，北京大学出版社2007年版，第69页。

东风容易别"等词中，直观到了形而上的词人的"沉着之致"。

强调对宇宙、人生形上意义的审美直观，其对于中国美学的意义是什么呢？从审美心理学的角度说，古代诗学的情景论，重视的是主体心理在感知基础上的情感和想象；而王国维之强调的对宇宙人生形上意义的审美直观，则重视的是主体心理非概念的理解，它消弭了感知的心理距离，强调"蓦然回首"的直观与顿悟，在此基础上引导、深化了情感与想象的生成。王国维在《人间词话》中批评姜夔："古今词人格调之高，无如白石。惜不于意境上用力，故觉无言外之味，弦外之响，终不能与于第一流之作者也"，可见他重视的是意境的"言外之意""高格"与"高致"。受中国古代人生论的影响，王国维"境界"说的美学思想，会使中国人的心灵在走向宇宙人生时变得更加深沉、超脱和富于形上意味的追求，不再只是一味情景交融，而是要超越情景，追问宇宙人生的形上意义，入乎其内，更要出乎其外。与叔本华的直观论不同，叔本华的"直观"，强调的是对对象之负载着"理念"的"纯粹形式"的直观，而王国维则将直观落实在对于宇宙人生意义的觉解上，遵循着中国人生论的传统。

二是拓展了传统诗学中审美对象的领域，提出了对情感的审美直观问题。提出了"能写真感情者，谓之有境界"和"专作情语而绝妙"的美学新命题。

《人间词话·未刊手稿》第十六则云：

"词家多以景寓情。其专作情语而绝妙者，如牛峤之'甘作一生拼，尽君今日欢'、顾琼之'换我心为你心，始知相忆深'、欧阳修之'衣带渐宽终不悔，为伊消得人憔悴'、美成之'许多烦恼，只为当时，一饷留情'，此等词求之古今人词中，曾不多见。余《乙稿》中颇于此方面有开拓之功。"

在这里，王国维明确指出其对于诗词创作领域中的审美对象的创新具有"开拓之功",即"专作情语"。此外,王国维还曾在《文学小言》中讲过:"激烈之感情,亦得为直观之对象、文学之材料"①。《人间词话》第六则也说:"境非独谓景物也。喜怒哀乐,亦人心中之一境界。"王国维的这种对情感的审美直观,是对中国古代情景论诗学在审美对象问题上的拓展。纯粹直观心灵情感,超越了对外在对象的依赖。

所谓"专作情语而绝妙"的美学思想含义是指以创作主体内心中的情感为审美观照的对象,不借助自然意象、不采用融情入景或托物寄情的方法,从而把心中的诗情直接淋漓痛快地倾吐出来。不写景,只言情,亦可以单独构成一种审美的境界。纵观《人间词话》全书中王氏所引有"境界"的不隔之作,固然有"采菊东篱下,悠然见南山""天似穹庐,笼盖四野,天苍苍,野茫茫,风吹草低见牛羊"的"物境"之作,但也不乏直抒胸臆,直接议论的"情境"之诗:"生年不满百,常怀千岁忧,昼短苦夜长,何不秉烛游,服食求神仙,多为药所误,不如饮美酒,被服纨与素",如此等等,被王国维评为是"写情如此,方为不隔"。

与这种在创作论上对"情感"的审美直观相联系,王国维十分重视情感的陶冶与审美胸怀的涵养。《人间词话》第四十三则云:"幼安之佳处,在有性情,有境界。即以气象论,亦有'傍素波、干青云'之概",第四十四则云:"东坡之词旷,稼轩之词豪。无二人之胸襟而学其词,犹东施之效捧心也",第四十五则云:"读东坡、稼轩词,须观其雅量高致,有伯夷、柳下惠之风。白石虽似蝉蜕尘埃,然终不免局促辕下。"

作为与"真感情"的反例,王国维还批评了诗词创作中的"游词"之病,对词人的人生境界修养提出了要求。王国维在《人间词

---

① 王国维:《文学小言》,载王国维《王国维文集》卷一,中国文史出版社1997年版,第27页。

话》第六十二则中指出像"昔为倡家女，今为荡子妇。荡子行不归，空床读难守"等词，可谓"淫鄙之尤"，然而却不被视作是淫词和鄙词，其原因就在于它是"真感情"的写照，"非无淫词，读之者但觉其亲切动人。非无鄙词，但觉其精力弥满。可知淫词与鄙词之病，非淫与鄙之病，而游词之病也"。"游词"即是不忠实、假言假语的意思，词人要克服这些缺点，要有"赤子之心"，要以"自然之舌"言情，要"不用粉饰之字"。

王国维还从文学发展，尤其是文体沿革的角度，指出了情感是文体演变的根本原因。他引陈子龙的话"其欢愉愁怨之致，动于中而不能抑者，类发于诗馀"，认为"五代词之所以独胜，亦以此也"。他还说词人情感表现的"以自解脱"是"文体盛衰"的根本原因。如此等等，我们可以看到，《人间词话》的写作，处处流露着以人生境界、真感情为本体的探本意识。

三是以对情感的审美直观作为根本，提出了"能写真景物者，谓之有境界"和"一切景语皆情语"的美学新命题，这是对于传统诗学中"景"问题的新理解。

《人间词话·删稿》第四则云："昔人论诗词，有景语、情语之别。不知一切景语，皆情语也。"这个命题是在讲"景"是人生境界即"真感情"的真实流露，而并非是指"景是动感兴情的诱因"①。后者仍是沿着传统诗学的情景合一、情景交融思路而说的。王国维的认识则是建立在人生境界、真感情基础之上的，在他看来，"景"也是主体对宇宙人生直观、觉解的结果，其重心是强调理解、情感对于感知的引导，而非感知对于情感的兴发。这样，王国维便拓展了古代诗学对于审美对象的认识不离情景二元质的致思取向。

总之，以上三个方面是"境界"说在认识论层面上对古代美学审美对象问题的创新与开拓。它通过审美直观而沟通了人生境界与诗词

① 王国维著：《人间词话》，上海古籍出版社1998年版，第39页。

境界，在根本上论证、表述了诗词创作如何展示人生境界的问题。《人间词话》最后在第五十六则对"境界"说作出了一个总结性的概括："大家之作，其言情也必沁人心脾，其写景也必豁人耳目。其辞脱口而出，无矫揉妆束之态。以其所见者真，所知者深也。诗词皆然。持此以衡古今之作者，可无大误矣。"这段话说明了作为词之美感特质的"境界"，其生成的根本原因与规律在于，词人在诗词创作过程中通过对对象的审美直观（"所见者真"），觉解到了宇宙人生的本质与形上意义（"所知者深"），在此过程中，伴随着人生境界的审美生成，自然流露（"脱口而出"）为"高格"和"名句"。

在王国维看来，诗词创作既是词人主体人生境界的自然展示与流露的过程，也是词人主体的人生境界向审美、诗词境界的生成与转换的过程，二者具有同一性。如果说儒家的人生境界是"参赞天地之化育"的创造的人生境界，道家的人生境界是"上下与天地同流"的逍遥的人生境界，佛禅的人生境界是"落花无言，人淡如菊"的恬淡的人生境界，那么，王国维所崇尚的人生境界则是"蓦然回首，那人却在灯火阑珊处"的诗化的人生境界。其据诗词创作而与人生境界相沟通，无疑是对中国美学的重要创新与开拓。

现在对这部分做一总结。王国维《人间词话》境界说对中国美学的创新体现在三个方面：一是话语转换创新，把境界从古代诗学的风格概念转换为中国美学的核心范畴；二是审美观念创新，提出要以人生境界为本，来统摄人生、审美与艺术创造，以此来超越文以载道的功利性；三是审美对象创新，强调以对宇宙人生的形上意义和对情感的审美直观作为根本，突破了传统诗学的情景论。

（三）境界说的现代意义

王国维《人间词话》的境界说在表述方式、表述内容等方面，极富个性和创新性，对中国美学具有开拓之功。经由王国维的现代化转换，"境界"已经为现代中国美学界所普遍接受，并成为中国美学的核心范畴与识别标志（ID）。境界说的现代意义在于它使中国现代美学的生发具有较高的起点和视野；对如何言说中国审美经验做出了示范；规定了中国美学的现代走向。境界说对当下的现实人生具有一定的启发意义。

1. 使中国现代美学的发生具有较高的起点和视野

在本书看来，衡量一个思想家、理论家的"硬件"标准，应该看其提出了哪些概念、方法、范畴、命题、学说、思想、理论、主义……（提出了哪些东西），写出了哪些代表性的学术专著，以此而论，作为一名美学思想家，王国维为中国美学学科的建设确定了"美学"的命名。写出了一本《人间词话》这样著名的美学思想著作。王国维在《人间词话》中提出了"境界说"。围绕境界说的建构，王国维具体提出了一系列美学新命题，如："词以境界为最上，有境界自有高格，自成名句""拈出境界二字，为探其本也""人生三境界""语语都在目前，便是不隔""一切景语皆情语""专作情语而绝妙""造境""写境""能写真景物、真感情者谓之有境界""能观之""能写之"，王国维围绕境界说的建构又提出了一系列密集的子范畴群，如：高格、名句、造境、写境、理想、写实、有我之境、无我之境、真、气象、神、自然、优美、宏壮、大境、小境、兴趣、神韵、赤子之心、客观之诗人、主观之诗人、血书、人生三境界、神理、格调、格韵、隔与不隔、真与深、能写、能观、入乎其内、出乎其外、生气、高致、游词、鄙词、淫词，如此等等，都体现出王国维作为一名美学思想家所取得的创新成就。

如果说以上的概括还没能跳出王国维《人间词话》境界说自身的语言网络的话，那么，我们再从今天的眼光来对其美学思想做进一步的概括。我们认为，王国维《人间词话》的境界说以"审美与人生"的关系作为中、西两大美学体系的契合点，提出并建构一种"认识论与人生论相互协调的美学原理"与"审美形态学的研究方法",从而使中国美学在现代发轫期具有了较高的起点和视野。

首先,境界说的成功之处在于他找到了中、西两大美学体系融合的契合点,即审美与人生的关系问题,他力图通过审美来提升主体的人生境界,来使现实人生的苦难得到解脱。从审美与人生关系的角度,来阐发境界的思想当受到叔本华的影响,这正如佛雏、夏中义、罗钢等先生所阐发的那样。但是在叔本华那里,审美目的论是与人生活动论相脱节的。王国维则将这种思考具体地落实到了艺术境界的创造上,通过论述审美诗词境界与人生境界、宇宙天地境界的统一,把中国传统的人生论、修养论美学与西方认识论美学结合起来。

王国维《人间词话》的境界说使中国现代美学在发轫期便不同于西方美学的"纯理论思辨"模式,从而独具中国特色。王国维借鉴西方的美学原理来分析、鉴赏诗词,来解读人生境界,其更将美学与现实人生问题相联系,关注中国社会现实人生的苦难,将人的个体生存境界化,从而建立了"认识论与人生论相互协调的美学原理"。在人生境界层面,王国维延续了中国人生论、修养论美学的传统,多使用"人生"("一生""人间")、"胸襟"("内美")等范畴,将叔本华唯意志论中的先验成分加以改造与批判,还原为人的现实生存体验,将审美目的论与人的活动论统一起来。

"境界"是在中西相互阐发中,得以凸显出其本体地位的。"取外来之观念,与固有之材料互相参证"① 是王国维对传统文论的基本原则。王国维把西方认识论美学引进中国古代文论领域,从而带来了中国古代文论研究方法的重大变革,暗含着一种用西学阐发中学的可能性,同时也指明了中国美学走中西融合之路的可能性道路。

---

① 陈寅恪:《王静安先生遗书序》,载《金明馆丛稿二编》,上海古籍出版社 1980 年版,第 219 页。

其次，从今天的眼光看，王国维境界说的研究方法初步具有了"审美形态学"的性质及特点。我们知道，审美形态学是20世纪40年代，由美国学者托马斯·门罗和苏联学者莫伊谢·卡冈，创建并发展的一门美学的分支学科。他们重要的理论代表著作分别是《走向科学的美学》和《艺术形态学》。所谓"审美形态学的研究方法"，即强调对审美形态的构成特征、结构形态、内部世界和形态的历史生成作科学的描述。王国维《人间词话》境界说可以说初具审美形态学研究方法特点。由此其美学思想方法便具有了领先性与前沿性。

如前所述，围绕境界这一核心范畴，王国维一方面探讨了境界的性质、依据、标准、分类和特点，使"境界"获得了本质性的说明；另一方面，又以"境界"为标准，对历代词人及其名句进行了美学史的批评。论著中美学思想、美学精神一以贯之。"境界"既是其出发点，也是其思想的归宿。其思想的系统、论述的严谨，较之传统诗话、词话的印象式批评是一种创新和突破。在其中《人间词话》论述了诗人的人生修养与境界创造的关系，提出了著名的人生三境界说，从根本上提出了审美与人生的关系问题，从而达到了艺术哲学的层面和高度。这样，境界就不仅仅是传统情境交融的诗词意境，而且也关乎整个人类的生存实践，具有了现代眼光。

总之，王国维《人间词话》境界说的美学思想建构以其开放的视野给现代中国美学的发展，起了一个有意味的开头。在这个开头中，王国维初步尝试了走两大美学体系相互融合的道路具有重要的启示意义，开风气之先。在此意义上可以说，王国维是用西方美学推动中国美学走向现代的第一人。王国维《人间词话》对于传统诗学的美学武装，显示了中国古代美学、文论的现代化和民族化进程，具有极为重要的理论意义。

2. 对如何言说中国审美经验做出了示范

王国维尝试走两大美学体系相互融合的道路，其目的在于言说中国的审美经验，在于解决中国现实社会人生中的苦难。王国维《人间词话》用来支撑其美学思想境界说的材料是作为中国审美经验典范形态的古典诗词。王国维对待西学的态度是"借助""借鉴"，是借助于西方美学的思想资源与学术方法，来重新审视中国古典诗词方面的审美经验。借"西方"思想话语阐释"中国自身"的审美经验，进而来建构自己的境界说。而非相反地"将中国美学和艺术理论作为解读西方哲学美学的资料"①。不可否认境界说的确吸收了康德、席勒、叔本华等人的一些美学思想（如审美无功利论思想、审美游戏说思想、审美直观论思想，如此等等），但这是以被引西方美学思想与中国审美经验相互契合为前提的。"中国审美经验与西方美学思想相契合"与"中国审美经验作为西方美学的注脚与材料"是两码事，不能混淆。后者是"影响研究"范式的常见思路。总之，王国维《人间词话》的境界说在根本上具有中国性，是站在中国的立场来言说中国的问题、中国的审美经验。

如何言说中国审美经验呢？王国维的示范方法是"互相参照""互相识别"，即陈寅恪先生所总结的王国维的治学经验："取外来之观念，与固有之材料互相参证。"② 由于有了西方美学的参照，他对中国审美经验的阐发不同于严羽、王士禛、晏殊、欧阳修诸公等观点便是很自然的事。——进一步讲，这种不同正在于借取西方美学的观念对中国固有的审美经验互相参证，从而发现了自身无法识别到的特质。王国维在《人间词话》中所发明的一些概念、范畴命题，比如"词以境界为最上，有境界自有高格，自成名句""拈出境界二字，为探其本也""后主俨有释迦、基督担荷人类罪恶之意""人生三境界""语语都在目前，便是不隔""一切景语皆情语""专作情语而绝

---

① 朱良志：《中国美学名著导读》，北京大学出版社 2004 年版，第 358 页。
② 陈寅恪：《王静安先生遗书序》，载《金明馆丛稿二编》，上海古籍出版社 1980 年版，第 219 页。

妙""造境""写境""能写真景物、真感情者谓之有境界""能观之""能写之",如此等等,王国维对中国古代诗词审美经验的"创新表述",都是借取西方美学的观念对中国固有的审美经验互相参证才能看到的。只有在西方美学的参照下,我们才能真正理解中国审美经验,所谓识别需要互相参照、互相识别,自身是无法识别自身的。

"境界"是一个有别于西方而独具中华民族特色的审美形态(ID)。西方不讲"境界",只讲"生活世界"①。"境界"原本是中国传统诗学中固有的一个审美形态或审美风格,其与"中和""气韵""神妙""空灵""风骨""兴趣""神韵"等审美形态或审美风格是相并列的,地位原本并不比其他审美形态或审美风格要高,不是中国古代诗学的核心审美形态。王国维的"创新"性在于其借助于西方认识论美学的思想资源与学术话语表述方式,使"境界"的概念居于本体与核心地位,对其他审美形态或审美风格具有统摄性。

王国维是如何提炼(拈出)"境界"的呢?如前文所述,首先,王国维在《人间词话》中运用中西比较美学的方法、运用大量的美学范畴群、从美学史的高度,将"境界"确立为诗歌美学的本体性概念("词以境界为最上""然沧浪所谓兴趣,阮亭所谓神韵,犹不过道其面目,不若鄙人拈出'境界'二字,为探其本也");其次,不限于诗词艺术创作,"境界"还指人生境界:"古今之成大事业、大学问者,必经过三种之境界""境界有二:有诗人之境界,有常人之境界"。总之,王国维据中学而融汇西学,由诗学而沟通美学,将诗词创作拓展至人生实践,从而将"境界"的概念,从古代诗学风格概念转换而为中国美学的核心审美形态。与传统诗学所讲的"境界"相比,《人间词话》是在三个层面上来言说境界的:其一,境界是艺术美学的核心范畴与本体;其二,境界是诗词创作的理想形态;其三,境界是审美与人生的统一。而传统诗学只是在诗词创作的一般

---

① 张世英:《哲学导论》,北京大学出版社 2003 年版,第 82 页。

层面来使用境界概念的。经由王国维的话语转换创新，"境界"，已然成为具有中国特色的美学理论建构的基础性话语。表面上看，王国维的概念网络较为混乱，实际上显示了其非常深刻的建构审美形态学的学理意识，非常富于启发性，使人感慨其研究起点之高。

3. 规定了中国现代美学的走向

王国维融合中、西美学思想，把传统诗学中的"境界"范畴进行了现代化转换，使之成为古代美学在当下语境中最具生命力的范畴。直到今天人们还在各种意义上来普遍使用"境界"的概念。在王国维之后，宗白华先生在《中国艺术意境之诞生》一文中提出了"五境界"说：功利境界、伦理境界、政治境界、学术境界、宗教境界（介乎后二者中间的是艺术境界）[1]。冯友兰先生在《新原人》中根据宇宙人生对于人的意义的不同和人的觉解的程度的大小，把人生境界依次划分为自然境界、功利境界、道德境界和天地境界[2]。唐君毅先生在《生命存在与心灵境界》一书的《九境之陈述》一文中提出了著名的"心灵九境"说[3]。李泽厚先生在《庄玄禅宗漫述》一文中讲"中国哲学所追求的最高人生境界是审美的，而非宗教的"[4]。方东美先生在其《演讲集》中提出了"人生两界六层次说"[5]。梁漱溟先生提出了"文化三路向说"[6]。熊十力先生提出了"习心与本心说"[7]。牟宗三先生提出了"主观的心境修养说"[8]。张世英先生在《天人之际——中西哲学的困惑与选择》一书中将人生境界分为"原始的天人

---

① 宗白华：《美学与意境》，人民出版社1987年版。
② 冯友兰：《新原人》，商务印书馆1943年版。
③ 唐君毅：《生命存在与心灵境界》，台北：台湾学生书局1978年版。
④ 李泽厚：《中国古代思想史论》，人民出版社1985年版。
⑤ 方东美：《方东美演讲集》，台北：黎明文化事业股份有限公司1988年版。
⑥ 梁漱溟：《中国文化要义》，台北：里仁书局1982年版。
⑦ 熊十力：《明心篇》，台北：龙门联合书局1959年版。
⑧ 牟宗三：《心体与性体》，台北：正中书局1968年版。

合一""主客二分"和"高级的天人合一"三个层次[1]。此外，蒙培元先生在其《心灵超越与境界》[2] 一书中从心灵超越和价值情感的角度对中国传统的儒释道、当代新儒家的人生境界说进行了深入的历史考察。杨国荣先生对境界问题也有大量的相关有影响的著述。朱立元先生认为美"是一种诗化了的人生境界"。目前，关于审美与人生境界的关系原理，也已被写入新版《美学》等教材中。

与之相反，当代美学的一个现状是中国传统的很多美学范畴（如《二十四诗品》中的风格范畴，《三十六画品》中的品味等）却与现代学术话语很难兼容，也难以被当代转换。一个重要原因就在于其在现代社会生活中与人生实践相脱节。而"境界""神""气韵"等范畴却有着良好的生存前景。这些范畴不仅仅是一种诗文话语，更是作为一种活的美学精神，在现实社会生活和艺术创造中被广泛贯通、延展。

2008 年北京奥运会的开幕式，在把中国审美文化的精髓完美地展现出来的同时，观众真正领悟了用音乐、舞蹈、绘画等方式来传达出来的"境界""气韵"等"天人合一"的美学精神。另外，在一些武侠电影、小说中也彰显出传统"境界""神"等美学范畴的青春永驻，如电影《英雄》、周星驰主演的《功夫》、金庸的武侠小说等，非常传"神"，引发无数观众和读者的回味，这种回味无穷的审美效果本身就说明境界的魅力。

"境界""神""妙""气韵"等传统审美范畴，在当下通过大众传媒，越来越生辉，构成了中国传统美学的现代效应。于是，兼具中华民族审美文化特征和现代审美特征的境界说，其价值和意义正在不断生成之中。本来，王国维的《人间词话》就是针对当时现实人生的动荡、苦闷而提出来的，其审美与人生相统一、人生三境界的思

---

[1]　张世英：《天人之际——中西哲学的困惑与选择》，人民出版社 1995 年版。
[2]　蒙培元：《心灵超越与境界》，人民出版社 1998 年版。

想，即试图通过审美来完善、提升人的人生境界。他对于审美与人生关系的论述，便在一定程度上规定了现代中国美学的走向。在全球化背景下，中国美学将遭遇何种命运，古代美学如何存在，审美识别系统如何不被别人同化，如何让西方认同中国的审美范畴等等，这些问题无疑具有文化战略上的重要意义。这已成为美学研究者关注的话题。正是在此意义上，王国维《人间词话》中以境界说为代表的美学思想其深刻的启发性日益凸显。

下面，我们来回顾全文，对王国维《人间词话》的境界说进行总结。

王国维《人间词话》境界说的思想结构及其精神实质是：其研究对象是词之美感特质（"词以境界为最上"）；其研究思路是，探讨人生境界与诗词境界的关系问题；其研究结论是，认为人生境界与审美艺术创造二者是"不隔"的、人生境界向诗词境界审美生成的转换机制是"能观之"与"能写之"；其学科性质是形而上的美学，而非形而下的诗学。

以境界说的思想结构作为出发点，再从美学史的高度来审视境界说，我们可以发现，王国维的境界说在三个层面上为中国美学做出了创新：一是在"方法论"上的话语转换创新，王国维把境界从古代诗学的风格概念转换为中国美学的核心范畴；二是在"本体论"上的审美观念创新，王国维提出要以人生境界为本，来统摄人生、审美与艺术创造，以此来超越"文以载道"的功利性；三是在"认识论"上的审美对象创新，王国维强调要以对宇宙人生的形上意义和对情感的审美直观作为根本，从而突破了传统诗学的情景论。

作为一名美学思想家，王国维为中国美学学科的建设确定了"美学"的命名。写出了一本《人间词话》这样著名的美学思想著作。王国维在《人间词话》中提出了"境界说"。围绕境界说的建构，王国维具体提出了一系列美学新命题，如："词以境界为最上，有境界自有高格，自成名句""拈出境界二字，为探其本也""人生三境界说""语语都在目前，便是不隔""一切景语皆情语""专作情语而绝妙""造境""写境""能写真景物、真感情者谓之有境界""出入说""能观之""能写之"，如此等等。王国维围绕境界说的建构又提出了一系列密集的子范畴群，如：高格、名句、造境、写境、理想、写实、有我之境、无我之境、真、气象、神、自然、优美、宏壮、大境、小境、兴趣、神韵、赤子之心、客观之诗人、主观之诗人、血书、人生三境界、神理、格调、格韵、隔与不隔、真与深、能写、能观、入乎其内、出乎其外、生气、高致、游词、鄙词、淫词，如此等等，都体现出王国维作为美学思想家所取得的创新成就。

如果我们跳出《人间词话》华丽的话语网络，进一步从今天的学术视野来概括，王国维《人间词话》的境界说是以"审美与人生"的关系作为中、西两大美学体系的契合点，提出并建构一种"认识论与人生论相互协调的美学原理"与"审美形态学的研究方法"，从而使中国美学在现代发轫期具有了较高的起点和视野。

王国维《人间词话》的境界说在根本上具有中国性，是站在中国的立场来言说中国的问题、中国的审美经验。

最后我们再来谈一下应该如何建构中国美学？在本书看来，中国美学建构的思想资源与研究路向可以概括为以下四种模式：一是取资于中国传统的思想资源；二是对西方美学的移植、套用；三是筑基于马克思主义经典理论；四是接着王国维的"审美与人生相互贯通的原则"与"审美形态学的研究方法"的模式往下说。这四种研究路向与模式有何不同？简括地说，前三种思想资源与研究路向都是从某种"已有的思想、理论或主义"出发的，而非从"事实"出发的。而王国维的研究则是从现实人生、从诗词创作的审美形态出发的，是基于特定"现实"的美学思想建构。我们认为，学术研究的原则与立场首先应该是"从事实出发"，即从现实人生的实际状况、实际问题出发。一切"主义"都源于"问题"。美学研究从"已有理论"出发会怎么样呢？——"第一条路"会导致中国美学研究成为"躲在象牙塔里""缺少对现实人生关怀"的纯粹辞章、考据之学;"第二条路"导致中国现代美学患上了"失语症";"第三条路"则导致了"实践美学的终结"。美学研究如何从事实出发?正如文学理论的研究,应该从文学现象出发,以文学现象作为基础;我们认为,美学研究也应从现实人生中具体的审美形态出发。虽然学界研究王国维的学术成果已经非常深入而全面了,但是王国维"审美与人生相互贯通的原则"与"审美形态学的研究方法"的模式在一定程度上被忽视了。

王国维《人间词话》境界说的美学思想建构启发我们,从事实出发、从现实人生的审美形态出发,在中外互相参照、互相识别的审美形态系统中建构出我们自己的审美经验,便不会"失语"。且以美学原理一类的著作为例。一般的美学原理类书的写作都分为(审)美论、美感(审美经验)论、(审美)美的形态论、艺术审美论和审美教育论等几部分(笔者倾向于用"审美")。在其中,只有"审美形态论"能够体现出不同民族、文化背景下的审美特质。比如西方的审美形态有优美、崇高、悲剧、喜剧、荒诞、丑陋等;中国的审美形态则有道、中和、气韵、神妙、境界、空灵、飘逸等。双方审美形态本身就有识别(ID)意义上的不同,从中概括出相异的民族性理论将会是很自然的事。

总之,经由王国维的奠基,境界说已成为"中国美学"(而非"美学在中国")理论建构的一块基石。境界说是中国美学对世界美学的一大贡献,一如"实践本体论"美学理论的建构与贡献。但是境界说的独特意义更在于,它是"土生土长"的,是"中学为体"的,是民族美学在新时代的传承与阐扬。王国维《人间词话》境界说的美学思想建构,赋予中国传统诗学以新的生命,昭示着中国古代的美学、诗学思想完全可以在现代学术背景下再生、发展、生生不息。"境界"并没有随着社会的变革而消失,相反,仍然流淌在中华民族审美文化的血液中,在今天新的文化形态下仍可作为精神文明建设的重要思想资源。

主要参考文献：

［1］陈元晖：《王国维与叔本华哲学》，中国社会科学出版社 1981 年版。

［2］陈平原：《追忆王国维》，中国广播电视出版社 1996 年版。

［3］陈鸿祥：《人间词话人间词注评》，江苏古籍出版社 2002 年版。

［4］冯友兰：《新原人》，商务印书馆 1943 年版。

［5］方东美：《方东美演讲集》，台北：黎明文化事业股份有限公司 1988 年版。

［6］佛雏：《王国维诗学研究》，北京大学出版社 1999 年版。

［7］黄霖：《人间词话》，上海古籍出版社 1998 年版。

［8］蒋永青：《境界之"真"：王国维境界说研究》，中国社会科学出版社 2001 年版。

［9］柯庆明：《论王国维〈人间词话〉中的境界》，台北：大西洋图书公司 1970 年版。

［10］梁漱溟：《中国文化要义》，台北：里仁书局 1982 年版。

［11］李泽厚：《中国古代思想史论》，人民出版社 1985 年版。

［12］刘烜：《王国维评传》，百花洲文艺出版社 1997 年版。

［13］刘锋杰：《人间词话百年解评》，黄山书社 2002 年版。

［14］罗钢：《传统的幻象——跨文化语境中的王国维诗学》，人民文学出版社 2015 年版。

［15］牟宗三：《心体与性体》，台北：正中书局 1968 年版。

［16］蒙培元：《心灵超越与境界》，人民出版社 1998 年版。

［17］马正平：《生命的空间——〈人间词话〉的当代解读》，中国社会科学出版社 2000 年版。

［18］聂振斌：《王国维美学思想述评》，辽宁大学出版社 1997 年版。

［19］潘知常：《王国维：独上高楼》，文津出版社 2004 年版。

［20］唐君毅：《生命存在与心灵境界》，台北：台湾学生书局 1978 年版。

［21］唐君毅：《中国文化之精神价值》，江苏教育出版社 2005 年版。

［22］藤咸惠：《人间词话新注》，齐鲁书社 1986 年版。

［23］吴奔星：《王国维的美学思想"境界"论》，书目文献出版社 1983 年版。

［24］吴宏一：《王静安境界说的分析》，人民文学出版社 1986 年版。

［25］熊十力：《明心篇》，台北：龙门联合书局 1959 年版。

［26］徐复观：《中国文学精神》，上海书店出版社 2004 年版。

［27］夏中义：《王国维：世纪苦魂》，北京大学出版社 2006 年版。

［28］杨国荣：《杨国荣著作集》，华东师范大学出版社 2009 年版。

［29］王国维：《王国维遗书》，上海古籍出版社 1983 年版。

［30］王国维：《王国维文集》，中国文史出版社 1997 年版。

［31］王国维：《〈人间词〉〈人间词话〉手稿》，浙江古籍出版社 2005 年版。

［32］姚柯夫：《〈人间词话〉及评论汇编》，书目文献出版社 1983 年版。

［33］叶嘉莹：《王国维及其文学批评》，河北教育出版社 2001 年版。

［34］张世英：《天人之际——中西哲学的困惑与选择》，人民出版社 1995 年版。

［35］宗白华：《美学与意境》，人民出版社 1987 年版。

［36］张本楠：《王国维美学思想研究》，台北：文津出版社 1992 年版。

［37］张志建：《王国维学术思想研究》，教育科学出版社 1992 年版。

［38］周锡山：《人间词话汇编汇校汇评》，北岳文艺出版社 2004 年版。

［39］朱良志：《中国美学名著导读》，北京大学出版社 2004 年版。

［40］章启群：《百年中国美学史略》，北京大学出版社 2005 年版。

［41］［德］康德：《判断力批判》，人民出版社 2002 年版。

［42］［德］叔本华：《作为意志和表象的世界》，商务印书馆 1982 年版。

主要参阅论文：

［1］杜卫：《王国维与中国美学的现代转型》，载《中国社会科学》2004 年第 1 期。

［2］罗钢：《本与末——王国维"境界说"与中国古代诗学传统关系的再思考》，载《文史哲》2009 年第 1 期。

［3］罗钢：《意境说是德国美学的中国变体》，载《南京大学学报》2011 年第 5 期。

［4］罗钢：《学说的神话——评"中国古代意境说"》，载《文史哲》2012年第1期。

［5］李春青：《略论"意境说"的理论归属问题——兼谈中国文论话语建构的可能路径》，载《文学评论》2013年第5期。

［6］刘锋杰：《是"幻象"还是"真象"——以罗钢教授论"隔与不隔"为中心的商榷》，载《学术月刊》2016年第6期。

［7］钱锺书：《论不隔》，载《学文月刊》1934年第3期。

［8］祁晓明：《王国维与日本明治时期的文学批评——以〈红楼梦〉、〈宋元戏曲考〉为例》，载《文学评论》2014年第3期。

［9］饶宗颐：《〈人间词话〉平议》，载《人生杂志》1955年第7期。

［10］唐圭璋：《评〈人间词话〉》，载《斯文》1941年第1期。

［11］王建疆：《中国美学的学科发生与学科认同》，载《社会科学战线》2015年第4期。

［12］张节末：《法眼、"目前"和"隔"与"不隔"——论王国维诗学的一个禅学渊源》，载《文艺研究》2000年第3期。

［13］徐大威：《美在关系——意象、意境审美形态辨异》，载《社科纵横》2006年第8期。

［14］徐大威：《作为审美形态的英雄与崇高》，载《贵州社会科学》2017年第1期。

［15］肖鹰：《被误解的王国维"境界"说》，载《文艺研究》2007年第11期。

［16］朱光潜：《诗的隐与显关于王静安的〈人间词话〉的几点意见》，载《人间世》1934年第4期。

十五 论权教

——从明代"权教论"思想看美学的政治转向

  明代中后期"俗文学地位的提高"成为中国文学史上一个重要的事件，其根本原因在于一种"权教论"的产生。万历十七年（1589 年），天都外臣在《水浒传序》中首次提出了权教论。所谓权教论是指权且利用俗文学的娱乐性来进行意识形态教化。权教论在本质上具有"美学的政治转向"特点，表现在两个层面：一是文艺创作要关注人民生活及其身体经验，要有"人民性"；二是文艺创作要践行审美的教化功能，权且变成"为社会变革服务"的上层建筑力量，要有"先进性"，做到"经权结合"。毛泽东《在延安文艺座谈会上的讲话》据马克思主义唯物史观而深化、发展了权教论，具有重要的理论意义。权教论以其对"教化精神"的重视而成为具有中国特色的人民性文艺思想。

  按照历史唯物主义的观点，历史是由人民群众创造的，人民群众应有权利享受历史所创造的一切精神文化产品。但在阶级社会中，受到社会的劳动分工、生产资料占有形式、政治体制、教育制度、文化传统等因素的影响，文艺长期为少数统治阶级及其附属文人所享用，表达、反映其意志与愿望，而广大人民群众的精神文化需求则无法得到根本性的满足。

  在中国，这一状况在明代中后期发生了转变。在一种名为"权教论"文艺新思想的影响之下，俗文学的创作与传播改变了以往文艺只为少数人创作和享用的状况，它宣告了以广大人民群众的生活为主要创作对象，并以满足、提升广大人民群众精神文化需求为主要目的的创作时代开始到来了。权教论是如何提出的？它在本质上具有什么特点？它与马克思主义文艺人民性理论相比有什么特色？本书想就这三个问题谈点看法。

（一）权教论的提出

明代中后期"俗文学地位的提高"成为文学史上一个重要的事件：俗文学（尤其是"明小说"）突破了正统文学的垄断地位，被提到了和唐诗、宋词相并列的地位。我们知道，俗文学本为"末技小道"，历来不被以诗文为代表的"大道正统"所重视、接纳，何以在明代中后期这个时段发生了质的飞跃，成为代之"偏胜"，这种地位上的转变是如何实现的呢？

过去学界一般从商业经济、城市文化、哲学社会思潮、市民读者群体等原因来解释俗文学地位的这种转变，如说：随着手工业和商业经济的日益发展，资本主义开始萌芽，城市越来越繁荣，市民阶层日趋壮大；在意识形态领域，思想控制松动，阳明心学流行；与此同时，海禁解除，海外贸易不断发展，海外思想也不断传入……在这些原因的影响之下，文人逐渐"放下身段"而留恋繁华的城市生活，进而创作出有别于以往正统文学的，重视感性欲望发抒、重视个性释放和张扬的俗文学作品来，由此俗文学便得到了鼎盛的发展。

诚然，这些原因都与俗文学地位的嬗变有所关联，但实际上还只是外部原因，尚嫌间接。其根本原因则在于一种"权教论"文艺新思想的产生。换言之，权教论的产生是促使俗文学地位由低向高转变的关键点。

具体来讲，俗文学在其发展过程中出现了两个问题，权教论解决了这两个问题，由此而促成了俗文学地位由低向高的转变。那么，出现了哪两个问题呢?

第一个是如何处理俗文学与正统文学之间的关系问题。我们知道,在俗文学兴盛之前,正统文学一直在文坛占据主导地位,它在叙事上缺少俗文学那种以感性欲望发抒、个性张扬为主的娱乐性特点。对于古人来说,所谓"正统文学",就是"诗",就是"古文"。以汉代为例,在汉代,文学就是经学。而到六朝以后,虽然文学分化独立出来了,但是文统、政统、道统是合一的,它游离不出去这个框架。所以在中国正统文学当中,比如在唐诗的创作中,白居易写诗还是要强调"文章合为时而著,歌诗合为事而作",强调要"救济人病,裨补时阙",要"为君、为臣、为民、为物、为事而作,不为文而作",而非为我、为自己而作。与之相反,俗文学则是大众文学,是为了娱乐而产生的。而此时文人又被它所深深吸引,感觉它的魅力很大,并亲身参与到其中进行创作。参与到其中进行创作,便产生了困惑:由于俗文学缺乏政教叙事,怎么才能让它和正统文学的理念结合起来呢?

第二个是如何处理俗文学和政治之间的关系问题。俗文学创作非常重视娱乐、趣味和感性欲望的发抒,诚然抓住了文艺的某些审美特质,但同时其有害风化的不良影响在明代中后期与日俱增,助长了很多"淫""盗"的社会不良习气,社会道德面临危机,传统礼教受到挑战,政治秩序遭到破坏,面对这些政治、社会、时代问题,该如何对待俗文学呢?是堵塞,还是疏导?是打压、禁毁,还是正向引导、为我所用?

正是围绕对上面两个问题的解决,权教论应运而生。

万历十七年,天都外臣(汪道昆)在为百回本《忠义水浒传》作《序》中首次提出了"权教论":

> 庄子盗跖,愤俗之情;仲尼删《诗》,偏存《郑》、《卫》。有世思者,固以正训,亦以权教。如国医然,但能起疾,即乌喙

亦可，无须参苓也。①

　　概言之，所谓"权教论"是指权且利用俗文学的娱乐性来进行意识形态教化。在天都外臣看来，《水浒传》是一部"权且""权宜"整治乱世、教化民众的好作品，这就好比医生治病，不一定要用贵重的补品。完全可以正向引导俗文学来为我所用，而不必采用打压、禁毁政策。在此他驳斥了当时人们都视《水浒传》为"诲盗"的诘难，为俗文学进行辩护。在这段文字当中，天都外臣同时还把俗文学（《水浒传》）与正统文学（以《诗经》《庄子》为代表的诗文传统）相列并举，在提高俗文学地位的同时，也暗含着要把俗文学纳入到正统文学的传统当中来。但因为俗文学不属于正统文学，所以要采取权宜之计。从这两层意思中可以看出，俗文学与正统文学之间的关系问题，其实深层地指向俗文学和政治之间的关系问题，二者是一而二、二而一的形式与内容的关系。

　　权教论虽由天都外臣个人提出，但在当时却具有观念、思想上的普遍性。如同时期面对俗文学"诲淫"的诘难，李贽在《水浒传回评》的第四十五回中予以反驳："描画淫妇人处，非导欲己也，亦可为大丈夫背后之眼，《郑》《卫》之诗俱然。"② 他认为俗文学与正统文学一样具有教化作用，"亦可"、权且作为对"大丈夫"的警示。屠隆为《金瓶梅》辩护说："仲尼删诗，善恶并采，淫雅杂陈，所以示劝惩，备观省"③，认为俗文学可有"劝惩"和"观省"的作用。可一居士为《醒世恒言》作序说："六经国史而外，凡著述皆小说也。而尚理者病于艰深，修词或伤于藻绘，则不足以触里耳而振

---

① （元）施耐庵、罗贯中：《水浒全传·附录》，人民文学出版社 1954 年标点本，第1825 页。
② （元）施耐庵：《水浒传容与堂本》上册，岳麓书社 2008 年版，第 479 页。
③ （明）屠隆：《鸿苞》，载《四库全书存目丛书·子部》第 88 册，齐鲁书社 1995 年版，第 292 页。

恒心。此《醒世恒言》四十种所以继《明言》、《通言》而刻也。明者，取其可以导愚也。通者，取其可以适俗也。恒则习之而不厌，传之而可久。三刻殊名，其义一耳。"① 认为俗文学具有"可以"（权且）"导愚"、"适俗"的审美教化功能，而正统文学则因词义艰深而不便于对人民群众进行教化。冯梦龙在《古今小说序》中也认为正统文学的"感人""化人"功能不如"通俗"文学："可以使怯者勇，淫者贞，薄者敦，顽钝者汗下。虽小诵《孝经》《论语》，其感人未必如是捷且深也。噫！不通俗而能之乎？"② 修髯子在《三国志通俗演义引》中也认为俗文学的教化功能"广且大焉"："通俗小说可以使是是非非，了然于心目之下，裨益风教，广且大焉。"③ 胡应麟认为小说者流，虽游戏笔端，却"有补于世，无害于时"④。李贽、冯梦龙、胡应麟等人的观点显然与天都外臣权教论的思路相一致，但天都外臣"权教"一词则概括得好（下文申说），因而更具有代表性。

权教论对明代中后期俗文学的创作观念产生了重要的影响，尤其使俗文学创作发生了审美形态上的变化，即发生了从"纯粹的感性娱乐"到"寓教于乐"的形态转变。

汤显祖在《宜黄县戏神清源师庙记》中谈俗文学的审美特质："（俗文学）可以合君臣之节，可以浃父子之恩，可以增长幼之睦，可以动夫妇之欢，可以发宾友之仪，可以释怨毒之结，可以已愁愤之疾病，可以浑庸鄙之好。然则斯道也，孝子以此事其亲，敬长而娱死；仁人以此奉其尊，享帝而事鬼；老者以此终，少者以此长。外户可以不闭，嗜欲可以少营。人有此声，家有此道，疫疠不作，天下和

---

① （明）冯梦龙：《警世通言》，北京十月文艺出版社 1994 年版，第 1—2 页。
② （明）冯梦龙：《喻世明言》，北京十月文艺出版社 1994 年版，第 1—2 页。
③ （明）修髯子：《三国志通俗演义引》，载黄霖选注《中国历代小说论著选》，江西人民出版社 1982 年版，第 111 页。
④ （明）胡应麟：《少室山房笔丛》卷二十九《九流绪论》，载谭令仰编《古代文论萃编》上册，书目文献出版社 1986 年版，第 264 页。

平，岂非以人情之大窦，为名教之至乐也哉！"① 一向强烈追求个性自由、反对礼教的汤显祖，在这里发生了观念态度上的转变，提出好的俗文学作品应兼具强烈的艺术感染力和审美教化作用，是"以人情之大窦，为名教之至乐"。再以《金瓶梅》的创作为例，其在描绘了一幅中国 16 世纪市井风情画的同时，也不忘要披上一件道德劝诫的外衣。欣欣子为之作序说：此书"凡一百回，其中语句新奇，脍炙人口，无非明人伦，戒淫奔，分淑慝，化善恶，知盛衰消长之机，取报应轮回之事"②。憨憨子在为《乡榻野史》作序时也说："余将止天下之淫，而天下已趋矣，人必不受。余以诲之者止之，因其势而利导焉，人不必不变也。"③ 都十分强调审美教化功能在俗文学中的传达。

由此可见，在俗文学地位由低向高转变这种历史现象的背后，实际发生的则是俗文学在审美形态上的由"纯粹的感性娱乐"到"寓教于乐"的转变。而引起审美形态发生转变的原因则在于权教论的产生。正是在权教论的影响之下，俗文学成为中国文人"在诗文正统之外""在秦文、汉赋、唐诗、宋词之外"找到的另一种更好演绎审美教化精神的文学形式，这是"俗文学地位提高"的根本原因（我们知道，由于古代是农业社会，官方机构很难对广大的人民群众直接进行教育，意识形态如伦理道德教化主要通过宗法制度来完成。文艺教化功能的实现需要同娱乐功能一起才能发挥效果。以娱乐性为基本特点、以人民群众日常生活及其身体经验为基本题材的俗文学，显然比正统诗文更易于让民众明白、感动，从而更易于进行意识形态的教化，这正如袁宏道所说："予每检十三经或二十一史，一展卷，即忽忽欲睡去，未有若《水浒》之明白晓畅、语语家常，使我捧玩不能

---

① （明）汤显祖：《宜黄县戏神清源师庙记》，载《汤显祖诗文集》（下），上海古籍出版社 1982 年版，第 1128 页。

② （明）欣欣子：《金瓶梅词话序》，载（明）兰陵笑笑生著，戴鸿森校点《金瓶梅词话》，人民文学出版社 1989 年版，第 1 页。

③ （明）憨憨子：《乡榻野史序》，载黄霖、韩同文《中国历代小说论著选》，江西人民出版社 1982 年版，第 196 页。

释手者也"①）。"寓教于乐"，在娱乐性的基础上权且进行意识形态教化，也由此而成为明代俗文学的审美特质。

下面我们再进一步来深入理解权教论的本质特点。

（二）权教论所体现出来的美学的政治转向

俗文学创作并非是"自律的"，而涉及审美与政治的关系问题，一如鲁迅所讲："俗文之兴，当由二端，一为娱心，一为劝善，而尤以劝善为大宗。"② 同样，权教论也涉及美学与政治的关系问题。在权教论看来，文艺在介入日常生活中能够发挥重要的政治功用，能够权且形成对上层建筑的有力支撑与维护，从而完成从美学向政治、伦常的转向。因此，权教论在本质上具有"美学的政治转向"特点，表现在以下两个层面。

一是文艺创作要从关注"少数贵族/精英阶层生活"向关注"人民群众生活及其身体经验"转向，要具有"人民性"。

权教论的"美学的政治转向"特点首先意味着，文艺创作要关注以往那些根本没有"资格"或"权力"进入"中心""主流"审美视野的广大的边缘、弱势群体生活（如民间、底层、草根、游民、流民、流氓、妓女、被压抑者、受不公正对待者、受欺凌者、残疾人、精神病患者……）；或创造为以往文人所蔑视的社会审美形态（如丑陋、滑稽、荒诞、流俗、娱乐……）；或书写被道德压抑的身体经验（如情欲、性欲、贪欲、金钱欲、官欲、名利欲……），如此等等，通过审美或艺术手段，进而让人们真切发现、感受到这些非中心的存在。

---

① （明）袁宏道：《东西汉通俗演义序》，载谭令仰编《古代文论萃编》上册，书目文献出版社 1986 年版，第 264—265 页。
② 鲁迅：《鲁迅全集》第 9 卷，人民文学出版社 1982 年版，第 110 页。

　　为以往正统文学所关注的审美"中心"常常是对皇室贵族、文人士大夫、社会精英阶层生活等的关注；对理性、礼乐、人道、天道等形上观念的关注；对意境、优美、壮美、风骨、神韵、气象等审美形态的关注；对自然山水、主流政治题材的关注；对充分"雅"化了的身体经验的关注，如魏晋风度、名士风流、雅量高致，如此等等，文艺创作更多地反映了少数统治者及其附属文人的意志与愿望。与之相对，"边缘的""底层的""失语的"广大人民群众，历来是统治者所统治的对象，其作为普通感性存在个体的日常生活及其身体感受、身体经验、自然情欲、生命意志等一直受到正统文学的蔑视与贬低。

　　直到明代中后期，文人开始关注人民群众的日常世俗生活，"寄意于时俗""极摹人情世态之歧，备写悲欢离合之致"，通过俗文学来书写市井生活及其感性欲望——这些为以往正统文学所不屑关注的对象，创造出一大批娱乐的审美形态与文艺形象。从以《水浒传》《西游记》《金瓶梅词话》为代表的长篇小说到以"三言""二拍"为代表的白话短篇小说，再到以《宝剑记》《浣纱记》《鸣凤记》为代表的三大传奇，再到汤显祖的"临川四梦"——其表现题材从"表现国家大事"向"描摹日常生活、家庭琐事"转向；其描写人物从"崇高英雄"向"普通市民、城市游民"转向；其创作主题从"歌功颂德"向"吟咏自然情欲、追逐功名利禄"转向；如此等等，解放、满足了广大人民群众（市民阶层）的精神文化需求。

　　发现、书写人民群众生活及其身体经验是明代俗文学的一大创获，具有重要的文学史、美学史意义。人的身体经验如自然情欲是人身上最真实、最自然、最"本我"的部分。而人民群众的身体经验作为"大我"，对其的书写便更具普遍、典型意义，这正如诗论家顾随所讲，文艺家创作不能只顾自己，"伟大的诗人必须有将小我化而为大我之精神，而自我扩大之途径或方法则有二端：一则是对广大的人世的关怀。另一则是对大自然的融入"①。"对广大的人世的关怀",进而言之,对"人民性"的关注,与人民群众保持"血肉联系",是权教论"美学的政治转向"本质特点的第一要义,即文艺创作要在根本上服务于广大人民群众的精神文化需求。

二是文艺创作要践行审美的教化功能,权且变成"为社会变革服务"的上层建筑力量,要有"先进性",做到"经权结合"。

文艺创作只讲"人民性"还不够,还要具有"先进性"。这在于文艺创作不能一味盲目从众,一味追求感性娱乐。所谓文艺创作的"先进性"是指,文艺要在先进、科学的思想道德观念指引下进行创作,要发挥审美的教化功能,权且促进社会变革与个体发展,消除享乐主义、纵欲主义等的消极影响。所谓"审美教化功能"是指文艺创作要能够产生道德感染力,使人民群众的精神情操得到教育和感化。明代中后期,俗文学创作越来越具有迎合与放纵市民世俗趣味和感性欲望的倾向,并成为文坛的主流。其对男女情欲的过度渲染,不免导欲宣淫,有伤风化。所以权教论的提出便是对"经夫妇、成孝敬、厚人伦、美教化、移风俗"传统儒家审美教化思想的继承与发展,其目的在于矫枉过正,对人民群众的感性欲望进行范导与升华,从而使文艺创作权且变成"为社会变革服务"的上层建筑力量。总之,在"人民性"的基础上,重视文艺创作的"先进性"是权教论"美学的政治转向"本质特点的第二个要义。

然而,我们在讲文艺创作的"先进性"时,需要思考一个问题。思考什么问题呢?就是说在文艺与政治的关系问题上,文艺能否变成"为社会变革服务"的上层建筑力量?文艺能否承担此重任?是否过于夸大了文艺的功能?

在理论上,人们对"文艺对社会人生到底有什么用"一类问题的探讨,常常会产生截然对立的观点。如曹丕在《典论·论文》中讲:

---

① 叶嘉莹:《迦陵杂文集》,北京大学出版社 2014 年版,第 120 页。

"盖文章，经国之大业，不朽之盛事。"曹植《与杨祖德书》则认为："辞赋小道，固未足以揄扬大义，彰示来世也。"柏拉图提出"要把诗人赶出理想国"，亚里士多德则强调文艺所具有的"净化"功能。卢梭将文艺视为是败坏人类德行和风俗的祸首，梁启超则将小说视为是启迪群智、强国兴民的灵丹妙药，蔡元培更是提出要"以美育代宗教"。

事实上，人民对"文艺对社会人生到底有什么用"一类问题的审美实践，也常常产生截然对立的情况。如果说孔子闻《韶》乐，"三月不知肉味"，这个事例能够说明审美活动能够提升人的精神情操的话，那么，《牡丹亭》中杜丽娘的情况却恰好相反。杜丽娘所受家教甚严，从小熟读"思无邪"的《诗经》，可是还是会做出游园惊梦等风流韵事来。如此一来，审美似乎又与个人的道德行为无关了。再如有人认为《水浒传》《金瓶梅》《红楼梦》是"诲盗""诲淫"的作品，应该被禁毁。可事实上，在《水浒传》之前社会就有"盗"的问题，这是由人性之"恶"和不完善的社会制度所造成的。不读《金瓶梅》《红楼梦》，人也会谈情说爱，这是由自然的人性需要所决定的。极端者如鲁迅在《文艺与政治的歧途》一文中甚至讲"我每每觉到文艺和政治时时在冲突之中"。

那么，该如何对待、处理文艺与政治的关系呢？文艺与政治之间的关系似乎不是唯一的：文艺或是能够有利于政治统治，或是与政治没什么关系，或是不利于政治统治，这三种情况都可以存在。——下面我们来进一步深入阐发权教论思想，看看权教论思想是如何处理文艺与政治关系的。权教论的这个"权"字，便大有讲究，充分体现出儒家的"经权结合"的致思取向。

"经"与"权"，是儒家权变思想的一对重要范畴。"权"的本义是秤砣，引申为权衡、变通。"经"的本义指织物的纵线，也称"常"，引申为常道、规范，如《荀子·天论》讲"天行有常"。作为思想范畴，"经"指原则性，"权"指灵活性。由此"经权结合"便指人在实践活动中，一方面要坚持原则；另一方面又要能灵活变通，随机应变。

"权"的观念最早由孔子提出。孔子《论语·子罕》:"可与共学,未可与适道;可与适道,未可与立;可与立,未可与权。"这里的"权"便是指要能够衡量轻重而随机应变。《孟子·离娄上》:"淳于曰:男女授受不亲,礼与?孟子曰:礼也。曰:嫂溺,则授之以手乎?曰:嫂溺不授,是豺狼也。男女授受不亲,礼也;嫂溺援之以手,权也。"孟子认为男女授受不亲是"经",是"礼",是原则,而对溺水的嫂子援之以手则是"权",是变通。董仲舒《春秋繁露·玉英》:"夫权虽反经,亦必在可以然之域。不在可以然之域,故虽死亡,终弗为也。"在原则允许的范围(可以然)之内是经,特殊情况下的变通就是权。柳宗元《断刑论》:"经非权则泥,权非经则悖。"泥,指固执死板,悖,指违背道理。朱熹《朱子语类》卷三十七:"经者,道之常也;权者,道之变也。"经与权是常与变的关系。……总之,"经权结合"是儒家较有代表性的一种致思取向。

既然讲"经权结合",那么在权教论看来,文艺创作的"人民性"便是"经",文艺创作的"先进性"便是"权"。进而应该如此来处理文艺与政治的关系——即在充分尊重"人民性"的基础上,"权且""变通"地把"文艺有利于政治统治"的方面来为我用,把"文艺不利于政治统治"的方面进行范导、升华——最终把文艺转变成"为社会变革服务"的上层建筑力量。用毛泽东的话讲是"大敌当前,我们必须调动一切可以调动的力量","团结一切可以团结的力量"[①],用马克思的话讲则是:"批判的武器当然不能代替武器的批判,物质力量只能用物质力量来摧毁;但是理论一经掌握群众,也会变成物质力量。"[②]

---

① 《毛泽东文集》第7卷,中央文献出版社1999年版,第65页。
② 马克思:《〈黑格尔法哲学批判〉导言》,载《马克思恩格斯选集》第1卷,人民出版社1995年版,第9页。

　　1942 年 5 月，毛泽东发表了著名的《在延安文艺座谈会上的讲话》①，据马克思主义唯物史观深化、发展了权教论，具有重要的理论意义。其围绕"文艺和一般革命工作的关系"，重点讲了"文艺为什么人服务"和"如何服务"两个问题。而"如何服务"问题的实质则是"文艺要正确发展、要协助革命事业"。

　　第一个问题是"文艺为什么人服务"，这是"经"，是根本性、原则性、立场性问题："为什么人的问题，是一个根本的问题，原则的问题。"对此，毛泽东指出文艺要为广大的人民群众服务："我们是站在无产阶级的和人民大众的立场"、"我们的文艺应当'为千千万万劳动人民服务'"、"封建主义的文艺……资产阶级的文艺……汉奸文艺……文艺不是为上述种种人，而是为人民的"、文艺创作的"源泉"是火热的工农兵"大众的生活"、革命的文艺家应该"站在人民的立场"去正确解决歌颂光明和暴露黑暗的问题，毛泽东首先确立了文艺创作的"人民性"原则。

　　第二个问题是"文艺要正确发展、要协助革命事业"，这是"权"、灵活性问题。毛泽东首先确定"文艺是革命事业的一部分"："无产阶级的文学艺术是无产阶级整个革命事业的一部分，……是整个革命机器中的'齿轮和螺丝钉'""求得革命文艺的正确发展，求得革命文艺对其他革命工作的更好的协助，借以打倒我们民族的敌人，完成民族解放的任务""在我们为中国人民解放的斗争中，……有文武两个战线，这就是文化战线和军事战线。……（文化军队）是团结自己、战胜敌人必不可少的一支军队""要使文艺很好地成为整个革命机器的一个组成部分，作为团结人民、教育人民、打击敌人、消灭敌人的有力的武器，帮助人民同心同德地和敌人作斗争"；然后又提出"文艺要范导、教化人民群众"："人民也有缺点的……我们应该长期地耐心地教育他们""普及是人民的普及，提高也是人

① 《毛泽东选集》第 3 卷，人民出版社 1991 年版，第 847—879 页。

民的提高"；接着又指出了如何才能教化民众，即要加强马列主义学习，才能获取革命立场，真正做到政治正确，避免"组织上入了党，思想上并没有完全入党，甚至完全没有入党"，即文艺创作要具有"先进性"的思想引导。

毛泽东并非是"民粹主义"者，而是主张要在"文艺为人民服务"的基础上，进而去"协助革命事业"。所以他着重讲了"普及"与"提高"的关系，指出在"普及"上，文艺"只有用工农兵自己所需要、所便于接受的东西。只能是从工农兵群众的基础上去普及"而不是用封建地主阶级、资产阶级、小资产阶级知识分子所需要、所便于接受的东西去普及；在"提高"上，"也不是把工农兵提到封建阶级、资产阶级、小资产阶级知识分子的'高度'去，而是沿着工农兵自己前进的方向去提高，沿着无产阶级前进的方向去提高"。

毛泽东写完后让胡乔木拿给郭沫若谈谈看法，郭沫若读后说了一句："凡事有经有权。"毛泽东听后大为高兴，认为这句话概括得好："毛主席很欣赏这个说法，认为是得到了一个知音，'有经有权'即有经常的道理和权宜之计。毛主席之所以欣赏这个说法，大概是他也确实认为他的讲话有些是经常的道理，普遍规律，有些是适应一定环境和条件的权宜之计。"①

毛泽东针对当时延安文艺界脱离"人民群众"、脱离"革命事业"的错误思潮，本着"经权结合"的致思取向而提出了文艺必须坚持"人民性"和"先进性"（"革命性"）相统一的权教论思想，及时调整了解放区文艺的前进方向，文艺家们据此而创作出了许多被称为"人民文艺"的经典作品：如赵树理的《小二黑结婚》《李有才板话》，孙犁的《荷花淀》，马烽、西戎的《吕梁英雄传》，周立波的《暴风骤雨》，丁玲的《太阳照在桑干河上》，李季的《王贵与李香香》，贺敬之、丁毅的《白毛女》，如此等等，极大地开拓了中国文

---

① 胡乔木：《胡乔木回忆毛泽东》，人民出版社 1994 年版，第 267 页。

学发展的新境界，在根本上满足最广大人民精神文化需求的同时，推动了革命事业的发展。

循着经权结合的思路，在新时期权教论的思想得到了进一步的深化与发展。邓小平提出了文艺创作的"二为"方针："文艺为人民服务，文艺为社会主义服务。"江泽民提出文艺创作要"弘扬主旋律，使我们的精神产品符合人民的利益，促进社会的进步"。胡锦涛提出文艺工作者要坚持贴近实际、贴近生活、贴近群众，创作生产出更多优秀作品，为建设社会主义文化强国贡献智慧和力量。习近平总书记在 2016 年 11 月 30 日中国文学艺术界联合会第十次全国代表大会、中国作家协会第九次全国代表大会上发表重要讲话，也进一步指出："广大文艺工作者要坚持以人民为中心的创作导向，坚持为人民服务、为社会主义服务，……把艺术理想融入党和人民事业之中。"

总之，权教论思想在本质上具有"美学的政治转向"特点，表现在其以"人民性"为根本，以"先进性"为导向，目的在于权宜地、变通地将文艺变成"为社会变革服务"的上层建筑力量。

人们对于马克思主义文艺人民性理论的理解容易产生一个误区，即认为其是"民粹主义"的，认为其只研究文艺和人民的联系，只研究人民群众生活在文艺作品中的反映。甚至有观点提出应以"大众化"或"公民性"的概念来取代"人民性"[1]。这是片面的。实际上，马克思主义的文艺人民性理论是以吁求"人民群众的自由解放"与"人类社会的全面进步"二者的统一作为文艺生产、传播的目的的。马克思主义对"人民"概念的理解不是抽象的，而是在"一切社会关系的总和"中来动态、辩证地理解的，强调人民群众与社会政治的互动，强调"人民性"与"先进性"的统一。只强调"文艺为政治服务"是片面的，同样，只强调"文艺为人民服务"也是片面的。

权教论在"重视人民群众与社会政治的互动"方面，与马克思主

---

① 王晓华：《我们应该怎样建构文学的人民性?》，载《文艺争鸣》2005 年第 2 期。

义文艺人民性理论的精神实质是相一致的；而其对"教化精神"的重视，则使之成为具有中国特色的文艺人民性思想。

　　教化精神是传统儒家道德意识的体现，强调了文艺家要具有高度的社会责任感和历史使命感。《毛诗序》讲："风，风也，教也。风以动之，教以化之。"是"以天下是非风教为己任"，包括了"上以风化下"和"下以风刺上"两个方面，强调了在人民群众与社会政治两个方面的相互运动。只在单方面讲"人民性"而不讲"先进性"，或以"大众化""公民性"来代替"先进性"都是不可取的。正如毛泽东所讲的"人民也有缺点的……我们应该长期地耐心地教育他们"，习近平总书记在系列文艺讲话中也强调："文艺不能当市场的奴隶，不要沾满了铜臭气"、"低俗不是通俗，欲望不代表希望，单纯感官娱乐不等于精神快乐"、文艺创作要"启迪思想、温润心灵、陶冶人生，扫除颓废萎靡之风"、"文艺是铸造灵魂的工程，承担着以文化人、以文育人的职责，应该用独到的思想启迪、润物无声的艺术熏陶启迪人的心灵，传递向善向上的价值观。广大文艺工作者要做真善美的追求者和传播者，把崇高的价值、美好的情感融入自己的作品，引导人们向高尚的道德聚拢，不让廉价的笑声、无底线的娱乐、无节操的垃圾淹没我们的生活"。

　　"美教化"是中国文艺传统中固有的一个情感结构，极端如李贽、汤显祖、徐渭等人，无论其与名教、礼教冲突得多么激烈，仍然是在"发乎情，止乎礼义"的情感结构中调整着自己的价值取向。如果明代俗文学只是一味地宣泄感官欲望，而缺少了教化精神，那么其将不会具有永恒的艺术魅力。

十六　论英雄

英雄的审美本质是人崇高的超越精神。然而，英雄并不是一种纯粹美，审美与欲望、审美与政治、审美与道德的关系构成了言说英雄审美形态的三个维度。英雄原欲于英雄崇拜，具有"神人合一性"，"化崇高为欲望"是西方传统英雄的识别标志；伴随着"人"的日益觉醒，英雄成为官方意识形态与民间话语的审美期待，从而具有"政治理想性"；在审美与政治的作用之下，英雄具有了塑造民众理想道德人格的审美功能，而具有"道德实践性"，"化崇高为道德"是中国传统英雄的识别标志。英雄的"神人合一性""政治理想性""道德实践性"在后现代消费时代被解构，"化崇高为滑稽"，使英雄徒剩滑稽的审丑外壳，不再崇高。英雄在当代的审美重塑应恢复其崇高的超越精神这一内核，以审美距离为原则，对欲望、政治、道德等意识形态进行无利害的审美调节。

古往今来，英雄的类型十分繁复，对其特质的把握难以一言以蔽之，这便需要我们在关系、流变、转化中去动态、生成地把握其作为审美形态的特质。

我们认为，英雄的内涵较为稳固，其审美本质是指人崇高的超越精神。然而，与自然物的本质客观固定性不同，英雄是人们的一种主观价值判断，其外延具有开放性、包容性与生成性，会伴随不同时代、民族、文化的审美需要而不断地增添新义，本书所讲的"神人合一性""政治理想性""道德实践性"等质素，正是在英雄形态的流变过程中逐渐内化为其本质规定性的。

后现代消费时代对英雄产生了新的审美需要，对其展开了新的理解，也产生了新的问题，尤其是其解构了传统英雄的"神性""政治理想性""道德实践性"，"化崇高为滑稽"，使英雄徒剩滑稽的审丑外壳，不再崇高。这便需要我们依照英雄所应有的价值判断标准来对其展开批判性的重构。

（一）英雄具有"神人合一"性

历史地看，英雄审美形态的塑造最先具有"神人合一"性。古代文艺作品对英雄的塑造尤其强调了其"神"性、"神"力的一面——即崇高的超越精神，这也是英雄最基本的特质所在。在古希腊，英雄也被称为"半神"，是神和人结合而生的，英雄虽是人形却有神力，是族类的佑护者，能够对人类生活带来积极的影响。英雄的"神人合一性"表现为以下三点。

首先，英雄应拥有"神力"而超乎常人。在古代文艺作品中，英雄或是身体能量的巨大，比如古希腊的《荷马史诗》与神话传说、印度的《薄伽梵歌》、英国的《贝奥武甫》、法国的《罗兰之歌》、俄罗斯的《伊戈尔远征记》等歌颂的都是一些身体能量巨大的英雄，中国古代文艺作品中的"怒而触不周之山"的共工、"操干戚以舞"的刑天、"力拔山兮气盖世"的西楚霸王项羽也莫不如是；或是胆识、气魄过人，比如"风萧萧兮易水寒，壮士一去兮不复还"的荆轲，过五关斩六将、"归去来兮，气吞万里如虎"的关羽，"风尘天外飞沙，日月窗前过马"的成吉思汗等等；或是神力、法力的无边，比如补天的女娲、尝百草的神农、射日的后羿、治水的大禹、盗火的普罗米修斯等等；或是智勇双全，比如兼"战争"与"智慧"神力融为一身的雅典娜、战无不胜的亚历山大、汉尼拔、恺撒大帝、拿破仑，威震匈奴的卫青、霍去病等等，英雄们无不被塑造为具有超凡的能力。

人们对英雄审美形态的这种神性、神力的塑造原欲于人类的英雄崇拜。英雄崇拜是人类特定的一种集体无意识欲望，人们总是渴望英雄、歌颂英雄、追慕英雄，并以此来砥砺、激发、塑造自身的英雄品质。古往今来，英雄们的丰功伟绩点燃了人们心中的希望，鼓舞了人们的士气，振奋了人们的精神、美化了国家与民族的形象，成为人类心中永恒的"梦"。文艺作品正是为了满足人们英雄崇拜的精神需要，而将英雄审美形态以"神"化的方式显现出来。"神人合一"的英雄是对现实生活、现实政治中人物的美化、神化，英雄审美形态的塑造是人们英雄崇拜情结在文艺作品中的"圆梦"式显现。如果说英雄崇拜作为人类的集体无意识欲望这种表述具有神秘主义色彩的话，那么其内在的精神实质则是——

其次，在内在的精神实质上，英雄的"神人合一"性、英雄崇拜情结重在强调人崇高的超越精神、抗争精神。这种崇高的超越精神即是当人类面对生死存亡、面对变幻莫测的不可知世界、面对社会的各种异己力量的压迫、面对国家民族的危亡、面对艰苦困顿的人生时，所产生的一种积极抗争的、永不屈服的、强烈的生命意志或生存欲望。在日常生活中，人们身上所潜藏的超越与抗争的"本我"常常处于被"超我"压抑和遮蔽的状态，然而，一旦受到敌对势力的压迫，人崇高的超越精神便会被激发出来，如火山喷发一样爆发出巨大的能量，显现出夺目的神性光辉。

"化崇高为欲望"是西方传统英雄审美形态塑造的识别标志。当面临人生困境、面临尊严与荣誉的挑战时，西方传统英雄常常尽可能地伸张个人的意志，以完全不妥协的精神来向无法抗拒的客观现实抗争，宁可毁灭自身也不让意志屈服。比如希腊神话中的普罗米修斯、俄狄浦斯王、美狄亚，拉伯雷笔下的庞大固埃，莎士比亚笔下的麦克白，塞万提斯笔下的堂吉诃德等等莫不如是。由此，英雄崇拜便在文艺作品中具体化为英雄能量（欲望）的塑造。

　　"化崇高为欲望"在卡莱尔的英雄观，尤其在尼采的"超人哲学"、海德格尔的存在哲学中得到了理论的支撑与强化。尼采在《查拉斯图拉如是说·看哪，这人》中认为，每个人的心中都有巨大的"强力意志"（生命力），它在人心中涌动、冲撞，渴望有朝一日的热烈喷发。人生的目标就是向"超人"这个理想自我迈进，"超人"是一个"不顾自己的恐怖和悲惨，……宁是超乎恐怖和悲惨之上，永久欢喜于生成和毁灭"的人①。"他们是渴望达到彼岸的箭，我爱那些人们，不在星球之外追求一个捐躯、牺牲的理求，只为大地而牺牲，使大地成为超人的地"②。"超人"具有"英雄的道德"：爱战斗、积极抗争、永不妥协、急流勇进等这些有利于生命力强大的是"英雄的道德"；爱安稳、爱和平、与世无争、不求进取、乐天知命、自我牺牲等这些不利于生命力强大的则是"奴隶的道德"。"推崇男性、刚强、冒险、勇猛"是"善"；"推崇卑逊、利他"则是"恶"。尼采强调人生要通过不断冒险去超越自我，在战争状态中生活。

　　海德格尔的存在哲学更是被人直接称作是"士兵的哲学"，是向前冲锋、向前行动的哲学。"二战"时在德国士兵的尸体中发现了好些人带有海德格尔的哲学著作③。海德格尔认为英雄作为人生的一种崇高的超越精神，它是人们灵魂生长的源头，英雄精神正在于从自身的有限性迈向了无限的崇高之中，海德格尔用"向死而在"的英雄牺牲精神与欲望完成了对人生意义之"无限的崇高"的证明。尼采、海德格尔的英雄－欲望哲学观为战争的合法性提供了直接的思想武器。

　　最后，英雄的"神人合一"性除了具有神性、神力之外，还应具

　　① ［德］尼采：《查拉斯图拉如是说·看哪，这人》，安徽人民出版社2012年版，第260页。
　　② 同上书，第9页。
　　③ 刘再复：《李泽厚美学概论》，生活·读书·新知三联书店2009年版，第126—127页。

有血肉丰满的、现实的"人性"。但是文艺作品中的英雄人物常常是高度理想化的，如何把握"神""人"的中道并不十分容易，英雄中的"人性"塑造常常被过分彰显的政治理想性与道德实践性所遮蔽，从而成为类型化的扁形人物。随着时代与人们审美需要的变迁，英雄形态发生了流变，英雄身上的"神性""神力"等魅力渐渐褪去，英雄与凡人的距离越来越近了，崇高渐趋平凡，丧失了英雄之为英雄的"神"力本领，对英雄"人性"尤其是人性中"丑陋""滑稽"的开掘发展到了另外一个极端，从而走向了英雄的反面。对此一问题的申说留待后文。

（二）英雄具有"政治理想性"

如果说英雄的"神人合一"性、英雄崇拜情结是人们的原始集体无意识的话，那么，伴随着国家、政治的成熟化演进，在"人"的日益觉醒之下，英雄的"政治理想性"逐渐成为官方意识形态与民间话语的中心审美期待，现实地代替与补偿了原始的"英雄崇拜"情结。相应地，"英雄"审美形态的塑造便具有了国家性、阶级性、民族性、民众性等标准。英雄成为一个时代、一个民族的精神支撑，是一个国家核心价值观的形象体现①。

英雄的"政治理想性"是指英雄应具有高远的、匡时救世的政治抱负。诚如《三国演义》第二十一回中"曹操"所说："夫英雄者，胸怀大志，腹有良谋，有包藏宇宙之机，吞吐天地之志者也"形象化地概括了英雄的这一特点。

我们说，作为审美形态，英雄具有政治理想性，然而，"政治"与"审美"有关系吗？——一般而言，政治是有功利的，比如政治常常体现为政党、政权为了本阶级的利益而展开功利性的活动；而审美

---

① 王建疆：《后现代语境中的英雄空间与英雄再生》，载《文学评论》2014 年第 3 期。

则是无功利的、无利害的。我们认为，审美与政治虽然性质各异，但异中有同，其相同与交叉处在于，二者都属于文化观念、意识形态的范畴，都具有"理想性"的特点。"政治"一般包含三个层面：政治理念或政治理想、政治制度及政权、具体政策。这三者互相结合，政治理想产生了政治制度与政权，政治制度、政权产生了具体的政策。审美与政治三层面的关系是各不相同的。审美和政策、政治制度及政权的关系相对较远，和政治理念、政治理想的关系则十分密切。政治理念、政治理想从根本上讲是对一个理想社会的美好想象，比如空想社会主义、共产主义、理想国等等。在此意义上，审美与政治并不矛盾，比如陶渊明的"桃花源"也可说是一个美丽的政治图景、理想国。

　　由此，以"理想性"（以及由理想性所生发的"形象性"）为契机，审美与政治可以相互关联。这种关联可以体现为两点：即审美的政治化与政治的审美化。审美政治化是指，文学、艺术通过审美的方式或是来想象与建构一个国家、民族的形象，比如狄更斯的《双城记》就为人们构拟了一个现代化的理想国家与城市生活图景；或者通过审美的方式"介入"到现实政治生活中，尤其是当国家、民族处于危亡时期，审美政治化的方式能够起到团结、鼓舞、激励、振奋民心的作用，比如《说岳全传》《三国演义》等评书对于民众的鼓舞。政治审美化是指，政治（政治家、政党、官方意识形态）通过审美来美化、宣传其政治抱负，来维护、发展政治及国家的统一与繁荣，来引导时代精神的建构，等等，比如《创业史》《红旗谱》《红岩》《红日》《青春之歌》《山乡巨变》等"红色经典"就建构了积极向上、慷慨激昂的红色国家形象。政治审美化亦可表述为政治的魅力化或者美丽政治，其实现的途径之一，正是建立在英雄审美形态的塑造基础上的，这正如马克斯·韦伯所说的："魅力统治的权力是建立在对默示和英雄的信仰之上的，建立在感情上确信宗教的、伦理的、艺术的、科学的、政治的或者其他性质的价值的重要性及其显示的价值上的，建立在英雄主义之上的。"①

审美与政治的相互关联，产生了英雄审美形态塑造的两种审美期待视野。一种是官方意识形态的审美期待，即体现了政治理想、国家形象建构的审美需要；一种则是民间话语的审美期待，即体现了表现救亡图存、寄托家国情感的审美需要。在两种审美期待视野中，是以官方意识形态或者说是以国家认同作为潜在的主导。

先看官方意识形态对英雄审美形态塑造的审美期待，其是以政治审美化的方式来建构的。在中国，"英雄"概念最早出现于汉代，发展于三国，在魏晋时期得到了广泛应用，而魏晋时期正是"人"觉醒的时期，所以尤重对英雄崇高超越精神的发抒。三国时的英雄都具有"以王者自命"的风云气概，这种风云气概在当时的文艺作品中鲜明地显现出来。曹操要以"烈士暮年，壮心不已"的崇高超越精神实现"周公吐哺，天下归心"的政治理想。曹植那种"捐躯赴国难，视死忽如归""勠力上国，流惠下民，建永世之业，流金石之功"的崇高精神是士人乘时而起、建功立业政治理想的集中体现。阮籍既有对"王业须良辅，建业俟英雄，元凯康哉美，多士颂声隆"政治理想的企慕，也有"时无英雄，使竖子成名"的慨叹。如此等等，英雄审美期待体现了汉魏王霸政治的理想性需要。西方英雄审美形态的塑造亦受到审美与政治关系的影响，比如西方中世纪塑造了很多服务于政治理想需要的"集体主义英雄"：摩西、力士参孙、耶稣、罗兰、尼伯龙根、亚瑟王、但丁等，从而有别于传统的个人主义英雄。

再看民间话语对英雄审美形态建构的审美期待，其是以审美政治化的方式来建构的。最典型的例子便是《水浒传》所塑造的"平民英雄"，其最符合民众的审美期待。百姓在现实生活中所受的压迫与不满都能在该书中得到宣泄与释放。在国家和民族危亡的时代、在社

---

① ［德］马克斯·韦伯：《经济与社会》下卷，商务印书馆1997年版，第451页。

会动荡和转型的时代中，英雄审美形态的塑造尤其成为人民的精神寄托，比如花木兰、岳家军、杨家将、呼家将等即是如此。

在两种审美期待中，官方意识形态对民间话语具有潜在的制约性，由此又产生出种种新的英雄类型。比如由于《水浒传》中具有反抗现实政治的风险，所以从《杨家将》开始到"说唐"系列，"将门英雄"逐渐取代了"平民英雄"而成为主要的英雄类型。由于对忠臣良将的集体无意识的普遍认同，因而这类英雄形象也获得了民间话语与官方意识形态的双重认同，得到了空前的发展。自《飞龙全传》始，又新变为"天子英雄"类型的塑造，如《飞龙全传》中的赵匡胤、《英烈传》中的明太祖朱元璋，等等。这类英雄形象虽体现着官方意识形态的意志，但民众由于"只反贪官，不反皇帝"，因此对这类形象也潜在地认同。

总之，英雄审美形态的流变经历了从"神人合一"向"政治理想性"的演进。"凡是那些为争取民族、国家和人民的独立自由而奋斗牺牲的人，就是英雄"①——英雄之所以能为家国、民族舍弃一切乃至生命，是因为支配他们崇高行为的最终动力是政治理想而不是一己之私欲。真正的英雄不会在个人与集体利益之间挣扎，因为为政治理想而活的人不会关注现实私欲。当前很多反腐影视剧中那些不停在个人、集体、国家利益间做生死抉择的"反腐英雄""反贪英雄"，其英雄观是存有问题的。由此仅凭"神人合一"的本能欲望还不够，英雄之为英雄还需具有崇高的"政治理想性"。

（三）英雄具有"道德实践性"

在审美与政治的作用之下，英雄审美形态具有了塑造民众理想道

---

① 梁启超：《国家思想变迁异同论》，载梁启超《饮冰室文集》第 2 集，云南教育出版社 2001 年点校本，第 767 页。

德人格的审美功能，即具有"道德实践性"。

英雄的"道德实践性"现实地提出了一个处于民族、国家、社会中的个体（即英雄）如何激励、提升民众的人生境界的话题。英雄是一种理想的、崇高的道德人格形态，应具有艰苦奋斗、为民造福、舍己为公、追求正义、救世济民、拨乱反正等崇高的道德品质。正如鲁迅在《中国人失掉自信力了吗》一文中所说的："我们自古以来，就有埋头苦干的人，有拼命硬干的人，有为民请命的人，有舍身求法的人，……虽是等于为帝王将相作家谱的所谓'正史'，也往往掩不住他们的光耀，这就是中国的脊梁。"① 英雄作为一种崇高的形象，对于民众理想人格的塑造具有重要的典范意义。

历史地看，英雄的本义，初无关于道德。如魏晋时代的王璨、萧统、刘劭对英雄有过述论，指出"英"与"雄"的区别。"英"兼有精英、英明的意思，是一个褒义词。"雄"则兼具褒义和贬义，主要描述其能量之大，而非其伦理之正，故有"奸雄""枭雄"等蔑称。如"治世之能臣，乱世之奸雄"的"白脸"曹操便尝言："宁教我负天下人，不可天下人负我"，司马迁也认为荆轲"不轨于正义"，如此等等。英雄的道德意识的突显，是晚近"英雄"与早期"英雄"的一个不同之处。

且以"关羽"历史地位的演变为例来看英雄审美形态的流变。关羽是如何成"圣"的呢？历史上的关羽原本只是一名普通的武将，从三国到隋唐，关羽的知名度并不高。陈寿在《三国志》中为关羽立传，指出他忠勇重义优点的同时，也指出其"刚而自矜"、"以短取败"、曾经降曹等缺点，所评不偏不倚，也并不高。其后，在审美与政治、审美与道德的共同作用下，尤其是《三国演义》的审美塑造，使关羽成为"忠义"道德的象征，"关羽"逐渐被美化、神化。

① 鲁迅：《且介亭杂文·中国人失掉自信力了吗》，载《鲁迅全集》第6卷，人民文学出版社1991年版，第91—92页。

在明清以后，"关羽"更是被尊崇为"武圣"，而与"文圣"孔子并列，成为中华民族的道德完人。对关羽的英雄崇拜已积淀为国人的集体无意识，成为整个国家、民族、社会的精神寄托，成为中华传统文化与家国形象的徽标之一。

"化崇高为道德"是中国传统英雄审美形态塑造的识别标志。一般而言，西方传统英雄审美形态的塑造常常将崇高与悲剧融合为一，即为了突出英雄的生命意志、生命欲望，而赋予英雄以悲剧性的结局。中国"英雄"审美形态在处理悲剧性结局的时候——表面看是所谓的"大团圆"结局，实则是化崇高为道德——常常将英雄命运的跌宕起伏转化为对人生道德意义的思索。比如虽然夸父渴死、女娲溺亡、鲧被杀害，他们却变换出新的生命形式，焕发出新的活力与崇高精神，这些崇高精神可以描述为诸如儒家的"杀身成仁"和"舍生取义"、道家的"生死齐一"和"永生不朽"、墨家的"慷慨赴死"、法家的"冷酷生死"、佛家的"了生死"，以及民间的"阴间"与"阳间"，生成了丰富多样的道德境界，对于塑造民众理想道德人格有着重要的现实感染力量。

英雄的"道德实践性"如何可能呢？人们对英雄理想道德人格的塑造，源于人类内心深处的自我超越性，也就是人类不断以理性的、道德的"超我"来控制包括英雄的本能、欲望与冲动在内的"本我"。康德在研究崇高时，曾将其分析界定为两个层面：自然的"力学的崇高"和道德的"力学的崇高"。前者主要涉及超出人的物理力量的自然力，如狂风暴雨、山崩地裂、滔天巨浪、猛兽怪物、电闪雷鸣等；后者则指这类对象在人内心中所激发出来的巨大的心灵力量，"它们把心灵的力量提高到超出其日常的中庸，并让我们心中一种完全不同性质的抵抗能力显露出来，它使我们有勇气能与自然界的这和表面的万能相较量"①，崇高正是由可怕对象所激发出的具有伟大力

---

① ［德］康德：《判断力批判》，邓晓芒译，人民出版社2002年版，第100页。

量的道德感受。

（四）后现代消费时代如何重塑英雄？

传统英雄的塑造存有一定的问题，如其或是过分夸张了英雄的生命意志、生命欲望，从而导致了英雄成为一个与战争、恐怖主义相关联的高危名词；或是过分凸显了英雄的"政治理想性"，从而导致了英雄异化为政治意识形态的传声筒；或是过分标举英雄的"道德实践性"，从而导致了英雄形象的"高大全"、高耸云端、不食人间烟火，成为远离现实人生的漫画式人物。

后现代消费时代，人们对英雄产生了新的审美需要、展开了新的理解：其在矫正传统英雄塑造的偏颇方面，在解构政治、道德的宏大叙事方面，在对英雄的审美性、人性的拓展等方面都具有创新的意义。但它却又走入了另外一个极端，尤其是其在解构政治、道德的宏大叙事时，也同时将传统英雄的"神性""政治理想性""道德实践性"等内质统统给解构掉了，把"孩子"连同"脏水"一起给倒掉了，"化崇高为滑稽"，使英雄徒剩滑稽的审丑外壳，各类具有明显身体残缺和道德残缺的英雄，即所谓的瘸子英雄、婊子英雄以调侃、谐谑的娱乐化方式逐一粉墨登场，使得崇高不再。

后现代消费时代如何重塑英雄？——我们认为，英雄在后现代消费时代的审美重塑应恢复其崇高的超越精神这一内核，以审美距离为原则，对欲望、政治、道德等意识形态进行无利害的提纯、净化与调节，使其既源于欲望、政治、道德，又超越欲望、政治、道德，给人一种审美情趣的享受与审美境界的提升。在具体的塑造过程中，如果英雄与民众的审美需要"距离过大"，高高在上、不食人间烟火、曲高和寡，便会导致英雄道德的虚假与伪善；如果英雄与民众的审美需要"距离过近"乃至"没有距离""削平深度"，便会导致英雄魅力、英雄形象、英雄神力的丧失而走向滑稽、丑陋与荒诞。英雄审美形态的塑造要遵循中庸之道，使英雄的欲望、政治、道德、审美四要素相互之间平衡、协调发展。

首先，应对英雄审美形态中生命力"欲望"，尤其是对英雄的"纵欲"问题进行无功利、无害化的审美提纯与净化，赋予其以深厚的理想化与道德化的意涵。审美与欲望都具有"超越精神"因而可以相互关联。所谓"超越精神"，即人类意识到自身的局限性、未完成性、矛盾性、不自由性等时所具有的超越自我的倾向；所谓"欲望"，其本义是渴望，是需求和向往，人正是从欲望出发，去开拓人的生活、创造人的物质文明。在某种意义上，英雄也正是受到欲望的驱动而造就了"时势"；所谓"审美"，旨在让人超越世俗生活功利的、利害的束缚而进入身心愉悦的自由境界。审美与欲望在使人摆脱不自由、局限性上具有相似性。

然而，"欲望"的问题在于，它永远处于不满足的状态，进而便会发展为纵欲主义。但是欲望的过分放纵会将最终导致英雄自身的毁灭乃至世界的毁灭。英雄的欲望一旦过于膨胀性发展，就会带来消极的后果，成为一个高危名词而让民众感到恐慌。如《水浒传》中便有草莽英雄"暴力美学"的色彩，民众如果对"草莽英雄"产生了极端崇拜，冲破了社会法则的约束，便会带来极大的社会危害。因此，要对英雄的生命力"欲望"问题进行合情合理的、自然而然的、如其所是的重塑，化欲望为理想与道德境界的审美提升。

其次，对英雄审美形态中的"政治理想性"，尤其是对"政治对文艺审美进行强制性规范"的现象进行无功利、无利害的处理，赋予其以人性化、道德化、审美化的丰富意涵。审美与政治的关系较为复杂。一方面，审美可以积极地引领认识、道德、政治，使其超越自身的局限，而走向自由；另一方面，审美也可以消极地被认识、道德、政治所利用和包装，成为其手段与工具，成为异化的审美。因此，我们要避免在英雄审美形态的塑造过程中出现政治、政策强制性地规范文艺审美创作的现象。

比如在特定的历史时期，由于受政治话语的规范，英雄形象的塑造要服务于表现阶级性、革命性、人民性、党性等的政治要求，英雄人性因素的塑造，其审美意义的实现便因此会遭到弱化或缺失，而成为扁形人物。另外，把英雄的内涵置换为"人民群众"，也是导致英雄人格消失的一个重要原因。高大全的英雄们最后变成了一尊尊让人顶礼膜拜、虔诚供奉的政治偶像。英雄距离现实人间越来越远，英雄的"伪崇高"给人民生活带来的压迫感却越来越强。然而，随着英雄形象的越来越"完美"，政治标准的不断提高，其现实的实践性、教化性却越来越低，甚至无法实现，英雄的政治神像也就由此而坍塌了。

最后，对英雄审美形态中"道德实践性"，尤其是其中的道德"禁欲""伪善"问题进行无功利、无害化的处理，赋予其以人性化、审美化的多样意涵。传统的英雄塑造在很大程度上被道德神圣化了，他们是美德的化身，至善至美，无常人的缺陷，但越是如此，却越让人觉得虚假，从而不能实现其道德的现实功能。

有鉴于此，后现代把英雄进行矮化式解构，让痞子、妓女、瘸子、戏子、厨子等丑角取代以往高大全的英雄形象。在当前的一些影视作品中，如在《厨子·戏子·痞子》和电视剧《民兵葛二蛋》中，主人公被设计安排为起初并无救国救民之意，只是在无意中成为英雄。但是，英雄之所以能成为英雄，除了他为国家和民族所做的突出贡献外，还应有其不同于常人的道德品质。后现代的"去英雄化"手法同时将英雄人物的"道德品质"也去掉了。否定英雄存在的崇高道德意义，将会消除人民对伟大与崇高心怀敬仰的感情基础。英雄塑造为什么要求"道德"标准？因为道德能够对人的生命意志、对人的纵欲问题进行约束，突出了理想性。不强调道德性，就会导致"纵欲"；但是过于突出理想性、道德性，也会导致"禁欲"，也是不健全的，因此要使英雄的塑造血肉饱满，具有现实的实践性与亲切性。

　　总之，以"崇高"为内核，以审美与欲望、政治、道德的互动关系展开辐射，构成了英雄审美形态的生成流变规律。"神人合一性""政治理想性""道德实践性"逐渐审美地内化为英雄的审美特质。"英雄谱系"也经历了从神话形态到政治形态，再到道德形态和娱乐形态的嬗变，形成了英雄谱系的多种模态，为英雄形象的艺术塑造和美学展现提供了广阔空间。

后　　记

本书是我主持教育部人文社科青年项目《中国审美形态的识别性问题研究》（12YJC751092）的最终成果。本书部分内容曾在《甘肃社会科学》《贵州社会科学》《民族艺术研究》等 CSSCI 核心刊物上发表，在国际、国内学术会议上发言。

本书的选题承业师王建疆先生的启发。先生向来重视审美形态学研究、重视对中国审美形态的阐发。在此对先生多年来的教导致以诚挚的谢意。

然而因为平时教学任务繁重，科研时间少，本书的写作还很不成熟，尚需进一步提高。

感谢父母对我的养育！感谢辽宁师范大学领导、老师们对我的关怀！感谢中国社会科学出版社刘艳女士对本书出版的大力支持！本书的写作与出版是和您们分不开的！

2017 年 5 月于大连